Geographie

Baden-Württemberg

Kevin Hepp · Michael Lamberty · Kay Sickinger

STARK

Inhalt

Autoren

KEVIN HEPP
Wirtschaftsstrukturen und -prozesse auf regionaler und globaler Ebene

MICHAEL LAMBERTY
Reliefsphäre
Atmosphäre
Wirtschaftliches Handeln und dessen Raumwirksamkeit ausgehend von der lokalen Ebene
Aufgaben im Stil des Abiturs – Übungsaufgabe 1: Bolivien

KAY SICKINGER
Globales Problemfeld Verstädterung
Aufgaben im Stil des Abiturs – Übungsaufgabe 2: Südamerika

Vorwort

Liebe Schülerinnen und Schüler,

mit diesem Abitur-Training Geographie halten Sie eine klar strukturierte Zusammenfassung in den Händen, mit der Sie sich effektiv auf den Unterricht, auf Klausuren und besonders auf die schriftliche Abiturprüfung im Fach Geographie vorbereiten können.
Dieses Buch umfasst den gesamten prüfungsrelevanten Unterrichtsstoff der **Schwerpunktthemen** für das **Abitur 2017** in Baden-Württemberg.

Anhand zahlreicher **Statistiken, Grafiken und Karten** wird das komplette prüfungsrelevante Wissen nachvollziehbar dargestellt und anschaulich erklärt.

Abwechslungsreiche **Aufgaben** im Anschluss an die Teilkapitel ermöglichen es Ihnen, das erworbene Wissen sofort anzuwenden und zu überprüfen.
Zum Trainieren des „Ernstfalls" stehen Ihnen zwei **abiturähnliche Übungsaufgaben** zur Verfügung.
Vollständige **Lösungen** erlauben die sofortige Kontrolle Ihres Lernerfolgs.

Ein **Stichwortverzeichnis** ermöglicht das gezielte Nachschlagen und hilft, Wissenslücken schnell und effektiv zu schließen.

Dieser Trainingsband beschränkt sich auf die **im Abitur 2017** verbindlichen Schwerpunktthemen und bietet im Zusammenspiel mit den Original-Abituraufgaben der vergangenen Jahre (Stark Verlag, Best.-Nr. 85901) eine **optimale Vorbereitung** auf Klausuren und die Abiturprüfung.

Autoren und Verlag wünschen Ihnen viel Erfolg!

Reliefsphäre

1 Grundlegende endogene Prozesse

Bei den endogenen Prozessen geht es um Ereignisse, die im Inneren der Erde ablaufen. Dabei erschweren verschiedene Probleme eine klare Vorstellung von diesen Vorgängen: Da die Zusammenhänge und Abläufe überaus kompliziert sind, muss mit stark vereinfachten Modellen gearbeitet werden, die die Sachverhalte aber oft nur grob wiedergeben können. Zudem laufen die endogenen Prozesse in Zeiträumen von Millionen Jahren ab. Das Denken in diesen Dimensionen entzieht sich der menschlichen Vorstellungskraft. Verdeutlichen lässt sich das am folgenden Beispiel: Glas erscheint als sehr hartes und festes Material. Trotzdem verhält sich dieser Feststoff wie eine Flüssigkeit. Glas fließt auch im festen Zustand, nur unendlich langsam, denn es besteht nicht aus Kristallen, sondern ist amorph. Seine Moleküle sind immer in Bewegung, um den geordneten kristallinen Zustand zu erreichen. Und das würde viele Millionen Jahre dauern.

Da eine direkte Beobachtung von Vorgängen im Erdinneren nicht möglich ist, müssen diese indirekt erschlossen werden. Das Wissen ist also in erster Linie hypothetisch; es muss bei neueren Erkenntnissen immer wieder überprüft und revidiert werden.

1.1 Schalenbau der Erde

Man hat nur wenige direkte Einblicke in das Innere der Erde. Bekannt ist, dass in der Erdkruste pro 100 m Tiefe die Temperatur um 1 °C zunimmt **(geothermischer Gradient)**. Man kennt magmatische und metamorphe Gesteine und hat durch Vulkanausbrüche Erkenntnisse über die Zusammensetzung und die Konsistenz magmatischer Schmelzen aus dem Bereich des Erdmantels. Bei Tiefbohrungen bis 12 km – ein tieferes Vordringen ist aufgrund von Temperatur und hohem Druck nicht möglich – fand man Gestein, das bei hohem Druck und Temperaturen um 300 °C weich und verformbar ist.

Das Wissen über den Schalenbau der Erde beruht auf den indirekten Untersuchungsmethoden der **Seismologie** (Erdbebenkunde).

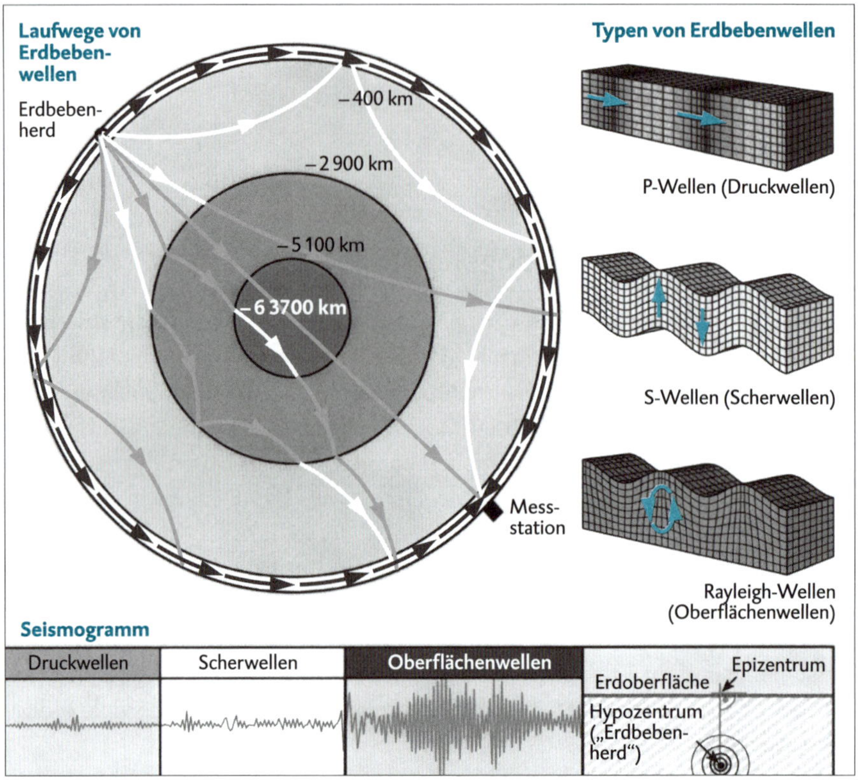

Seismische Wellen

Erschütterungen eines Erdbebens breiten sich in unterschiedlichen Wellen nach allen Seiten aus und durchqueren auch das Erdinnere. **Primärwellen** sind Druckwellen, die sich in festen Gesteinen wie in Flüssigkeiten ausbreiten. **Scherwellen** können dagegen keine Flüssigkeiten durchdringen. Beide Wellenarten werden an der Erdoberfläche gebrochen und erzeugen Oberflächenwellen mit großen Amplituden. Diese **Rayleigh-Wellen** kann man mit Meereswellen vergleichen.

Die Scherwellen durchlaufen mit konstanter Geschwindigkeit die Lithosphäre (feste Erdkruste), ohne absorbiert zu werden. Unter der Lithosphäre bis zu einer Tiefe von 300 km nimmt die Geschwindigkeit der Scherwellen ab, sie werden teilweise absorbiert. Daraus schließt man, dass dieser Bereich aufgeschmolzen ist. Diese Zone heißt Asthenosphäre. In Tiefen von 2 900 – 5 000 km können keine Scherwellen gemessen werden, die Primärwellen werden hier deutlich langsamer. Daraus kann man folgern, dass der äußere Erdkern flüssig ist. Da ab 5 100 km die Primärwellen wieder schneller werden, muss der Erdkern fest sein.

Die Auswertung von Seismogrammen zeigte, dass die Primär- und Scherwellen nicht nur ihre Geschwindigkeit und ihre Richtung ändern, sondern auch ihre Gestalt (P ↔ S). Die Bereiche, in denen das geschieht, bezeichnet man als **Diskontinuitätsflächen**. Aus diesen Phänomenen konnte man den Schalenbau der Erde erschließen.

Die unterschiedliche Geschwindigkeit von P- und S-Wellen in verschiedenen Materialien gibt Geologen Informationen über die Gesteinsarten im Erdinneren. Proben verschiedener magmatischer Gesteine an der Erdoberfläche wurden gesammelt und auf ihre Leitfähigkeit bei unterschiedlichen Temperaturen und Drücken untersucht. Diese eindeutig zuzuordnenden Daten konnten dann mit den Daten aus dem Erdinneren verglichen werden. Das ermöglichte die folgenden Rückschlüsse:

Erdkruste

- hohe Geschwindigkeit der P-Wellen von 6–7 km/s, Temperatur steigt bis 700 °C, Druck bis 12 Kilobar;
- schwerere **ozeanische Kruste** aus dunklen vulkanischen Gesteinen (z. B. Basalt) mit einer Dichte von 3 g/cm³, ca. 5 km mächtig;
- leichtere **kontinentale Kruste** aus helleren Gesteinen (z. B. Granit und Gneis) mit einer Dichte von ca. 2,6 g/cm³, etwa 35 km dick, unter Gebirgen bis 70 km;
- feste Erdkruste durch sogenannte Mohorovičić-Diskontinuität vom Erdmantel getrennt.

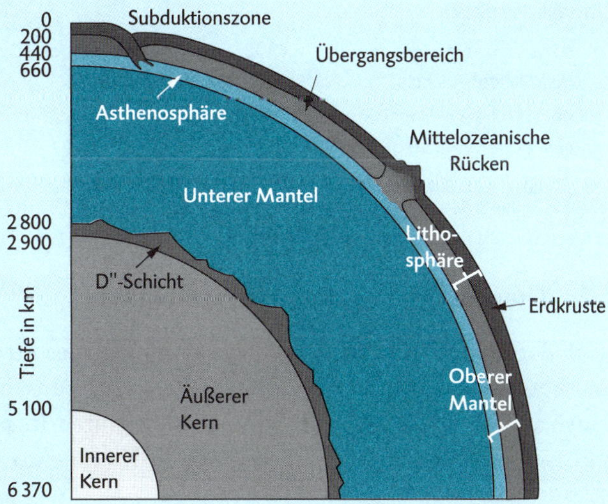

Erdkruste

Oberer Erdmantel

- festes Gestein bis 700 km mächtig, bildet mit der Erdkruste die **Lithosphäre**;
- Temperatur bis 1 300 °C, Druck bis 350 Kilobar; abrupte Geschwindigkeitszunahme der P-Wellen auf 8 km/s, typisch für das Gestein Peridotit mit dem Mineral Olivin (Dichte 4,5 g/cm^3);
- darunterliegender plastischer Bereich der Asthenosphäre aus geschmolzenem Gestein, durch Konvektionsströme umgewälzt;
- bei steigender Temperatur und wachsendem Druck explosionsartige Umwandlung des Olivins zu Spinell oder Granat (Ursache für Tiefbeben).

Unterer Erdmantel

- 2 200 km mächtig, aufgrund des hohen Drucks von 1 400 Kilobar fest, Dichte bis zu 5,6 g/cm^3;
- Material: vor allem Eisen und Magnesium;
- starke Geschwindigkeitsabnahme seismischer Wellen an der Wiechert-Gutenberg-Diskontinuität zum Erdkern.

Äußerer Erdkern

- 2 100 km mächtig, Druckanstieg bis 3 300 Kilobar, Temperatur bis 5 000 °C;
- zähflüssiges Material aus Eisen und Schwefel (Dichte bis 12,3 g/cm^3);
- intensive Durchmischung durch Konvektionsströme, Ursache für Magnetfeld der Erde.

Innerer Erdkern

- trotz Temperaturen von bis zu 7 000 °C infolge des Druckanstiegs auf 3 600 Kilobar feste Kugel aus Eisen und Nickel (Dichte 13,5 g/cm^3);
- bei ständiger Anlagerung von flüssigem Eisen aus dem äußeren Kern Freisetzung gewaltiger Wärmemengen.

Schalenbau der Erde

1.2 Theorie der Kontinentverschiebung

Nach der Theorie der **Kontinentverschiebung** des Meteorologen und Polarforschers **Alfred Wegener** (1880–1930) gab es zunächst nur einen Urkontinent Pangäa. Dieser zerbrach vor 200 Mio. Jahren in zwei Teile (Gondwana und Laurasia) und dann in die einzelnen Kontinente, zwischen denen sich Ozeane bildeten.

Wegener nahm an, dass die Kontinente aus spezifisch leichteren granitischen Gesteinen (vorherrschende Elemente Silizium und Aluminium = SiAl) auf dichterem basaltischen Material des Erdmantels (Silizium und Magnesium = SiMg) treiben.

Für seine Überlegungen nutzte Wegener die Erkenntnisse der **Isostasie**: Wenn man annimmt, dass die Kontinentalschollen im Magma, einer sehr zähen Flüssigkeit, schwimmen, gibt es keinen Grund, dass sie nur vertikale und nicht auch horizontale Bewegungen ausführen können.

Das Prinzip der Isostasie

Isostasie (griech.: Gleichstand) ist die Lehre vom Gleichgewichtszustand der Massen innerhalb der Erdkruste.

Wie ein im Wasser schwimmender Holzklotz tiefer in das Wasser eintaucht, wenn er mit einem Gewicht beladen wird, so sinkt die Lithosphäre bei größerem Gewicht tiefer in die Asthenosphäre. Störungen des Gleichgewichts, z. B. durch plattentektonische Bewegungen, haben langfristige Ausgleichsbewegungen zur Folge.

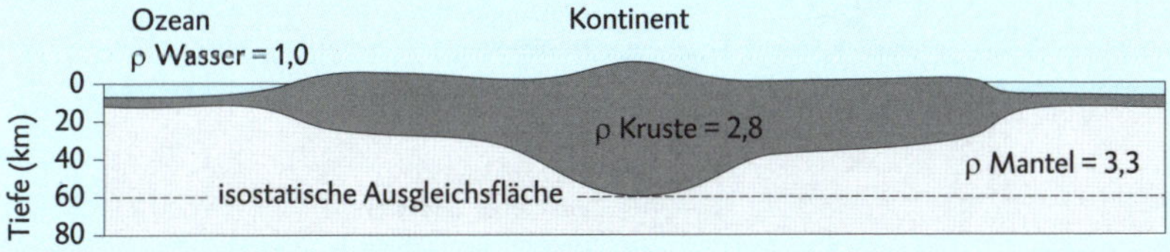

Das Prinzip der Isostasie

Zur **Beweisführung** fand Wegener geologische Indizien wie das „Kontinent-Puzzle“ und den Verlauf kaledonischer und variskischer Gebirgszüge in Europa, Grönland, Nordamerika und Nordafrika, paläoklimatische Indizien wie eine kontinentübergreifende Vereisung im Perm mit ihren Moränenzügen oder die Lage der Steinkohlewälder sowie biologische Indizien wie die Übereinstimmung bei fossilen und lebenden Tier- und Pflanzenarten (siehe Abb. auf der folgenden Seite).

Eine tragfähige Erklärung der Antriebskräfte für die Wanderung der Kontinente fand Wegener nicht, er vermutete Zentrifugal- und Gezeitenkräfte. Deshalb wurde seine Theorie von den meisten Wissenschaftlern seiner Zeit abgelehnt. Erst spätere Forschungsergebnisse der Plattentektonik bestätigten Wegeners Hypothese von der Kontinentverschiebung.

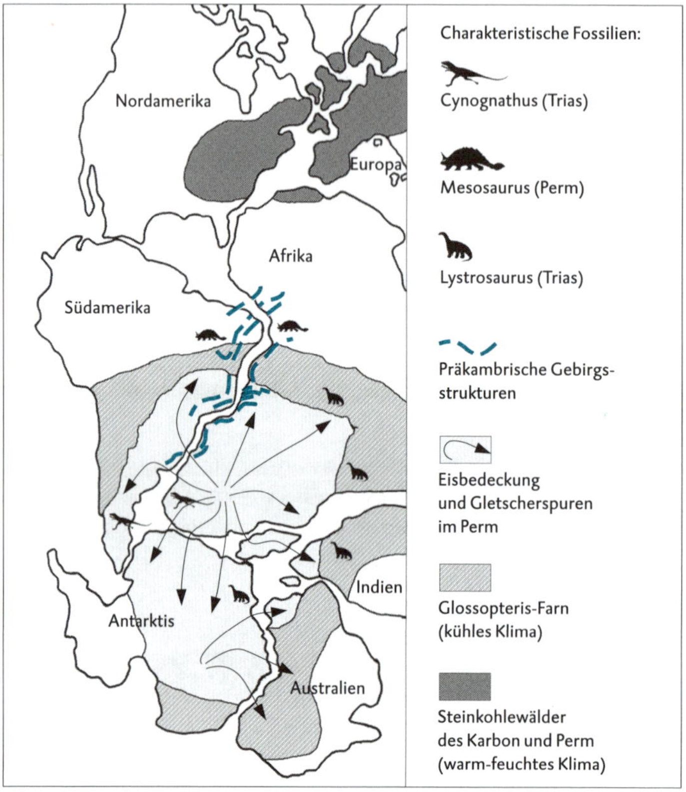

Wegeners Beweise für eine Kontinentverschiebung

1.3 Seafloor-Spreading und Plattentektonik

Als in den 1960er-Jahren die Ozeanböden systematisch erkundet und vermessen wurden, entdeckte man mitten in den Ozeanen Gebirge von über 4 000 m Höhe und 2 000 km Breite. Diese submarinen Gebirgszüge, die **Mittelozeanischen Rücken**, werden von Längsspalten durchzogen, die sich zum Teil zu breiten und tiefen Gräben, den **Rifts**, ausweiten. Die Mittelozeanischen Rücken werden in unregelmäßigen Abständen durch Querbrüche **(Transformstörungen)** horizontal versetzt.

Man erkannte die Mittelozeanischen Rücken als Grenzen von Lithosphärenplatten, die sowohl Kontinente als auch Meeresböden tragen können. An den Rifts bricht die Lithosphäre auf und zwei Platten bewegen sich voneinander weg **(divergierende Platten)**. Die in den Spalten aufsteigenden basaltischen Schmelzen aus der Asthenosphäre erstarren beim Kontakt mit dem Meerwasser, es entsteht neue ozeanische Kruste. Divergieren die Platten weiter, wiederholt sich der Vorgang, dabei wird die ältere Kruste zu beiden Seiten weggeschoben und die auf den Platten liegenden Kontinente „wandern". Genauere Untersuchungen ergaben ein Streifenmuster des Meeresbodens, das mit größerem Abstand von den Mittelozeanischen Rücken immer älter wurde. Diese Meeresbodenausbreitung nennt man **Seafloor-Spreading.** Auf diese Weise dehnt sich der Atlantische Ozean jährlich um 2–6 cm aus.

Die eisenhaltigen Minerale der neuen ozeanischen Kruste werden beim Abkühlen nach der vorherrschenden Polarität des Magnetfeldes der Erde magnetisiert. Sensationell war die Entdeckung, dass sich das Magnetfeld der Erde in gewissen Zeiträumen (ca. 400 000 Jahre) umpolt. Das belegt das magnetische Streifenmuster der ozeanischen Kruste.

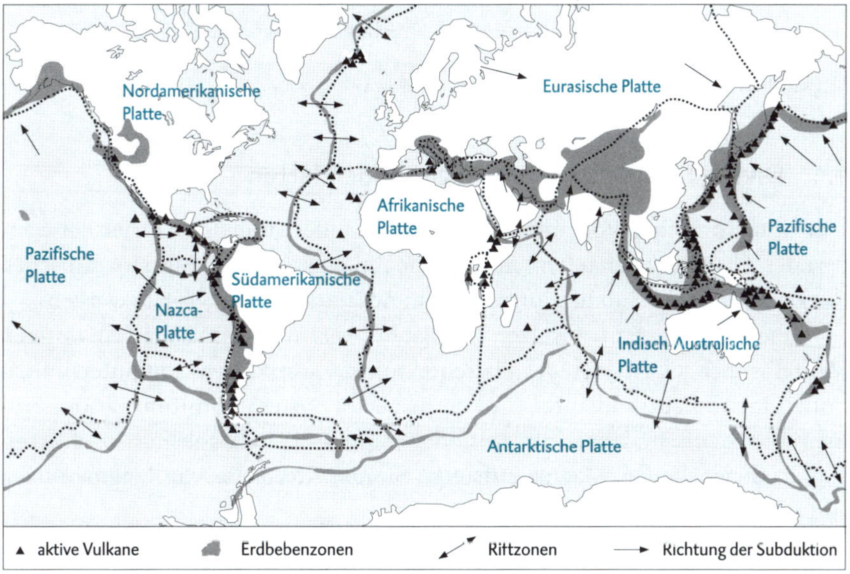

Vulkanismus und Erdbeben

Würde auf der Erde nur neuer Ozeanboden produziert, müsste das eine Vergrößerung der Erde zur Folge haben. Das geschieht jedoch nicht, weil an anderen Stellen, den sogenannten **Subduktionszonen**, ozeanische Kruste wieder in den Erdmantel abtaucht und in der Tiefe eingegliedert wird.

Auf der Basis der Seafloor-Spreading-Hypothese, die die Verschiebung der Kontinente beweist und die Bestimmung der Driftgeschwindigkeit ermöglicht, konnte die **Theorie der Plattentektonik** entwickelt werden. Mit ihr lassen sich die strukturbildenden Bewegungen und Kräfte der Erdkruste erklären.

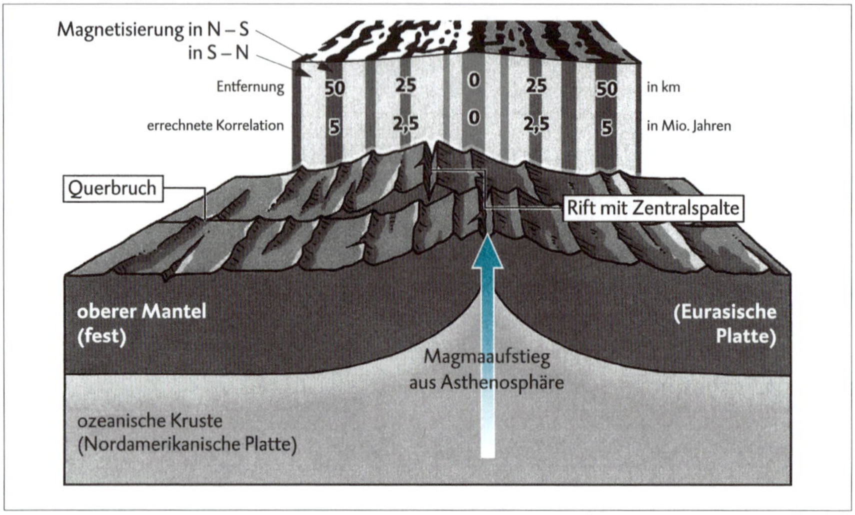

Magnetisches Streifenmuster am Mittelozeanischen Rücken

1.4 Divergierende und konvergierende Platten

Um die tektonischen Vorgänge an den Plattenrändern und den Antrieb der wandernden Platten zu verstehen, müssen die Ereignisse an den Mittelozeanischen Rücken und an den Subduktionszonen im Zusammenhang gesehen werden.

Früher vermutete man walzenförmige Konvektionsströme aus dem unteren Mantelbereich als Antrieb der Plattentektonik. Zwar zeigen Computersimulationen im oberen Erdmantel ein kompliziertes System von Konvektionsströmen mit Zonen, in denen kühleres oder dichteres Material absinkt, und Bereiche, in denen heißes Magma aufsteigt. Simple Kreisläufe von Magmawalzen sind aber nicht zu erkennen.

Heute weiß man, dass die **Konvektionsströme** in der Asthenosphäre, die durch Temperatur- und Dichteunterschiede entstehen, alleine nicht in der Lage sind, die Lithosphärenplatten zu bewegen. Allerdings können sie die Plattenbewegungen beschleunigen oder abbremsen.

Auch das aufsteigende Magma im Bereich der Mittelozeanischen Rücken ist nicht in der Lage, die Platten aktiv auseinander zu drücken. Die Rifts in den Mittelozeanischen Rücken öffnen sich durch das Zusammenspiel verschiedener Kräfte: Die Hauptursache liegt in den Subduktionszonen, wo schwerere Platten aus ozeanischer Kruste in die Asthenosphäre absinken. Durch ihr Eigengewicht kommt es dabei zum **Plattenzug (Slab Pull)**.

Dort, wo der Slab Pull die Platte dehnt, entsteht eine Schwächezone, in der sich ein Mittelozeanischen Rücken bilden kann. Durch die Dehnung wird die ozeanische Platte dünner, damit wird ihr Auflastgewicht auf den Untergrund geringer. Durch diese Druckentlastung beginnen isostatische Hebungskräfte zu wirken. Eine **Mantelkonvektion (Mantle Drag Force)** entsteht. Durch Magmaaufstieg kommt es zur Aufwölbung der Erdkruste und so zu einer verstärkten Dehnung, bei der Risse und Spalten entstehen. Zusätzlich verändert sich auch durch die Druckentlastung der Schmelzpunkt des Mantelgesteins.

Bei einem Auflagedruck einer 100 km mächtigen Lithosphärenplatte liegt der Schmelzpunkt von Peridotit bei 1 500 °C, bei einer nur noch 30 km dicken Platte sinkt der Schmelzpunkt auf 1 200 °C. Diese Schmelze sammelt sich mit dem Magma aus der Asthenosphäre in einer Magmablase unter der Erdkruste und führt je nach Größe durch ihr Aufströmen zu einer schnelleren oder langsameren Aufwölbung und Spreizung.

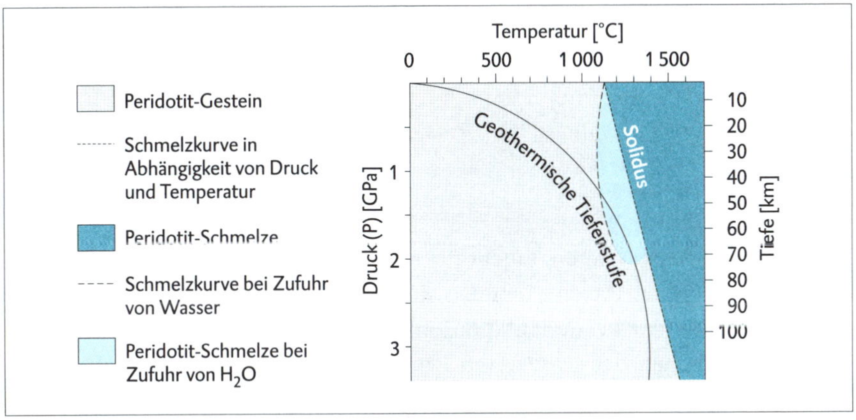

Schmelzkurve bei der Entstehung von Basaltmagma

Die Aufwölbung sorgt zusätzlich für einen **Rückendruck (Ridge Push)** auf die Platten. Denn diese rutschen infolge ihres Gewichts von den Flanken der Mittelozeanischen Rücken (Höhenunterschiede bis 1 000 m). Dadurch wird nicht nur die Plattendrift beschleunigt, auch die anderen Prozesse erhalten zusätzliche Dynamik.

Die in den Spalten austretende 1 200 °C heiße Schmelze wird durch das kalte Meerwasser abgeschreckt und erstarrt schnell zu kugeliger **Kissenlava**, die die neue ozeanische Kruste bildet.

Entlang der Mittelozeanischen Rücken dringt Meerwasser kilometertief in Spalten ein, erhitzt sich und reichert sich mit Mineralien an. Als hydrothermale Lösungen kann es bei niedrigen Temperaturen aus den Spalten ausfließen **(White Smokers)** oder als überhitztes Wasser mit hohen Geschwindigkeiten aus Kaminen, bestehend aus ausgefällten Mineralien, hervorschießen. Diese hydrothermalen Schlote, **Black Smokers**, bilden wichtige neue Erzlagerstätten auf dem Meeresboden: sulfidische Erze mit hohem Gehalt an Zink, Kupfer, Mangan und Eisen.

Innerhalb von 8 Millionen Jahren zirkuliert der gesamte Ozean durch solche hydrothermalen Systeme, dabei wird der Chemismus des Meerwassers entscheidend beeinflusst.

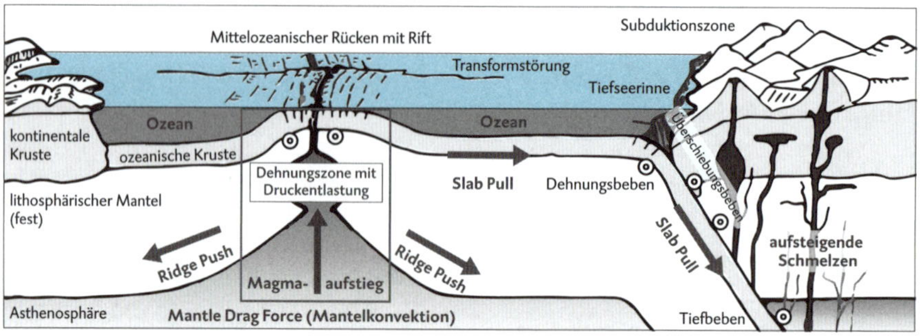

Antriebskräfte der Plattenbewegung

Wenn Platten konvergieren, taucht dic schwerere ozeanische Kruste unter die leichtere ab. Diesen Prozess nennt man **Subduktion.** Im Folgenden werden typische Phänomene bei der Subduktion erläutert.

Beim Abtauchen der schwereren Platte bildet sich eine **Tiefseerinne** aus. Der alte Begriff Tiefseegraben ist irreführend, weil Genese und Ausprägung nicht der eines Grabenbruchs entsprechen. Im Bereich der Subduktionszonen finden sich die höchsten Reliefunterschiede der Erdoberfläche.

Da sich bei der Subduktion Plattenteile ineinander verhaken, baut sich enormer Druck auf, der sich in heftigen **Flachbeben** entlädt, die auch **Tsunamis** auslösen können. 95 % aller Erdbeben entstehen bei Subduktionsprozessen.

Beim Abtauchen in die Asthenosphäre wird in 80–100 km Tiefe das in der ozeanischen Platte enthaltene Wasser freigesetzt. Dadurch sinkt die Schmelztemperatur von 1 400 °C auf 1 000 °C. Infolge des Materialmixes aus ozeanischer Kruste, aufliegenden Sedimenten und Mantelgesteinen entstehen dabei über der Subduktion gasreiche Schmelzen, die in Bruchzonen nach oben steigen, als **Intrusionen** in der Kruste erstarren oder an der Erdoberfläche zu einem **hochexplosiven Vulkanismus** führen.

Die absinkende ozeanische Kruste hat eine hohe Dichte und ist erheblich kälter als das Magma der Asthenosphäre und sinkt deshalb rasch in die Asthenosphäre ein, dabei können Stücke abgerissen werden. Beim Absinken kommt es an der Oberseite der subduzierenden Platte zur Bildung von metamorphen Gesteinen, z. B. von Eklogit. Man spricht hier von einer **Hochdruckmetamorphose**. Da Gestein ein schlechter Wärmeleiter ist, dauert es Millionen von Jahren, bis die Krustenteile die gleiche Temperatur wie ihre Umgebung im Erdinneren haben und vollständig aufschmelzen können. Obwohl der untere Erdmantel fest ist, sinken die kälteren Krustenteile weiter ab bis zur **D-Schicht** an der Grenze zum äußeren Erdkern. Hier, an der **Wiechert-Gutenberg-Diskontinuität**, scheint das restliche Plattenmaterial dann aufzuschmelzen.

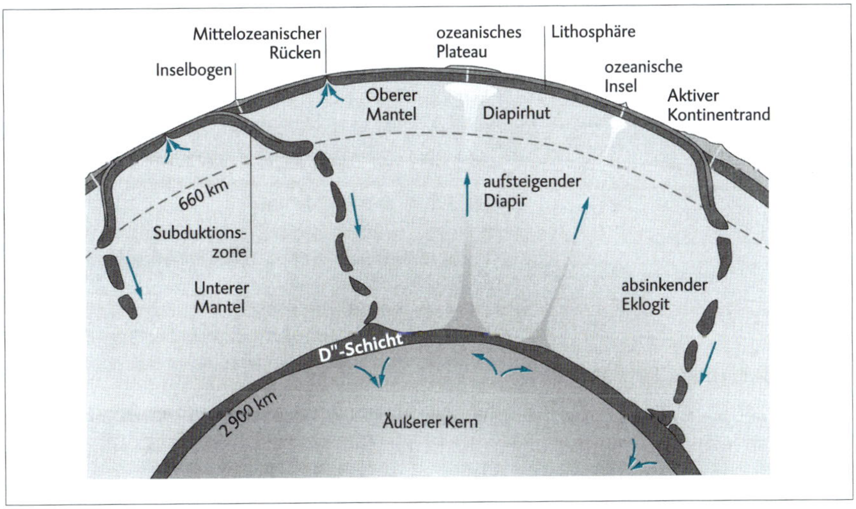

Schematischer Schnitt durch den Erdmantel

Je nach Krustenbeschaffenheit läuft die Subduktion unterschiedlich ab.

Beim **Anden-Typ** taucht die ozeanische Nazca-Platte flach unter die leichtere kontinentale Südamerikaplatte. Dabei schrammt sie unter der Südamerikaplatte entlang und verursacht so eine Stauchung und Verdickung der aufliegenden Platte, die Bildung der Anden. Dabei kommt es zu Überschiebungen. Die Subduktion des Andentyps wird von besonders häufigen und schweren Erdbeben begleitet. Unebenheiten auf der ozeanischen Platte raspeln die

Unterseite der Südamerikaplatte ab. Die abgespaltenen Teile werden mit in die Tiefe geführt und aufgeschmolzen.

Die aufsteigenden metallhaltigen Schmelzen bleiben oft in der mächtigen Kruste stecken und erstarren dort zu Intrusionen. So bilden sich im Umfeld dieser Plutone zahlreiche Erzlagerstätten (vgl. S. 30 ff.). Die Anden sind daher reich an Gold, Silber, Kupfer, Eisen, Molybdän, Blei, Zinn und Zink.

Durch einen hohen Anteil aufgeschmolzener kontinentaler Krustengesteine verändert sich der Chemismus der Schmelzen. Saures, gasreiches Magma speist hoch explosive Vulkane. Die Tiefseerinnen erweisen sich bei stark gehobenem Hinterland als Sedimentationsfallen.

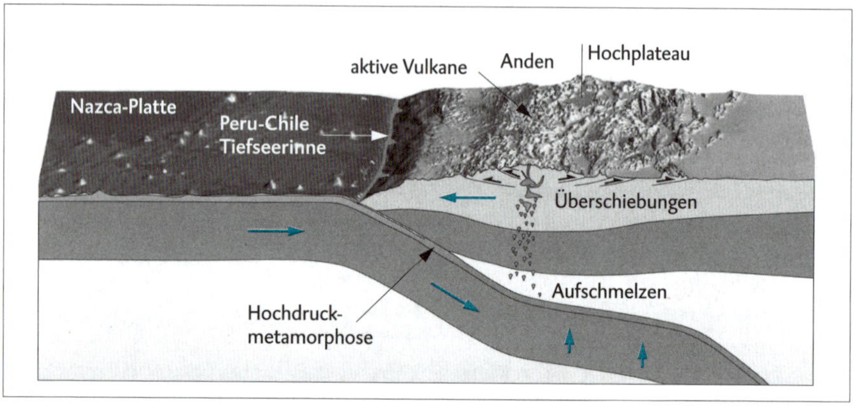

Anden-Typ

Beim **Marianen-Typ** ist die äußere Pazifische Platte sehr alt. Die Krustengesteine sind wassergetränkt, was die Platte besonders schwer macht. Ihre Dichte ist höher als die der darunter liegenden Asthenosphäre. Deshalb sinkt sie frei von einengenden Kräften ab **(freie Subduktion)**. Das Absinken erfolgt aufgrund des hohen Eigengewichts steil und schneller als bei einem flachen Platteneinfall, ohne enge Koppelung mit der Oberplatte.

Da viel Wasser freigesetzt wird, bildet sich die bei der Subduktion entstehende Schmelze bei einem herabgesetzten Schmelzpunkt und ist sehr gasreich. Das aufsteigende Magma bildet einen Vulkangürtel **(Inselbogen)**.

Das schnelle Abtauchen der Pazifischen Platte hat Folgen: Der starke Zug zwingt die Subduktion ostwärts (man spricht auch von einer zurückrollenden Subduktionszone). Dadurch entsteht eine Sogwirkung auf die Philippinische Platte, die deshalb eine Dehnung erfährt. Es kommt hinter dem Inselbogen zu einer Spreizungszone, in der neue ozeanische Kruste gebildet wird. Mit der Zeit entsteht hinter dem Inselbogen ein Randbecken.

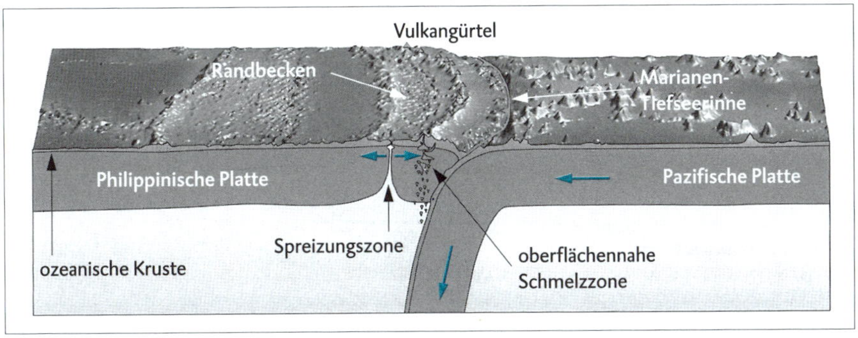

Marianen-Typ

Der **Japan-Typ** wird auch als **reife Subduktion** bezeichnet. Japanische Geologen konnten nachweisen, dass dieser Archipel kein vom Festland abgespaltener Kontinentspan ist, sondern ursprünglich ein Inselbogen war, vergleichbar den Marianen. Da die Subduktion über viele Millionen Jahre stattfand, führten Vulkanismus und Plutonismus zu einer Vergrößerung des Landgebietes. Infolge intensiver Verwitterung und Erosion dieser Gesteine bildeten sich Sedimentgesteine. Es entstand im Laufe der Zeit kontinentale Kruste.

Die heute hier subduzierten Teile der Pazifischen Platte sind jünger als am Marianengraben. Deshalb findet keine freie Subduktion statt, und die subduzierende Platte schiebt sich schräg unter die Oberplatte, die dabei angehoben wird. Folglich finden intensive Erdbeben und ähnliche Aufschmelzungsprozesse statt wie beim Anden-Typ. Der intensive Vulkanismus ist meist explosiv.

Die Spreizungszone im Rücken des ursprünglichen Inselbogens hat sich durch die Produktion von neuer ozeanischer Kruste zum Japanischen Meer ausgeweitet, das Japan vom Eurasischen Kontinent trennt und die Inseln vom Festland wegdriften lässt. Die große Tiefe von bis zu 3 700 m zeigt auch, dass das Japanische Meer nicht zum Schelfbereich gehören kann.

Vor dem japanischen „Inselbogen" hat sich ein Akkretionskeil angelagert. Dieser besteht aus abgeschabten Sedimenten, die sich auf der Pazifischen Platte angesammelt hatten. Neuere Sedimentpakete schoben sich jeweils unter die zuvor abgeschürften und hoben diese an.

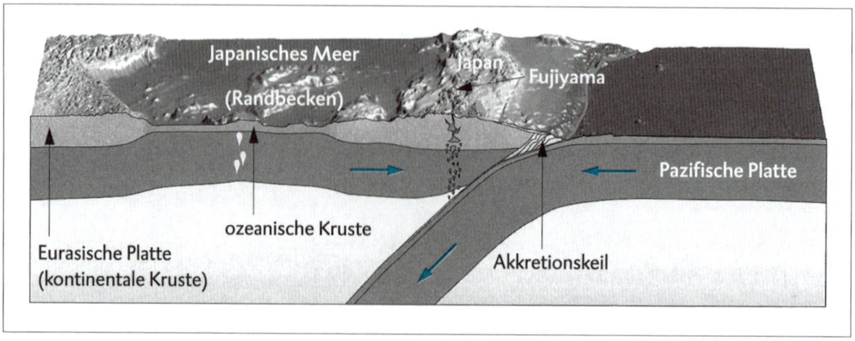

Japan-Typ

Beim **Himalaya-Typ** kollidieren zwei kontinentale Platten. Anfangs subduzierte ozeanische Kruste. In der Tiefseerinne sammelten sich zunächst aufliegende marine Sedimente (Flysch) und später der Erosionsschutt des entstehenden Gebirges (Molasse). Diese Sedimente wurden dann in die Gebirgsbildung mit einbezogen (siehe Abb. S. 15). Bei der Kollision selbst wurde das nach der ozeanischen Kruste andriftende Kontinentstück unter den Rand der Oberplatte gezogen. Die kühleren Gesteine gerieten aber aufgrund ihrer zu geringen Dichte nicht in größere Tiefen des oberen Mantels. Die kollidierenden Kontinentränder wurden stark verformt und gefaltet.

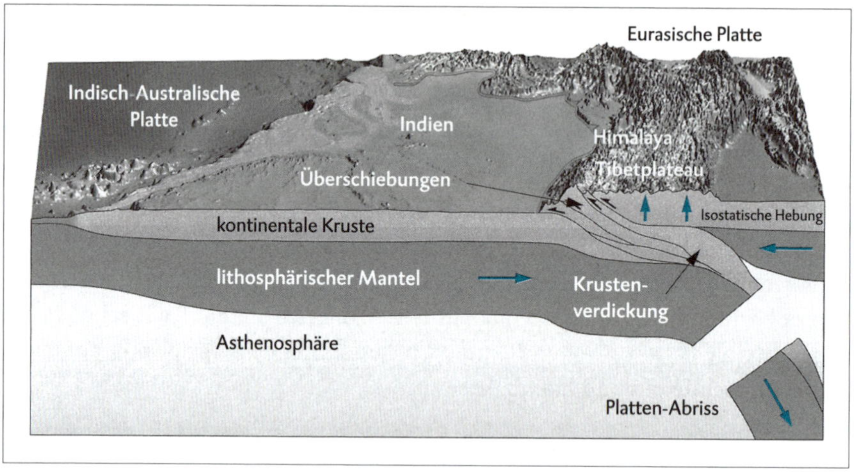

Himalaya-Typ

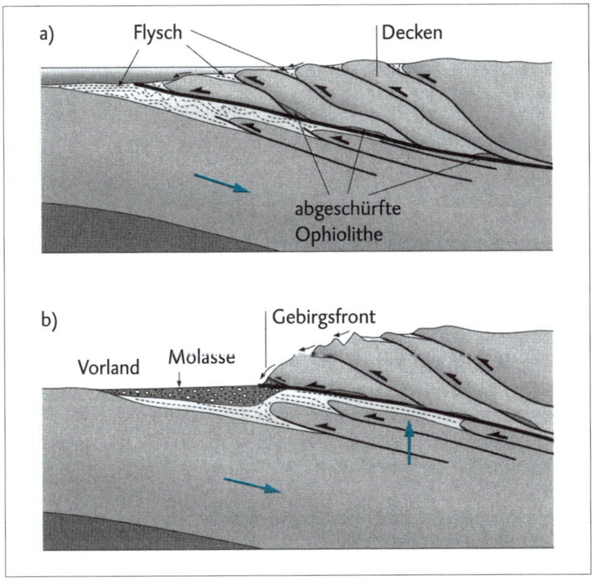

Stadien bei der Kollision zweier Kontinente

Eine Folge der Kollision ist das seitliche Entweichen von Krustenschollen. Die anhaltende Nordwanderung Indiens führt zu Brüchen und zwingt Krustenschollen in Südostasien gegen den Pazifik hin auszuweichen. Das kleine Bild in der Abb. auf S. 16 zeigt einen Modellversuch mit Knetmasse und einem andrückenden Holzklotz. Die im Modell ausweichenden Strukturen entsprechen den realen in Südostasien.

Durch die Einengung bei der Kollision kommt es zu Verformungen, Faltungen und **Deckenüberschiebungen**, die typisch für ein **Faltengebirge** sind. Die Überschiebungen, die sich durch den anhaltenden Zug der abgetauchten Platte untereinander verkeilen, führen zur Verdickung der kontinentalen Kruste. Beim Abtauchen dieser werden die Gesteine stark erwärmt und aufgeweicht. Quarz z. B. wird in 10 km Tiefe bei Temperaturen von 300 °C verformbar. Da die Gesteine also ihre Festigkeit verlieren, kann die Kruste plastisch fließen, ohne aufgeschmolzen zu sein. Deshalb fließt eine verdickte aufgeheizte Kruste wie ein Kuchenteig auseinander; das Gebirge wird breiter. Die oberen kühlen und deshalb starren Gesteine werden auseinandergerissen. Das bewirkt einen Aufstieg tieferer, oft metamorpher Gesteine, Reliefumkehr ist die Folge. Diesen Dehnungsprozess nennt man **gravitativen Kollaps**.

Die Krustengesteine an der Unterseite werden teilweise aufgeschmolzen (**Anatexis**). Wasserhaltige Ton- und Sandsteine begünstigen den Schmelzprozess. Es können sich große **Batholithe** (Granit-Plutone) bilden, die aufgrund

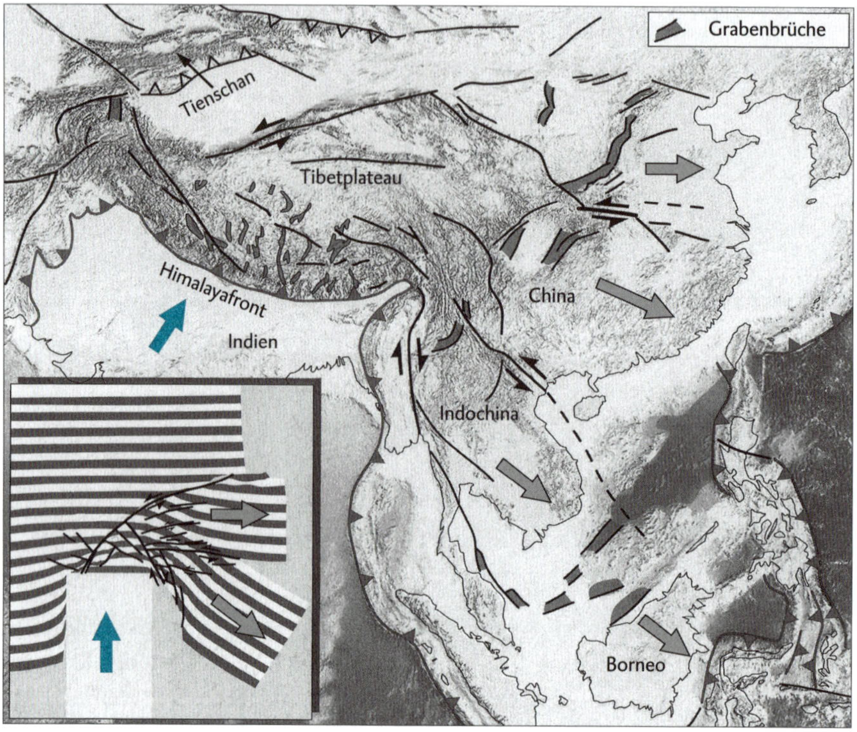

Ausweichbewegungen bei der Kollision

der niedrigen Schmelztemperatur nicht aufsteigen, sondern in der Nähe ihrer Entstehung langsam erstarren.

Die Verdickung der Kruste auf Mächtigkeiten von 50–70 km ist für die spätere **isostatische Heraushebung** verantwortlich. Reißt die schwerere ozeanische Platte in der Subduktionszone ab, versinkt diese in der Asthenosphäre. Zum einen öffnet der Abriss den Weg für heißes Magma, Schmelzen dringen in die Kruste der Oberplatte ein, zum anderen kommt es durch den Wegfall des schweren Gegengewichts nun zu einer starken und raschen Hebung.

Nach dem Prinzip der Isostasie ragt ein Körper, der in einem schweren Medium schwimmt, umso höher heraus, je dicker er ist. Das bedeutet: Dicke kontinentale Kruste hat ein hohes Gebirge zur Folge, dünne Kruste Tiefland.

Bei der Heraushebung des Himalaya zeigt sich, wie sich Klima und Gebirgsbildung gegenseitig beeinflussen und steuern. Ohne die hohe Gebirgsmauer des Himalaya hätte sich das Monsunsystem über Indien nicht ausbilden können. Die extremen Niederschläge am Südhang des Himalaya wiederum bewirken eine starke Erosion von tiefen Tälern und einen stetigen Abtransport des

Gesteins. Besonders die extreme Vergletscherung während der Eiszeiten wirkte landschaftsprägend. Diese Prozesse verstärkten den isostatischen Ausgleich und die Hebung des Gebirges. Und je höher ein Gebirge wächst, desto stärker wirkt die Erosion.

1.5 Transformstörungen

Die Mittelozeanischen Rücken sind in unregelmäßigen Abständen bajonettartig in ihrem Verlauf versetzt. Diese Verwerfungen bezeichnet man als **Transformstörungen**. An diesen Plattenrändern wird weder Erdkruste gebildet noch abgebaut.

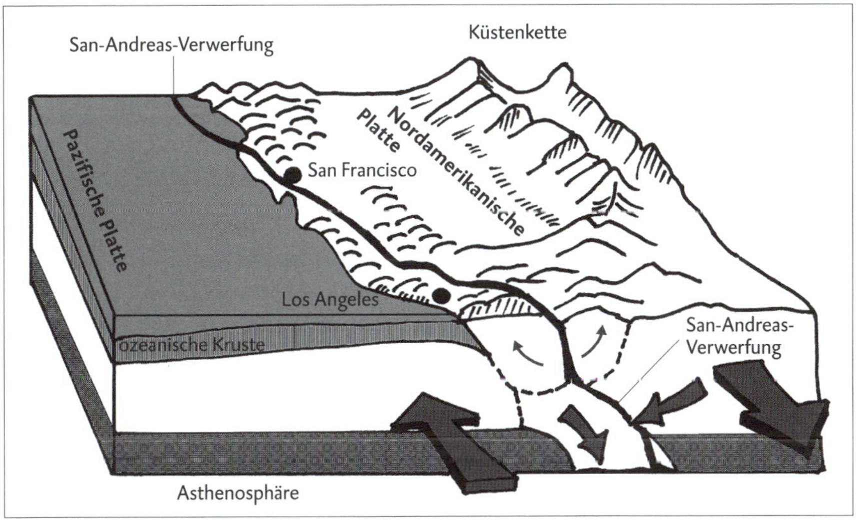

San-Andreas-Verwerfung

An der ca. 1 200 km langen San-Andreas-Verwerfung in Kalifornien schrammen die Nordamerikanische Platte mit San Francisco (südwärts) und die Pazifische Platte mit Los Angeles (nordwärts) aneinander vorbei. Die San-Andreas-Verwerfung ist Teil eines komplexen Störungssystems im Bereich der kontinentalen Kruste. An dieser Nahtstelle bauen sich durch Verhakungen immer wieder starke Spannungen auf, die sich ruckartig in zahllosen Erdbeben lösen. Dabei werden die Platten gegeneinander versetzt, beim großen Erdbeben 1906 in San Francisco gleich um 6 m. Derzeit verschieben sich die Platten durchschnittlich um 6 cm pro Jahr.

Im Folgenden finden Sie eine Übersicht über die verschiedenen Plattengrenzen, Oberflächenformen und Begleiterscheinungen.

divergent (= konstruktive Plattenränder) ←— —→		**konvergent (= destruktive Plattenränder)** —→←			**Transformbewegungen** ⇄
Ozean **(Seafloor-Spreading)**	Kontinent	Ozean-Ozean-**Subduktion**	Ozean-Kontinent-**Subduktion**	Kontinent-Kontinent-Kollision	Horizontalverschiebung, z. B. Ozean/ Kontinent
Ozeanische Rücken, effusiver Vulkanismus, Black Smoker	Grabenbruch, Verwerfung, Erdbeben, Vulkanismus	Tiefseegräben, Inselketten, Vulkanismus, Erdbeben, Tsunamis	Gebirgsbildung, Tiefseegräben, explos. Vulkanismus, Erdbeben	Gebirgsbildung, Hebung, Faltung, Bruchtektonik, Erdbeben	Verwerfung, Bruchspalten, Erdbeben
Mittelatlantischer Rücken	Oberrheingraben	Marianengraben, Philippinen	Anden, Atacamagraben	Himalaya, Alpen	San-Andreas-Verwerfung

Übersicht über die verschiedenen Plattengrenzen, Oberflächenformen und Begleiterscheinungen

1.6 Kontinentale Gräben und Bruchschollentektonik

Ein kontinentaler **Graben (Rift)** ist die Folge einer Dehnung der Lithosphäre in einem kontinentalen Plattenteil. Diese Dehnung kann verschiedene Ursachen haben:

Über einem **Hotspot** (s. S. 26 f.) domt sich die Asthenosphäre weit gespannt auf. Dadurch wird die Lithosphäre gebogen und gedehnt. Im Scheitelpunkt der Aufwölbung beginnt die Erdkruste dann zu brechen. Bei dieser Genese spricht man von **aktiven Grabenbrüchen**, sie werden von starken magmatischen Aktivitäten begleitet. Bei **passiven Grabenbrüchen** liegt die Ursache nicht im Grabenbereich selbst. Eine Aufwölbung kann auch durch großräumige Einengung, also durch seitlichen Druck, erfolgen.

Beide Ursachen führen zu einer Druckentlastung, in deren Folge eine Asthenosphärenaufwölbung erfolgt, erkennbar an einem deutlichen Anstieg des thermischen Gradienten (Temperaturanomalie). Allerdings kommt es bei passiven Grabenbrüchen zu einer geringeren magmatischen Aktivität.

Wird die Belastung der starren Gesteine der Erdkruste zu groß, zerbrechen sie und es kommt zu Längsbrüchen **(Verwerfungen)**, die bis 15 km tief reichen. Darunter erfolgt die Verformung plastisch.

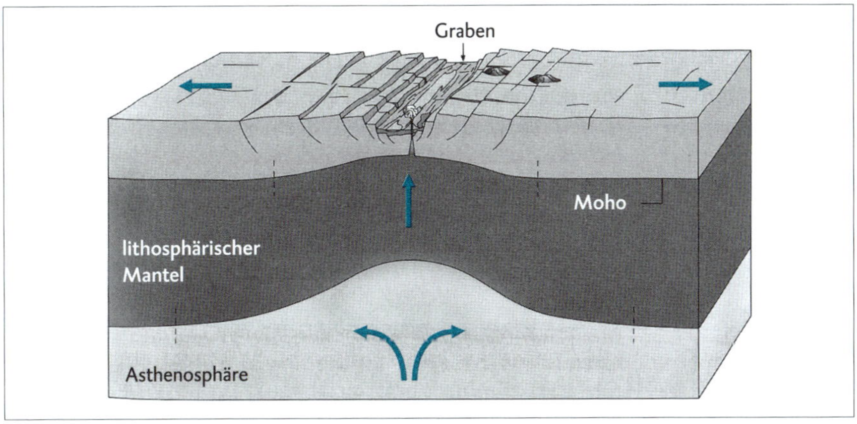

Grabenbildung (schematisch)

Bei anhaltender Dehnung beginnen die Bruchschollen entlang von parallelen Verwerfungen staffelförmig abzusinken. Durch diese Abschiebungen bildet sich die typische stufige Grabenform heraus. Die Höhendifferenz aus der Hebung der Grabenschultern und der Absenkung der Grabensohle beträgt beim **Oberrheingraben** 5 500 m. Diese Sprunghöhe wurde abgemildert durch die Erosion an den Grabenschultern und die Auffüllung des Grabens mit Sedimenten (~ 2 500 m mächtig).

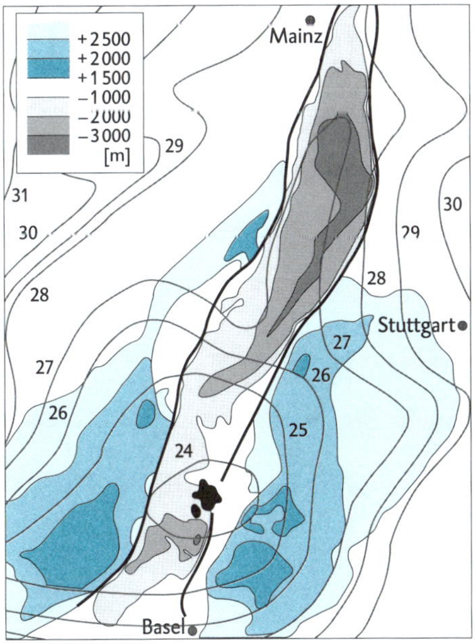

Tektonik im Oberrheingraben

Stellenweise können auch Schmelzen den Weg entlang von Verwerfungen finden und es kommt zum Grabenvulkanismus (z. B. **Kaiserstuhl**). Infolge der Temperaturanomalie zirkulieren Thermalwässer entlang des Störungssystems.

Der Kontinent Europa besteht nicht aus einem Guss, sondern ist im Laufe der Erdgeschichte aus zahlreichen Bauteilen zusammengewachsen. Seine Entwicklungsgeschichte ist überaus abwechslungsreich, sämtliche tektonischen Prozesse sind beteiligt.

Der Kern Europas besteht aus dem Baltischen Schild und der Russischen Tafel. Im Erdaltertum lagerte sich das **Kaledonische Gebirge** (Norwegen–Schottland–Irland–Grönland) an. Dessen Abtragungsschutt lieferte einen großen Teil des Materials für die **variskische Gebirgsbildung** im Karbon. Auch dieses Hochgebirge, das sich von Spanien bis Polen erstreckte, wurde bis Ende des Perms von der Erosion bis auf Meeresniveau abgetragen. Sein Rumpf bildet das Grundgebirge Mitteleuropas. Es wurde im Erdmittelalter wiederholt vom Meer überflutet. Dabei lagerten sich mächtige Sedimentpakete, das **Deckgebirge**, ab.

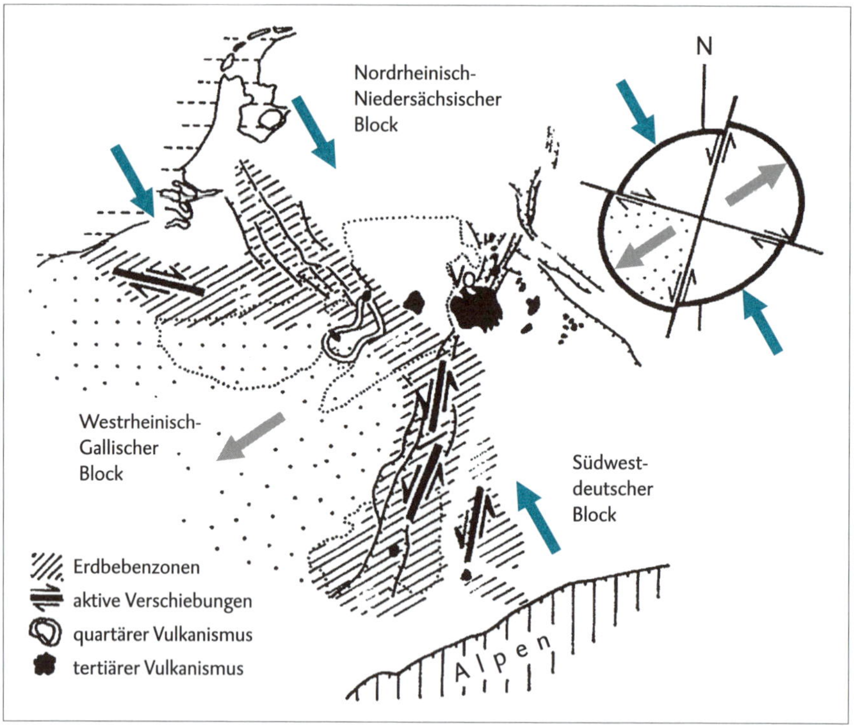

Stressfeld in Mitteleuropa

Durch die Kollision Afrikas mit Südeuropa im Tertiär wurden junge Gebirge (Pyrenäen, Alpen und Karpaten) aufgefaltet. Der Druck dieser Kollision und der Druck vom Mittelatlantischen Rücken nahmen Europa „in die Zange". Verstärkt wurde der Stress durch die Aufwölbung, die zum Einbruch des europäischen Grabenbruchsystems führte. Der 35 km breite und rund 300 km lange Oberrheingraben ist Teil dieses **europäischen Grabenbruchsystems**, das durch Transformstörungen in einzelne Abschnitte (Rhonegraben – Oberrheingraben – Niederrheinische Senke) gegliedert ist. An dieser Stresszone könnte Europa eines Tages auseinanderbrechen.

Die alten variskischen Gebirgsrümpfe zerbrachen unter den Druckbelastungen in einzelne **Bruchschollen**, die entlang der Verwerfungen unterschiedlich gehoben **(Horste)**, gekippt **(Pultschollen)** oder abgesenkt **(Gräben)** wurden. Die deutschen Mittelgebirge wie das Rheinische Schiefergebirge, der Harz, der Schwarzwald oder das Erzgebirge entstanden.

1.7 Gesteinsdeformationen bei der Gebirgsbildung

Bei der Gebirgsbildung werden Gesteine durch Kompression, Dehnung und Scherung verformt. Die Art der Deformierung ist abhängig vom Druck, der Temperatur, der Art der Gesteine und von der Zeit.

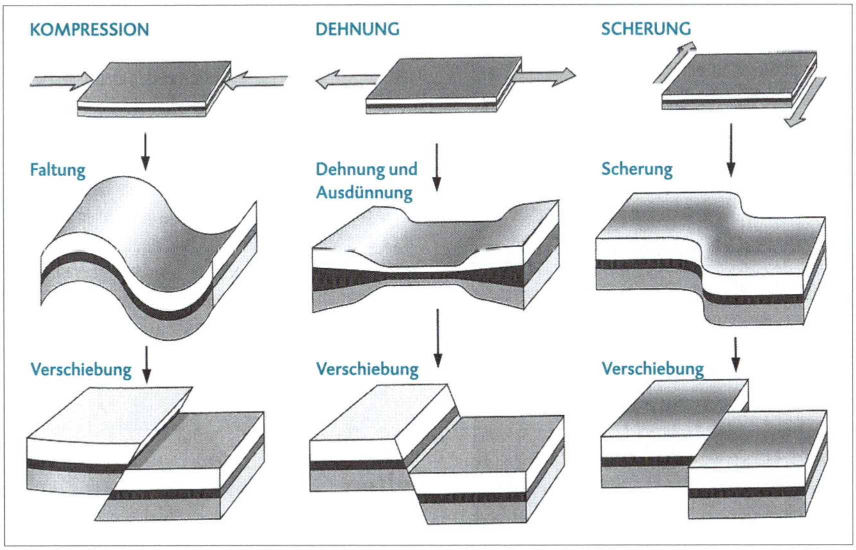

Mögliche Deformation der Gesteine durch unterschiedliche Kräfte

Es gibt zwei Arten von Brüchen: **Klüfte** sind Risse im Gestein, an deren Bruchflächen keine Bewegung der Gesteine stattfand. Klüfte schaffen Wege, auf denen Wasser und Luft in das Gestein eindringen und Verwitterung ansetzen kann. Bei **Störungen** oder Verwerfungen hat eine Bewegung des Gesteins parallel zu den Bruchflächen stattgefunden. Eine Sonderform der Störung ist der Grabenbruch (vgl. S. 19).

Werden ursprünglich ebene Strukturen verbogen, spricht man von Falten. Ihre Ausdehnung kann von wenigen Zentimetern bei sehr dünnen Schichten bis zu vielen Kilometern reichen. Bei einer **Falte** bezeichnet man die Aufwölbung als **Sattel (Antiklinale)**, die Einwölbung als **Mulde (Synklinale)**, ihre Seiten als **Flanken**. Normalerweise handelt es sich um aufrechte, senkrecht stehende Falten. Bei zunehmendem horizontalen Schub nehmen sie eine asymmetrische Form an, bei intensiver Deformation entstehen überkippte Falten (siehe Abb. S. 23).

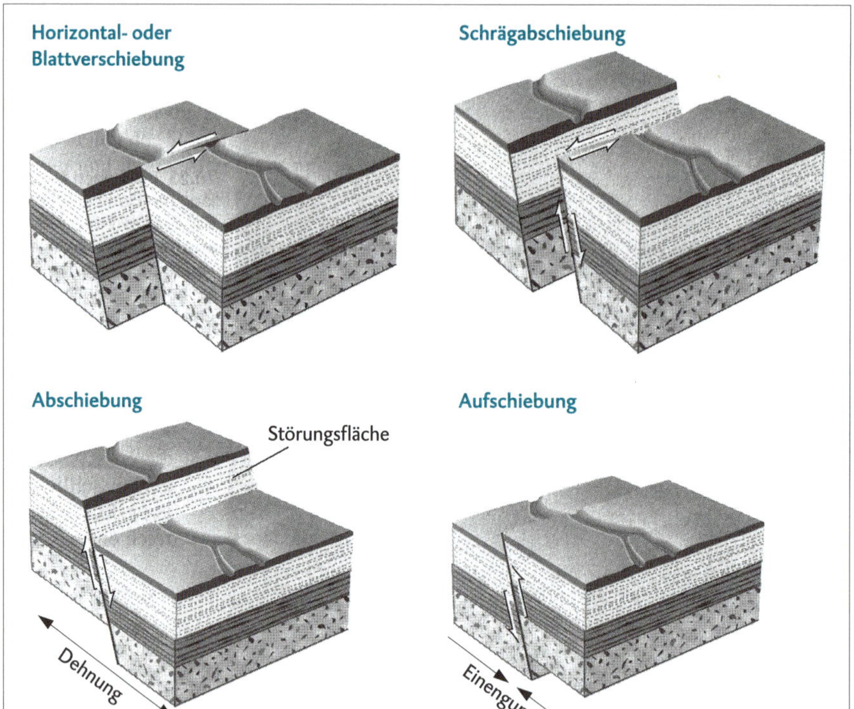

Störungsformen

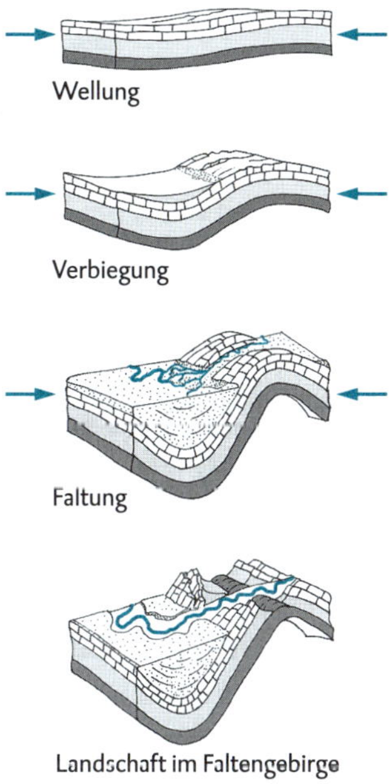

Wellung:
Schichtpaket (Sandstein, Ton, Kalkstein) erfährt seitlichen Druck und wird leicht verbogen

Verbiegung:
bei stärkerer Einengung; Erosion am Sattel, Sedimentation in der Mulde, dort Verstärkung der Verbiegung durch Auflastdruck

Faltung:
fortgeschrittenes Stadium der Faltenbildung, Verstärkung von Erosion und Sedimentation

Faltengebirge:
mit fortgeschrittener Landschaftsbildung, Sattel von epigenetischem Tal durchschnitten, weiche Tonschicht zwischen hartem Kalkstein und Sandstein ausgeräumt

Gebirgsbildung durch Faltung

Wenn die Gesteinsschichten bei einer überkippten Falte abreißen, kann es zur Bildung einer **Deckenüberschiebung** kommen.

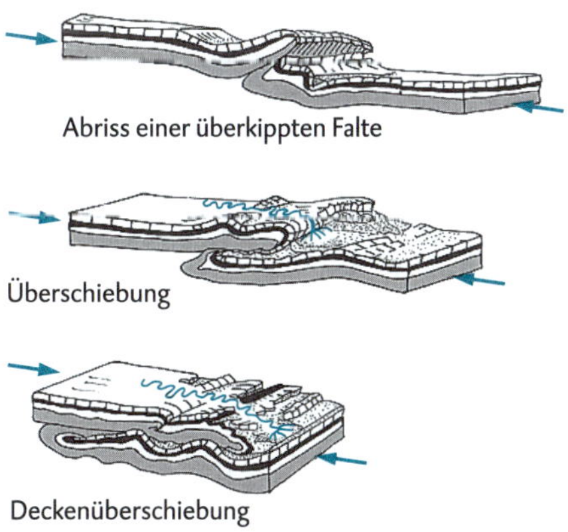

Abriss einer überkippten Falte:
oberer Teil schiebt sich hoch

Überschiebung:
Teile der abgerissenen Falte werden über den unteren Teil geschoben und gefaltet

Deckenüberschiebung:
großflächige Überschiebung; geschieht die Überschiebung an der Oberfläche, setzt Erosion ein

Deckenüberschiebung

1.8 Plutonismus und Vulkanismus

Als **Plutonismus** bezeichnet man die Erscheinungen, die mit der Bewegung des Magmas innerhalb der Erdkruste zusammenhängen. Plutonismus tritt auf: unter Mittelozeanischen Rücken und kontinentalen Gräben, wenn Schmelzen durch Druckentlastung in der Asthenosphäre entstehen und in die lithosphärischen Platten eindringen, im Zusammenhang mit Hotspot- und Superdiapir-Ereignissen, wenn Magma aus dem unteren Mantel aufsteigt und im Bereich von Subduktionszonen durch die bei der Subduktion gebildeten Schmelzen.

Magmatische Gesteine entstehen also, wenn Magma in die Lithosphäre eindringt und dort erstarrt. Man spricht dann von **Intrusionen**. Große Intrusionen **(Plutone)** sind aus Magmakammern entstanden. Kuppelförmige Plutonite mit einer Ausdehnung von über 100 km^2 nennt man **Batholithe**, kleinere **Stöcke**, pilzförmige **Lakkolithe**. Dringt Magma auf, erfolgt eine Aufwölbung der Deckschichten. Brechen diese Gesteine entlang von Schichtfugen auf, bilden sich Spalten. In diese dringt Magma ein und erweitert die Spalten durch Aufschmelzen. Das umgebende Gestein wird durch Kontaktmetamorphose in seinem Mineralbestand verändert. Ein solcher magmatischer Gesteinskörper wird als **Lagergang** oder **Sill** bezeichnet, ein Intrusivkörper in einem diskordant laufenden Riss als **Gesteinsgang** oder **Dike**. Gesteinsgänge sind besonders häufig in Gesteinen, die von großen Intrusionen deformiert wurden.

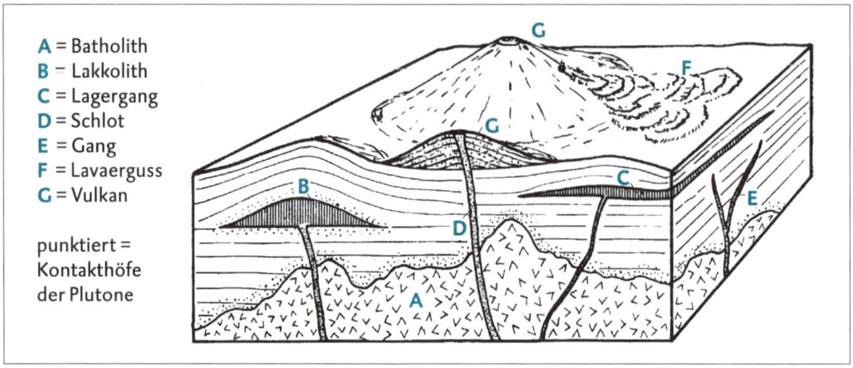

Plutonische und vulkanische Erscheinungen

Ehe Magma an die Erdoberfläche ausfließt, sammelt es sich in einer **Magmakammer**, die in geringer Tiefe liegt. Wenn die Kammer gefüllt ist, zwingt der sich aufbauende Druck die Schmelze im **Schlot** des Vulkans aufzusteigen. An der Erdoberfläche austretendes Magma nennt man **Lava**.

Vulkane an Mittelozeanischen Rücken sind **Spaltenvulkane**, die Schmelzen aus der Asthenosphäre fördern. Die 1 200 °C heiße **Basaltlava** tritt **effusiv** aus, ist einheitlich zusammengesetzt, dünnflüssig und gasarm. Beim Austritt wird sie vom kalten Meerwasser abgeschreckt und erstarrt an der Außenhaut zu kugeligen Gebilden **(Kissenlava)**. Das Innere der Kissen verfestigt sich langsam zu einer kristallinen Masse aus olivinhaltigem Basalt.

Die im Bereich kontinentaler Gräben aufsteigenden Schmelzen stammen von der Unterseite der Lithosphäre. Ihre basaltischen Lavaergüsse breiten sich schnell aus und bauen übereinanderliegend **Schildvulkane** auf (z. B. Kaiserstuhl, Vogelsberg).

Vulkantypen

Die bei der Subduktion entstehenden Schmelzen sind nicht so heiß (~ 800 °C), in ihrer Zusammensetzung sehr uneinheitlich und enthalten viel Kieselsäure, was sie sehr zähflüssig macht. Zudem sind sie aufgrund des hohen Wassergehalts äußerst gasreich. Die Ausbrüche von Subduktionsvulkanen erfolgen **explosiv**. Bei Förderung von Lockermaterial, **Asche** und **Lapilli** (Lavafetzen über 2 mm) entstehen steile Schlackenkegel. Abgelagertes vulkanisches Lockermaterial bezeichnet man als vulkanischen **Tuff**.

Die saure Lava aus Subduktionsvulkanen (Rhyolith) ist gasreich, bei Druckentlastung entgast sie sich unter Bildung von Blasen. Aufgrund des hohen Kieselsäuregehalts und der vergleichbar geringen Temperatur ist **Rhyolith-Lava** sehr zähflüssig und erstarrt rasch. Sie quetscht sich langsam aus dem Förderschlot wie Zahnpasta aus der Tube. Oft erstarrt sie bereits im Schlot und plombiert diesen mit einer Staukuppe. Der Druck der eingeschlossenen Gase steigt und es kommt zur Explosion (z. B. Mount St. Helens 1980). Die dabei ausgestoßene Glutwolke (800 °C) aus Asche, Lavafetzen und Gasen bewegt sich als **pyroklastischer Strom** mit einer Geschwindigkeit von bis zu 2 000 km/h hangabwärts. Pompeji wurde von einem solchen pyroklastischen

Ausbruch vernichtet und begraben. Diese Neigung zur Schlotverstopfung macht Subduktionsvulkane unberechenbar und gefährlich.

Fördert ein Vulkan sowohl Lava als auch pyroklastisches Material, baut er sich als konkaver **Schicht-** oder **Stratovulkan** (siehe Abb. S. 25) aus einer Wechselfolge von Lavaergüssen und pyroklastischen Lagen auf. Die meisten großen Vulkane wie Vesuv, Ätna oder Fujiyama sind Stratovulkane.

Mithilfe der Plattentektonik konnte die Verbreitung der meisten Vulkane und Erdbeben erklärt werden, nicht jedoch die **Intraplattenvulkane**, die weitab von Plattengrenzen vorkommen. Seit den 1970er-Jahren erklärt man diese Vulkane mithilfe von **Manteldiapiren (Mantle Plumes)**. Das sind ortsfeste, bis 150 km breite, schlauchförmige Zonen, in denen Tiefenmagma von der Mantel-Kern-Grenze aufsteigt. Ursache dafür sind aufsteigende Konvektionsströme im äußeren Erdkern, die stellenweise das Tiefenmagma auf über 3 000 °C aufheizen. In Anbetracht dessen, dass Teile der bei der Subduktion abgetauchten Platten bis in diese Region absinken, vermutet man, dass es sich bei diesem Magma im Wesentlichen um recyceltes Plattenmaterial handelt.

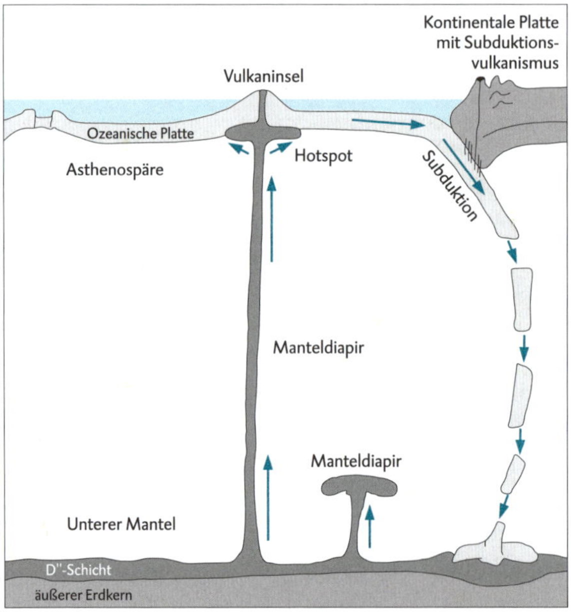

Tiefenprofil mit Manteldiapiren

Dieses extra heiße Magma ist spezifisch leichter als seine Umgebung und steigt auf. Es durchströmt den Mantel und staut sich unter der Lithosphäre. Dabei bildet sich ein pilzförmiger Hut aus, der **Hotspot**. Unter Hawaii hat er einen Durchmesser von ca. 1 000 km. Das heiße Magma brennt sich durch die

Lithosphäre und sorgt für einen Vulkanismus mit effusiver Basaltförderung. Die Insel Hawaii mit ihrem Gipfel Mauna Kea (4 205 m) ist die Spitze des größten Schildvulkans der Erde, der über 10 000 m hoch ist.

Aufgrund der Plattendrift bewegen sich die Platten über den Hotspot hinweg. Das führt dazu, dass sich an anderer Stelle ein neuer Vulkan ausbildet, während der alte den Kontakt zur Magmakammer verliert und erlischt. Auf diese Weise entstehen Vulkanketten, anhand derer sich nicht nur die Richtung der Plattendrift nachvollziehen, sondern auch ihre Geschwindigkeit berechnen lässt. Dazu bildet man den Quotienten aus der Entfernung zwischen den einzelnen Vulkanen und der Differenz ihres Alters ($v = \frac{s}{t_1 - t_2}$).

Hotspots können auch mit Plattengrenzen zusammentreffen, wie das Beispiel von Island zeigt. Nur so ist zu erklären, dass hier der Mittelozeanische Rücken eine große basaltische Vulkaninsel bildet.

Geologen wie Gill Foulger sind der Auffassung, dass zwischen dem festen unteren Mantel und dem zähflüssigen oberen Mantel kein Magmaaustausch durch Konvektion stattfinden könne. Zudem sei es noch nicht gelungen, die Existenz eines Plumes sichtbar nachzuweisen. Sie geht von einem inhomogenen oberen Mantel aus, in dem Reste älterer ozeanischer Kruste und recyceltes Material treiben. Magma entstehe durch Dehnung oder Stauchung der Erdkruste und steige dann nur aus der Asthenosphäre auf. Diese Vorstellungen werden einerseits belächelt wie damals Wegeners Theorie der Kontinentverschiebung, haben andererseits seit 2003 eine heftige kontroverse Diskussion in der Geologie ausgelöst. 2006 konnte das Team um den Züricher Professor Bernard Bourdon mittels neuer Analysen nicht nur die Existenz, sondern auch die Größe, Temperatur und Aufstiegsgeschwindigkeit verschiedener Mantle Plumes ermitteln. Diese Untersuchungen stützen die Standardtheorie.

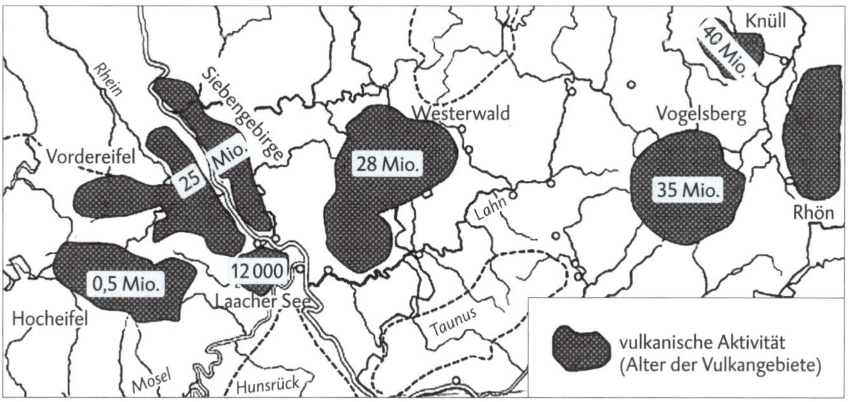

Hotspot-Vulkanismus in Deutschland

Aufgabe 1 Begründen Sie mithilfe von Erkenntnissen der Seismologie, weshalb der untere Erdmantel fest sein muss.

Aufgabe 2 Während der Eiszeiten lag Skandinavien unter einem 2 000 m mächtigen Eispanzer. Seit der letzten Eiszeit hat sich Skandinavien stark gehoben. Erklären Sie das Phänomen.

Aufgabe 3 Ermitteln Sie mithilfe der Abb. „Vulkanismus und Erdbeben" (S. 7) und einer geeigneten Atlaskarte die großen Mittelozeanischen Rücken und die jeweils dort divergierenden Platten.

Aufgabe 4 Überprüfen Sie, ob die üblichen Bezeichnungen Marianengraben, Philippinengraben oder Perugraben aus geologischer Sicht falsch sind.

Aufgabe 5 Erklären Sie die Entstehung eines Inselbogens mithilfe der Plattentektonik.

Aufgabe 6 „Je leichter ein Gebirge durch Erosion wird, desto höher wird es." Erläutern Sie diese Aussage.

Aufgabe 7 Der kanadische Geologe John Tuzo Wilson stellte 1970 das gesamte Geschehen der Plattentektonik in einem Zyklus zusammen. Erläutern Sie auf Grundlage des Wilson-Zyklus die künftige Entwicklung des Mittelmeers.

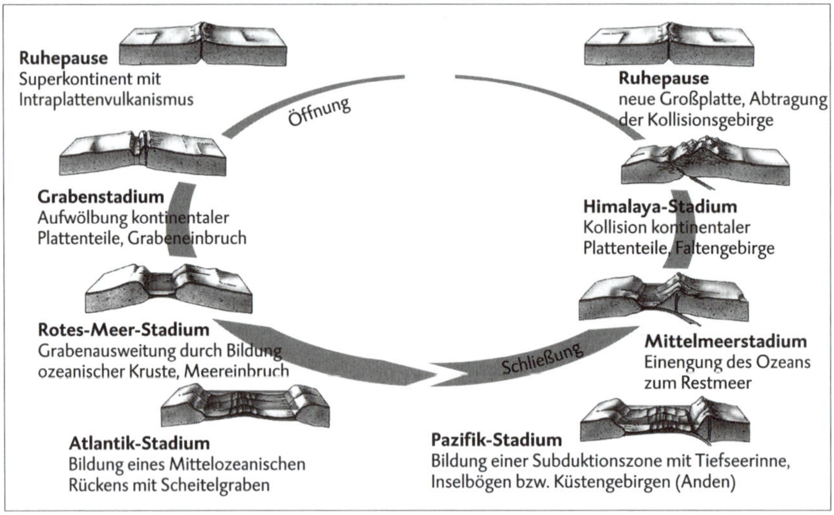

Wilson-Zyklus

fgabe 8 Analysieren Sie, weshalb bei einer großräumigen Faltung exogene Prozesse die Ausbildung von Synklinale und Antiklinale verstärken (vgl. Abb. „Störungsformen“, S. 22).

fgabe 9 Zeigen Sie in einem Fließschema die wesentlichen Schritte einer Hotspot-Entstehung.

2 Die Bildung von Gesteinen und Lagerstätten

Die Lagerstättenkunde ist ein komplexes Themenfeld. Im Folgenden werden ausgewählte Prozesse in ihren Grundzügen und wesentlichen Zusammenhängen vereinfacht dargestellt. Es ist hilfreich, die Entstehung der Gesteine und Gesteinsarten in Grundzügen zu kennen, da sich dann die Lagerstättenbildung besser verstehen lässt.

2.1. Kreislauf der Gesteine

Gesteine bestehen aus unterschiedlichen Mineralien und werden in drei große Gruppen aufgeteilt: magmatische Gesteine **(Magmatite)**, sedimentäre Gesteine **(Sedimente)** und metamorphe Gesteine **(Metamorphite)**.

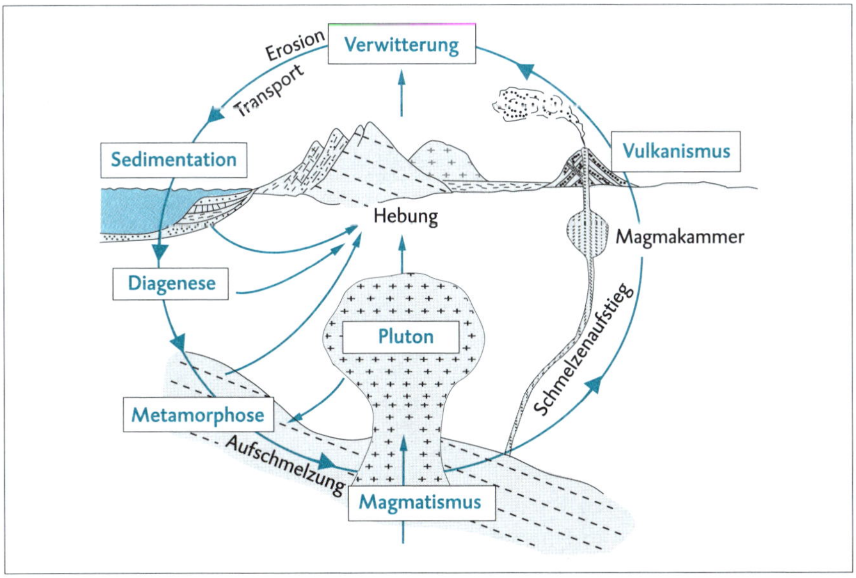

Gesteinskreislauf

Magmatite entstehen beim Erstarren von Gesteinsschmelzen, unter der Erdoberfläche als Plutonite, an der Erdoberfläche als Vulkanite. Sedimente sind das Ergebnis von Verwitterung, Erosion, Transport durch Wasser, Eis oder Wind und von Ablagerung an der Erdoberfläche. Diese Lockermaterialien werden durch Verkittung oder Diagenese (Verfestigung) zu festen Gesteinen.

Metamorphite bilden sich aus vorhandenen Gesteinen durch Umwandlung unter starkem Druck und hoher Temperatur. Der Gesteinskreislauf zeigt, wie die Gesteine immer wieder durch Veränderungen aus anderen hervorgehen.

2.2. Endogene Bildung von Erzlagerstätten

Die meisten Elemente kommen in der Natur nicht rein, sondern als Verbindungen **(Mineralien)** vor. So sind **Erze** Mineralien oder Mineralgemenge, aus denen Metalle geschmolzen werden können. Kommen sie an einem Ort in höherer Konzentration vor, spricht man von **Lagerstätten**.

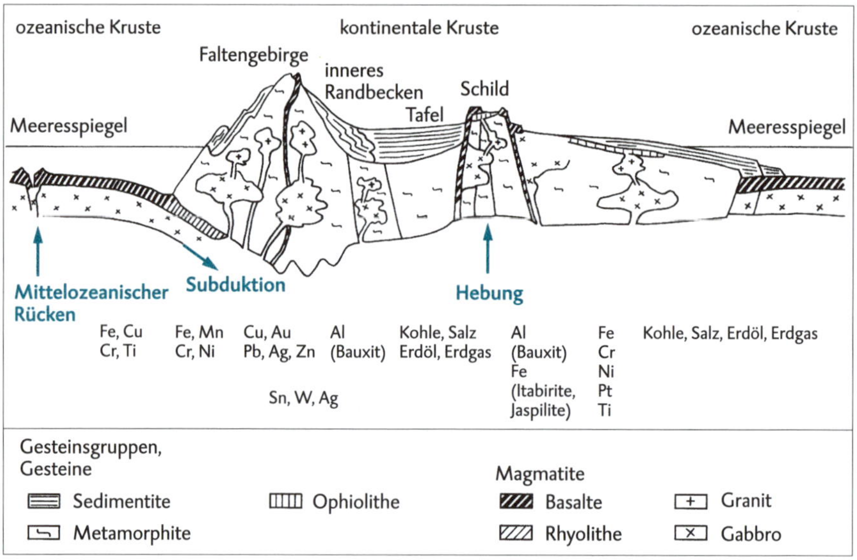

Geologischer Bau und Lagerstätten

Bei der Suche nach wirtschaftlich lohnenden Lagerstätten orientiert sich der Geologe an tektonischen Prozessen und Strukturen, die typisch bei der Entstehung und Ansammlung bestimmter Mineralien sind. So unterscheidet man zwischen Lagerstätten **endogener** Entstehung, die im Zusammenhang mit magmatischen, tektonischen und metamorphen Vorgängen bei der Plattentektonik oder der Genese der alten geologischen Schilde stehen, und Lagerstätten **exogener** Entstehung im Bereich der Tafeln, deren Genese auf klimatische Prozesse und den Kreislauf von Verwitterung, Abtragung und Ablagerung zurückzuführen ist. Bei der Bildung zahlreicher Lagerstätten waren beide Prozesse beteiligt.

2.3 Magmatische und metamorphe Lagerstätten

Entstehung (liquid-)magmatischer Lagerstätten

Unter bestimmten Umständen (Druck, Temperatur, chemische Zusammensetzung und chemisch-physikalische Reaktionen) kann sich Magma im Erdmantel in zwei Schmelzen mit unterschiedlicher Mineralzusammensetzung aufspalten. Viele magmatische Erzlagerstätten haben sich bereits in der Erdurzeit gebildet, als solche glutflüssigen Schmelzen in die Erdkruste eindrangen **(Intrusion)** und dort langsam zu **Plutonen** erstarrten. Auch im Bereich der Subduktionszonen kann es zur Intrusion von Magmen unterschiedlicher Zusammensetzung kommen.

Die über 1 000 °C heißen Gesteinsschmelzen kühlen ab und kristallisieren in komplizierten Prozessen zu magmatischen Gesteinen aus. Silikatreiche Schmelzen bilden schwere dunkle Gesteine wie Basalt, Gabbro und Norit. Aus sulfatreichen Schmelzen entstehen hellere Gesteine wie Granit und Diorit. Wenn dieser Prozess langsam abläuft, bilden sich Tiefengesteine mit großen Kristallen, z. B. Granit. Bei der Abkühlung und Auskristallisation werden die Erze je nach Dichte und ihrem Schmelz- und Kristallisationspunkt in Lagerstätten separiert.

Silikatreiche Plutone entwickeln beim Abkühlen oft unterschiedlich zusammengesetzte Lagen aus hellerem und dunklerem Gestein. Man nennt das **Layering**. Schwere Metalle wie Platin, Chrom und Nickel separieren aus der abkühlenden Schmelze in diese dunklen Lagen und bilden hochwertige Erzlagerstätten wie z. B. den Bushveld-Komplex in Südafrika. Diese Lagerstätte liefert fast 50 % des weltweiten Chroms und enthält 75 % der Platinreserven der Erde.

Bei stärker sulfidischen Schmelzen sinken im noch flüssigen Zustand der Schmelze die vorhandenen Platinmetalle und Schwermetalle wie Chrom, Titan und Nickel nach unten und sammeln sich am Grunde des sich auskristallisierenden Plutons in **liquidmagmatischen Lagerstätten** (siehe folgende Abb.). Dadurch verändert sich auch der Chemismus der Schmelze, sodass während der Hauptkristallisation verschiedene gesteinsbildende Mineralien gleichzeitig auskristallisieren, ohne dass es zu einer Anreicherung von Erzen kommt. **Granit**, ein Gestein aus Feldspat, Quarz und Glimmer, bildet sich.

Im Bereich der alten Schilde hat die Erosion die oberen Gesteinsschichten inzwischen abgetragen und den Sockelbereich alter Plutone freigelegt wie beim Sudbury-Komplex in Kanada. Um den Granitkörper liegen gürtelförmig reiche liquidmagmatische Ni-Pl-Lagerstätten als sogenannte **Sublayer** in Mulden, die sich zwischen dem Pluton und dem Nebengestein gebildet haben.

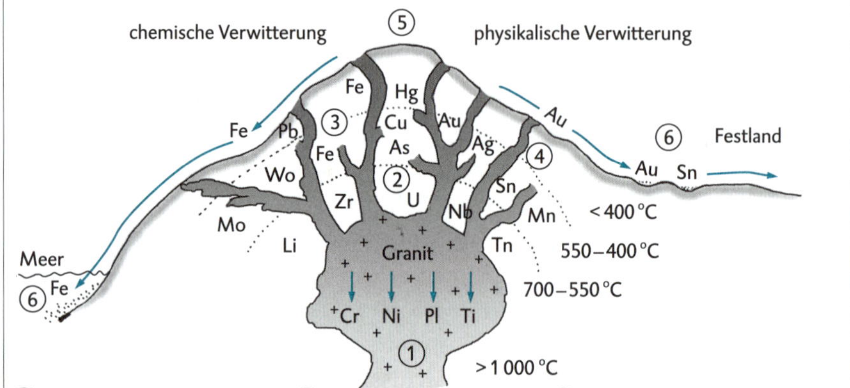

Erzlagerstätten im Zusammenhang mit einer Intrusion

Entstehung pegmatitischer, pneumatolythischer und hydrothermaler Lagerstätten

Nach der Granitbildung bleibt eine Schmelze übrig, die überaus reich an Gasen, Wasser und vielen Verbindungen von Metallen und seltenen Elementen ist. Da sich bei der Auskristallisation das Volumen des Plutons vergrößert, dringt die unter hohem Druck stehende gasreiche Restschmelze an der Oberseite des Plutons in Spalten und Klüfte des umliegenden Gesteins ein. Sie bildet dort erzreiche Ganggesteine, **pegmatitische Lagerstätten** (siehe Abb. oben). In den Gesteinen bilden sich seltene Erze und große Kristalle, auch Schmucksteine wie Bergkristalle, Berylle oder Turmaline. Seltenerden-Elemente wie Coltan bilden kleinere Lagerstätten. Coltan ist das wichtigste Erz für Tantal und Niob. Beide Metalle sind unverzichtbar in der Kommunikationstechnologie und der Medizintechnik.

Chemisch aggressive Dämpfe wandeln das angrenzende Gestein um. Je nach Kluftgröße und Klufthäufigkeit setzen sich **pneumatolythische Lagerstätten** (siehe Abb. S. 32) entweder als größere Erzgänge (Pb, Cu, Fe, Au, Wo, Zn und Mo) im „tauben" (erzfreien) Gestein ab oder das Nebengestein wird bei einer Vielzahl von feinen Klüften, sogenannten Kluftschwärmen, insgesamt erzhaltig (vgl. Abb. unten).

Bei weiterer Abkühlung kommt es zur Kondensation und heiße wässrige gas- und salzhaltige Lösungen entstehen. Glaubte man früher, dass alle hydrothermalen Wässer magmatischen Ursprungs sind, weiß man heute, dass es sich oft um ehemaliges Grund- oder Meerwasser handelt, das in den Kluftsystemen der Gesteine zirkuliert. Die hydrothermalen Lösungen enthalten bis zu 50 % gelöste Stoffe. Aus ihnen kristallisieren bei Temperaturabfall und jeweiliger Sättigung Salze und Metalle wie Fe, Co, Ni, Mn, Au, Ag, Cu, Pb, Zn, Sb und Hg aus und bilden **hydrothermale Ganglagerstätten**.

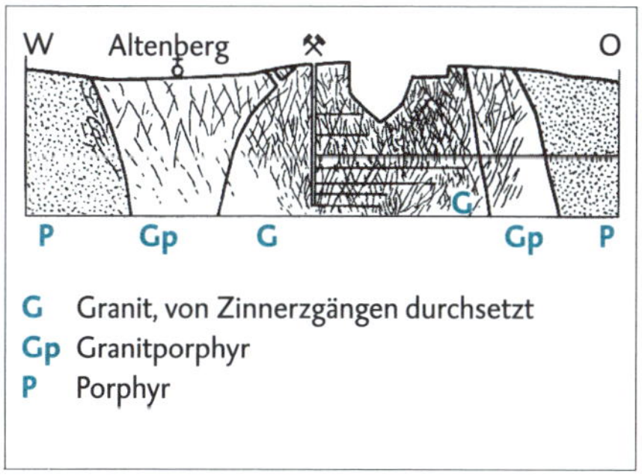

Zinnerzgänge bei Altenberg/Sachsen

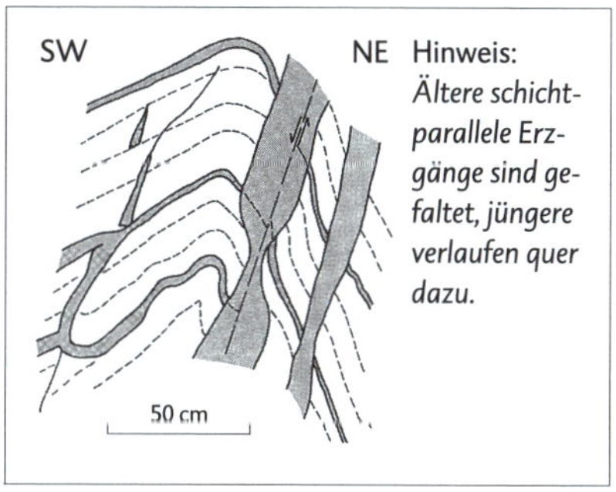

Erzgänge

Einige Erze treten in den Gängen selbst mit teilweise sehr hohen Konzentrationen auf, andere wurden im angrenzenden Nebengestein abgeschieden. Häufig kommen Erzkombinationen vor, sogenannte Polyerze: Ag Pb Zn , Cu Fe, Fe-Ni, Fe-Mn oder Co-Ag-Ni. Hydrothermale Gänge gehören zu den wichtigsten Metalllagerstätten, z. B. die Golderzgänge in Alaska und die Silbererzgänge in Peru.

Hydrothermale Lösungen können auch in die feinen Klüfte und Porenräume großer Gesteinskomplexe (meist Granitporphyre und Sandsteine) eindringen und diese mit Erzmineralen füllen. Solche **Imprägnationslagerstätten** haben oft eine große räumliche Ausdehnung, aber nur einen sehr geringen Erzgehalt von 0,3 bis 1 % (im Vergleich: Gangerze 30–80 %). Ihre Gewinnung lohnt sich dann, wenn im Tagebau riesige Gesteinsmengen abgebaut werden können, z. B. bei der weltgrößten Kupferlagerstätte von Chuquicamata/Chile oder den Kupfer-Molybdän-Minen von Bingham/USA und Kounrad/Kasachstan. Dringen hydrothermale Wässer in wasserlösliche Gesteinsschichten wie Kalk ein, erweitern sie einerseits die Klüfte durch Kalklösung, verfüllen andererseits diese Hohlräume mit Erzablagerungen. Man nennt solche Erzgänge **Verdrängungslagerstätten**.

Submarine hydrothermale Lagerstätten bilden sich entlang von mittelozeanischen Rücken. Hier dringt Meerwasser zwei bis drei Kilometer tief in den Ozeanboden ein und zirkuliert in Klüften und Spalten der Basaltgesteine. In der Nähe der Magmakammern wird es auf bis zu 500 °C aufgeheizt. Zudem sinkt beim Zirkulieren im Gestein der pH-Wert stark ab. Das Wasser wird zu einer extrem sauren und heißen Lösung und löst Mineralien (Fe, Cu, Zk, Mg, Au und S) aus dem magmatischen Gestein.

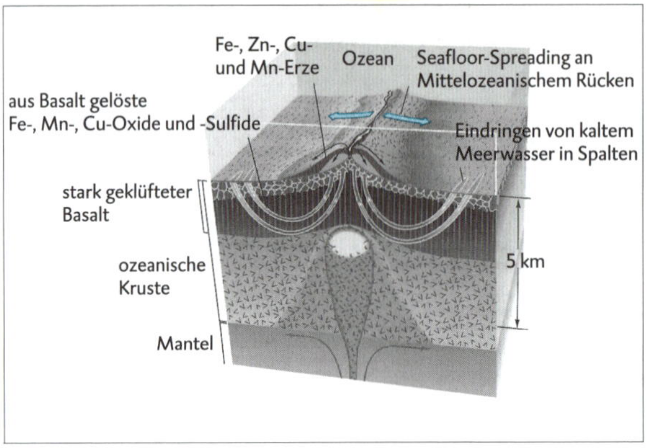

Submarine Lagerstätten an Mittelozeanischen Rücken

Black Smoker

Aufgrund der geringen Dichte steigen die heißen Lösungen wieder auf und beim Kontakt mit dem 2 °C kalten Meerwasser kommt es aufgrund des Temperatur- und pH-Wert-Unterschiedes und des hohen Sauerstoffgehalts des kalten Wassers zur Ausfällung von Sulfiderzen. Diese bauen mächtige Hügel auf, die von röhrenartigen Kaminen gekrönt sind. Die daraus hervorströmende konzentrierte Minerallösung bildet dunkle Wolken im umgebenden Wasser – daher der Name **Black Smoker**. Die Sulfidhügel wachsen durch ständige Ablagerungen aus den hydrothermalen Lösungen. In Senken sedimentieren mächtige Erzschlämme.

Infolge des Seafloor-Spreadings entfernen sich die Black Smoker aus der thermisch aktiven Zone und erlöschen. Ihre Polyerz-Lagerstätten gelangen dann mit der ozeanischen Kruste in den Subduktionsprozess und reichern die gasreiche Schmelze mit Metallen an. Diese steigen dann mit dem Magma der teilweise aufgeschmolzenen Platte in die aufliegende kontinentale Platte auf und bilden z. B. im Faltengebirge der Anden hochkonzentrierte Erzlagerstätten. Das häufige Auftreten gediegener Metalle (100 % Metallgehalt) in diesen **metamorphen Lagerstätten** könnte so erklärt werden.

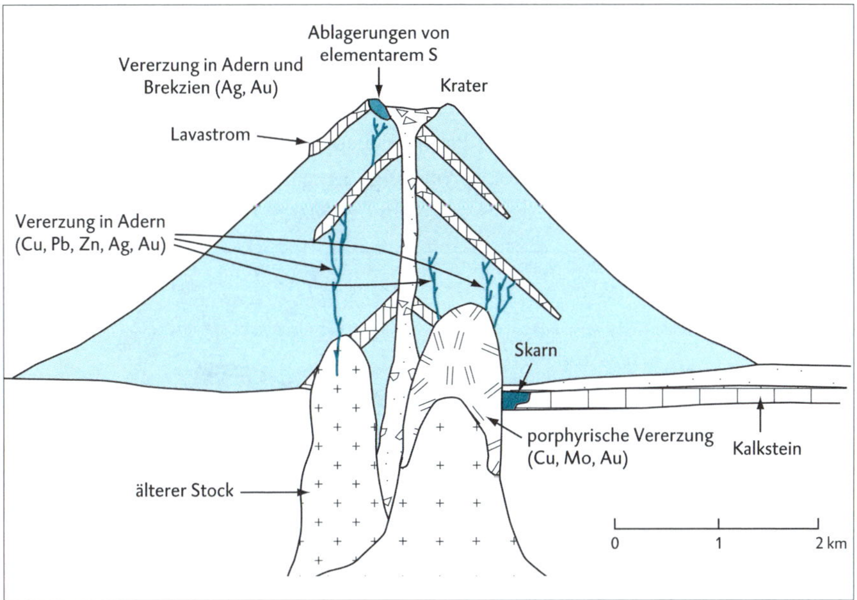

Entstehung von Erzlagerstätten an Subduktionszonen durch Plutonismus und Vulkanismus

Der Sudbury-Komplex in Kanada – die bedeutendste magmatische Lagerstätte

Die bedeutendste **magmatische Lagerstätte**, der Sudbury-Komplex in Kanada, ist durch den Einschlag eines Meteoriten oder Kometen vor 1,85 Milliarden Jahren entstanden. Der Durchmesser des Einschlagkraters wird auf 200 bis 250 km geschätzt. Durch Erosion wurden mehrere Kilometer Gestein abgetragen, sodass heute nur noch der Zentralbereich des Kraters vorhanden ist. Im Randbereich sind tiefer gelegene, zertrümmerte Gesteine freigelegt. Die ovale Form erhielt der Krater durch spätere Gebirgsbildungsprozesse. Damals lag die Region Sudbury in Küstennähe.

Der Impakt des ca. 10 km großen Kometen durchschlug die bereits erzreiche kontinentale Kruste, sodass teils basaltisches Magma in den Krater eindringen konnte. Beim Aufprall wurden bei Temperaturen von über 2 000 °C die Gesteine der kontinentalen Kruste innerhalb weniger Sekunden zu einem granitischen Magma aufgeschmolzen. Dabei stieg eine Wolke aus Schmelztröpfchen auf. Für einen Moment bildete sich ein tiefer halbkugelartiger Krater, dessen zertrümmerte Seitenwände sofort ins Innere rutschten. Das Zentrum federte zurück und bildete einen Zentralberg in dem Magmasee. Dann regnete ein Teil der Aschewolke ab und bildete eine 1,5 km dicke Tuffschicht (Suevit) über dem Magmasee. Die zugedeckte heterogene Magmaschicht brauchte Jahrtausende, bis sie sich soweit abgekühlt hatte, dass die Kristallisationsprozesse beginnen konnten. In die Risse und Hohlräume des umgebenden zertrümmerten Gesteins (Brekzie) wurden bereits während des Einschlags geschmolzene Metalle wie Nickel, Kupfer, Kobalt, Platin, Palladium, Gold und Silber gepresst. So lassen sich unregelmäßige hochprozentige Erzgänge erklären. Der Großteil der Erze lagerte sich dann bei der Separation des Magmas in Sublayern ab.

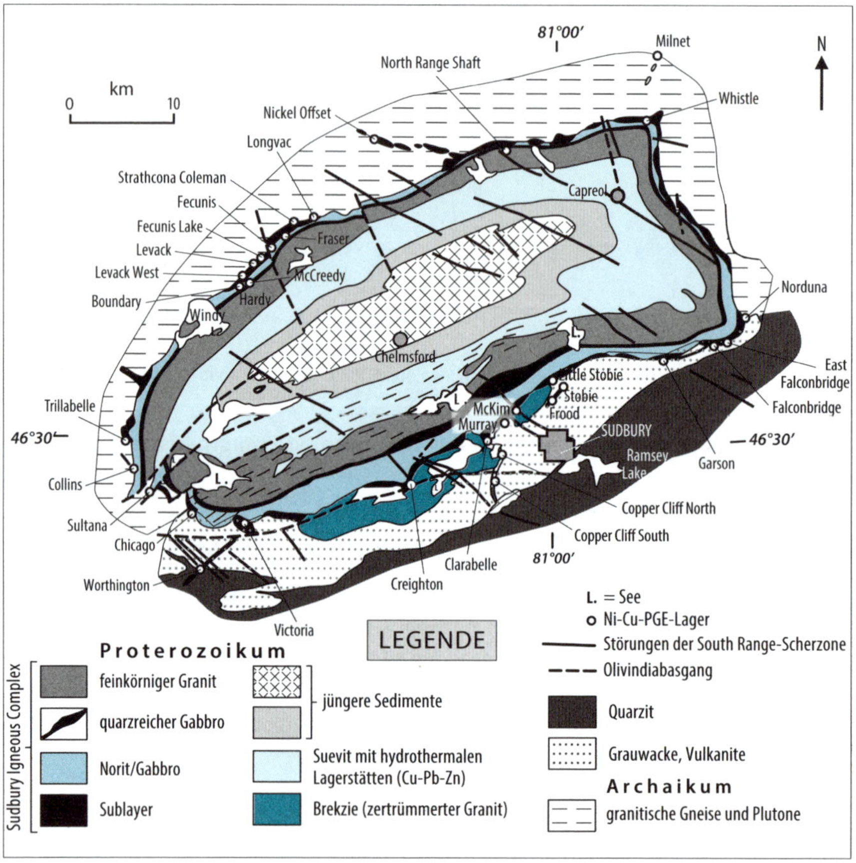

Geologische Skizze des Sudbury-Komplexes mit den an das Sublayer gebundenen Lagerstätten

Entstehung metamorpher Lagerstätten

Sowohl magmatische als auch sedimentäre Lagerstätten können nachträglich durch tektonische Vorgänge in **metamorphe Lagerstätten** umgeformt werden. Zudem gibt es Erzvorkommen, deren Ursprung magmatisch ist, deren Ablagerungsprozesse jedoch metamorph erfolgen. Gemeinsam ist ihnen meist eine stoffliche Mobilisation, bei der es zum chemischen Stoffaustausch und zur Konzentration der Erzmineralien kommt.

Dringt ein Pluton in Schichten aus Kalk- oder Dolomitgestein ein, kommt es an den Rändern des Plutons zur Kontaktmetamorphose, d. h., durch die Hitze verwandelt sich das Karbonatgestein in kristallinen Marmor. Dabei wird durch Aufnahme von CO_2 oder Ca der Chemismus der Plutonränder verändert, gleichzeitig werden Fe, Cu, Mn und Wo über hydrothermale Lösungen in das Karbonatgestein transportiert, wo sie mit diesem reagieren und neue Minerale bilden (hydrothermale Metamorphose). Solche Lagerstätten bezeichnet man als **Skarne**.

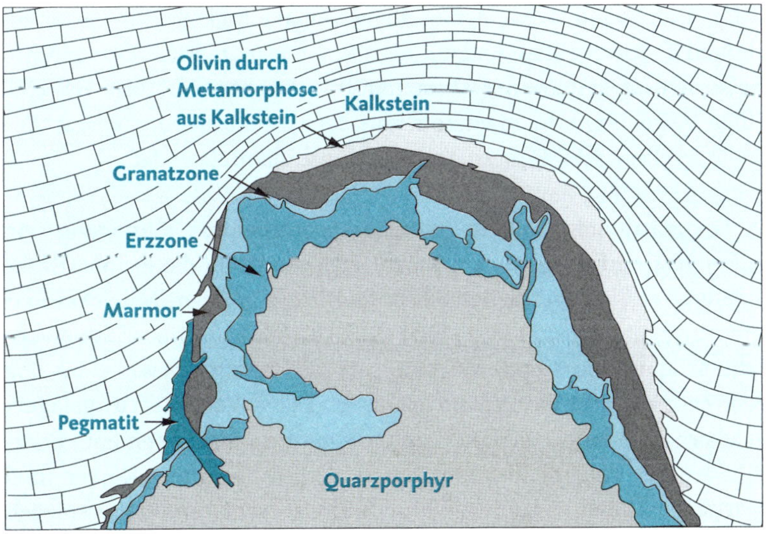

Skarne-Lagerstätte

Oft werden bei der Metamorphose die Mineralien nicht vollständig neu gebildet, sondern nur unterschiedlich modifiziert. Mitunter treibt bei orogener Metamorphose hoher Druck Wasser und Metalle aus dem metamorphen Gestein, diese werden durch Klüfte gepresst und reichern sich in Bereichen niedrigeren Drucks (z. B. in Scherzonen) an, wo sie mehr Platz haben.

2.4 Exogene Bildung von Erzlagerstätten

Bändereisenerze sind mit großem Abstand das wichtigste Eisenerz. Sie sind im Präkambrium vor 3,8–1,8 Mrd. Jahren als **chemisch-sedimentäre Lagerstätten** entstanden. Damals waren die Atmosphäre und das Meer noch sauerstofffrei. Das ermöglichte im Meerwasser die Lösung riesiger Mengen von zweiwertigem Eisen, vor allem aus hydrothermalen Systemen in der ozeanischen Kruste. Als sich dann in flachen Meeresbereichen Photosynthese betreibende Cyanobakterien und Algen in riesigen Kolonien (Stromatolithen) entwickelten, wurde Sauerstoff frei gesetzt. Dieser reagierte mit dem gelösten Eisen zu Eisenhydroxid, das nicht mehr wasserlöslich ist, und ausgefällt wurde. Die Meere rosteten, in Küstennähe lagerte sich dieser Rost über 2 Mrd. Jahre in mächtigen Schichten ab. Die typische Bänderung hängt wohl mit Schwankungen von Temperatur und Wasserzusammensetzung zusammen. Es entstand eine Schichtung von sauerstoffreichem Oberflächenwasser und sauerstofffreiem Tiefenwasser.

Nach Modellrechnungen hat der Sudbury-Impakt (vgl. S. 36) zu bis zu 1 000 m hohen Tsunamiwellen und zu submarinen Hangrutschungen geführt. Dabei wurde der präkambrische Ozean kräftig durchmischt, was für eine gleichmäßige Verteilung von Sauerstoff und der Eisenablagerung sorgte. Die intensive Bändereisenerzbildung an den Küsten war damit beendet.

Erst nach langanhaltenden Hebungsvorgängen und durch Abtragung von Krustenteilen geraten Erzlager in abbaubare Tiefen oder an die Erdoberfläche (Eisenbändererze z. B. im westlichen Australien). An der Oberfläche sind Erze der Verwitterung und Erosion ausgesetzt. Sauerstoffreiches Oberflächenwasser führt durch seine oxidierende Wirkung zur Zersetzung/Verwitterung von Sulfiderzen, besonders Eisen reagiert leicht. In diesen **Verwitterungslagerstätten** reichern sich dann Eisenoxide an der Oberfläche an zu einem „Eisernen Hut“. Darunter sickern mit dem Wasser ausgeschwemmte Kupfer- und Silbererzpartikel tief ins Gestein ein. Im Bereich des Grundwasserspiegels werden sie abgeschieden und zementieren die Gesteinshohlräume.

Bei feuchtem Tropenklima wird durch chemische Verwitterung Aluminium aus dem Mineralverband herausgelöst und abtransportiert. Es lagert sich als Kalk- oder Silikatbauxite ab. Kalkbauxite im Vorland der alpidischen Faltengebirge am Mittelmeer sind während des Tertiärs entstanden, als in Europa tropisches Klima herrschte. Silikatbauxite finden sich z. B. im Umfeld variszischer Faltengebirge wie dem Ural.

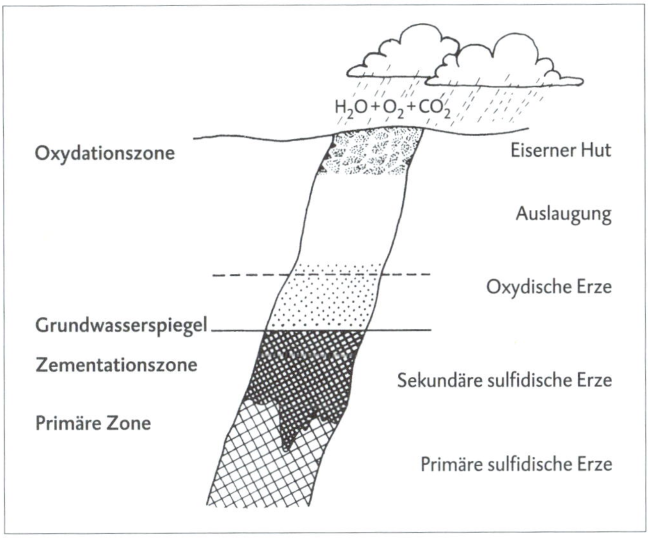

Verwitterungslagerstätte „Eiserner Hut“

Oft werden an der Oberfläche austretende Erze wie Gold, Platin und Zinn nach ihrer physikalischen Verwitterung vom Wasser abtransportiert und gelangen in Bäche und Flüsse. Aufgrund ihrer hohen Dichte sedimentieren sie dort, wo die Fließgeschwindigkeit nachlässt. Die dabei entstehenden Erzanreicherungen, die **Seifen**, finden sich häufig an Gefällsknicken, Gleithängen und im Bereich von Schwemmkegeln. Man spricht von **mechanisch-sedimentären Lagerstätten.**

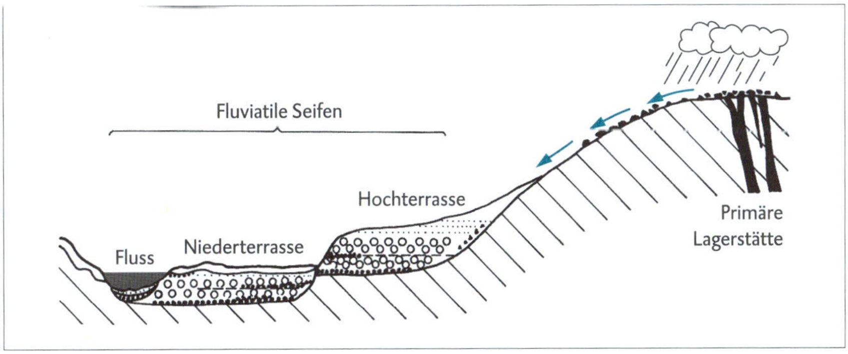

Erzseifen – mechanisch sedimentäre Lagerstätten

Im Umfeld der kontinentalen Schilde, wo die Erosion Plutone angeschnitten hat, finden sich häufig Erz führende Sedimentgesteine, wie die Uran-Konglomerate von Südafrika und Brasilien. Dort wo Vulkanschlote die alten Schilde durchdrungen haben, konnten sich unter extremen Temperatur- und Druckverhältnissen Kimberlite bilden, die Diamantvorkommen von Jakutien, Brasilien und Südafrika. Diamantenanreicherungen finden sich dann in Seifen.

Kupfer, Eisen und Mangan sind unter feuchttropischen Bedingungen chemisch leicht löslich und werden von Flüssen ins Meer transportiert. In der sauerstoffreichen Brandungszone lagern sie sich schalig um Sandkörner an und bilden Oolithe. So sind die Minette-Erze in Lothringen, die Erze von Salzgitter und die Bohnerze der Schwäbischen Alb entstanden. **(chemisch-sedimentäre marine Lagerstätten)**. Fehlen ausgeprägte Brandungszonen, fällen diese Metalle in Küstennähe aus und bilden mächtige Sedimentschichten aus feinen Erzschlämmen.

Durch **Diagenese** (Druckverfestigung) werden die Eisenausfällungen zu Eisensilikaten (Magnetit und Hämatit) umgewandelt. Diese „banded iron formations" haben einen Erzgehalt von bis zu 60 % und bilden, wo sie später durch tektonische Vorgänge kontinental wurden, die wichtigsten Eisenerzvorkommen der Welt (z. B.: Hamerslay Becken/Australien, Minas Gerais/Brasilien, Lake Superior/USA, Orissa/Indien, Kriwoj Rog/Ukraine oder Kursk/Russland)

Ins Meerwasser abgegebenes **Mangan** lagert sich mit Fe, Ni, Co und Cu schalenförmig um Konzentrationskerne an und bildet kartoffelgroße Manganknollen auf dem Tiefseeboden, die verschiedener Orts abgebaut werden.

2.5 Evaporite

Evaporite sind wasserlösliche Minerale, die durch Verdunstung von Wasser (Evaporation) entstanden sind. Sulfate wie Anhydrit und Gips überwiegen. Die Chloride (Salze) sind jedoch wirtschaftlich bedeutender, wie z. B. das Halit (NaCl), auch als Kochsalz bekannt.

Im Zechstein (vor 245–230 Mio. Jahren) waren weite Teile Norddeutschlands von einem flachen Meer bedeckt. In seinem Becken erhöhte sich infolge von Verdunstung die Konzentration der gelösten Stoffe. Einströmendes Oberflächenwasser aus dem Ozean sorgte für ständigen Nachschub. Bei Erreichen der Sättigungsgrenze schieden sich nacheinander Karbonate (Kalk), Sulfate (Anhydrit, Gips), Steinsalz und zuletzt die leicht löslichen Kalium- und Magnesiumsalze aus. Im Laufe von einigen hunderttausend Jahren konnten sich bei absinkendem Meeresboden Salze als sogenannte Steinsalze in enormen Mächtigkeiten ablagern.

Die Salze wurden nach dem Austrocknen des Zechsteinmeeres von 4 000 m mächtigen Sedimenten überdeckt. Da Salz bei starkem Druck plastisch wie Gletschereis wird, begann es zu fließen und drang entlang von Schwächezonen langsam nach oben, es bildeten sich zunächst Salzkissen, dann mächtige pilzförmige **Salzstöcke (Diapire)**. Wo das Salz im Untergrund abgeflossen ist, verstärkte das nachsackende Deckgebirge den Druck und presste weiteres Salz in die Diapire.

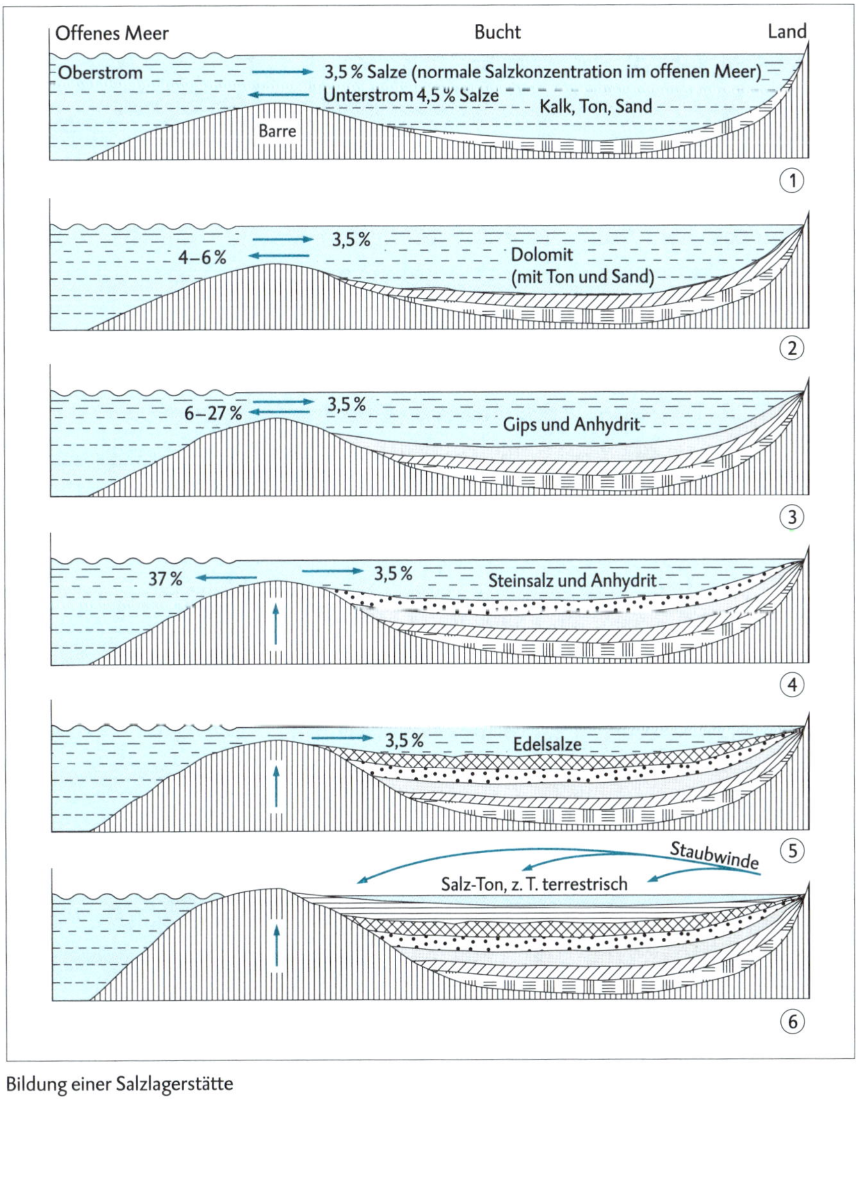

Bildung einer Salzlagerstätte

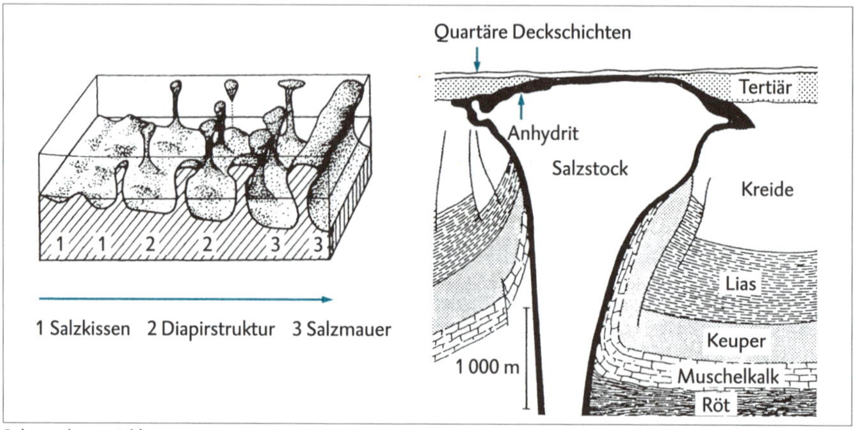

Salzstockentwicklung

Die europäischen Salzlagerstätten des Zechsteinmeeres sind bis 1 000 m mächtig und erstrecken sich im Untergrund zwischen England und Polen und Dänemark und Mitteldeutschland. Kleinere jüngere Salzvorkommen finden sich in den Keuperschichten von Südwestdeutschland und Frankreich. Salze sind unverzichtbare Rohstoffe für die Nahrungsmittel- und Arzneimittelindustrie, die Landwirtschaft (Dünger) und die chemische Industrie.

Salzseen und Salzpfannen bilden sich in trockenen Regionen in abflusslosen Becken. Sie speisen sich aus Zuflüssen wie hydrothermalen Quellen, Bächen aus den umgebenden Bergen oder aus Regenwasser. Diese Zuflüsse bringen vielfältige gelöste Minerale mit, besonders aus Vulkangebieten, die beim Eindampfen unterschiedliche Laugen bilden. Sobald die Lauge mit einem Mineral übersättigt ist, fällt dieses aus und kristallisiert. Viele dieser Salze, wie Bor, Natriumsulfat oder Salpeter, bilden wichtige Lagerstätten. Der Salar de Atacama in Chile liefert z. B. rd. 30 % der Lithium-Weltproduktion. **Lithium** wird zur Herstellung leistungsstarker Akkus (für Elektroautos) gebraucht (siehe Übungsaufgabe S. 235).

2.6 Kohlevorkommen

Kohle gehört zu den fossilen Brennstoffen, ihre Nutzung ermöglichte erst die industrielle Entwicklung. Den Gipfelpunkt ihrer Bedeutung als Energierohstoff hatte sie zu Beginn des 20. Jahrhunderts, seither haben Erdöl und Erdgas den Anteil der Kohle auf etwa 30 % der Weltenergieversorgung zurückgedrängt. Heute wird Kohle nahezu ausschließlich zur Erzeugung elektrischer

Energie und zur Herstellung von Koks für die Metallverhüttung verwendet. Die Kohlehydrierung, also die Erzeugung flüssiger Kohlenwasserstoffe aus Kohle, ist infolge niedriger Preise für Erdöl und Erdgas unwirtschaftlich geworden.

Alle Kohlenlagerstätten sind in einem feucht-heißen Klima aus Waldsumpfmooren mit einer üppigen tropischen Vegetation entstanden, wie z. B. heute den Everglades in Florida. Die heutigen **Steinkohle** stammt aus dem Karbon (vor ca. 300 Mio. Jahren), die **Braunkohle** aus dem Tertiär (vor ca. 50 Mio. Jahren), bei ihnen ist der Kohlebildungsprozess, die **Inkohlung**, noch nicht so weit fortgeschritten.

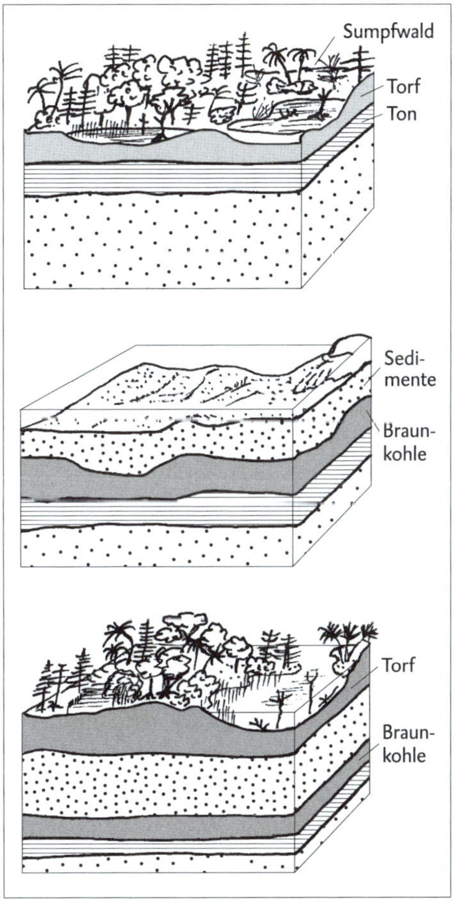

Während des Karbons fand die variskische Gebirgsbildung statt, die auch die deutschen Mittelgebirge erfasste. Während dieser Phase bildeten sich in den Gebirgsvorländern großräumige Senken (Geosynklinalen). In diesen Senken entwickelten sich im tropischen Klima auf wassergesättigten Böden über Tonschichten üppige **Sumpf- und Moorwälder**. Typisch waren heute ausgestorbenen Siegel- und Schuppenbäume sowie baumartige Farne und Schachtelhalme, 20–40 m hoch. Die abgestorbenen Pflanzenteile sanken in den Moorboden ein und konnten unter Luftabschluss kaum verwesen. Bei weiter absinkenden Böden bildeten sich aus der Biomasse sich mächtige Schichten aus **Torf**. Während Holz einen Kohlenstoffgehalt von ca. 50 % hat, liegt er bei Torf bei etwa 60 %.

Infolge der Absenkung kam es teilweise zum Meereseinbruch, teilweise ertranken die Wälder im Wasser der in die Senken einmündenden Flüsse. Meeressedimente oder die reiche Sedimentfracht der aus den nahen, damals hohen Gebirgen überdeckten die abgestorbenen Wälder mit Sand und Ton. Durch den zunehmenden Auflagedruck und die Wärme der einsetzenden Diagenese begann der Inkohlungsprozess, Torf wurde chemisch zu **Braunkohle** umgewandelt. Dabei nahmen Wasser- und Sauerstoffgehalt ebenso ab wie das Volumen (auf ein Fünftel), der Kohlenstoffgehalt erhöhte sich auf ca. 70%.

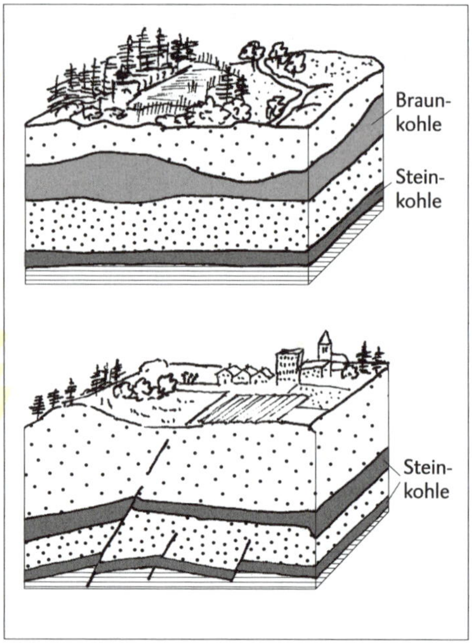

Entstehung von Kohle

Diese Prozesse haben sich im Karbon mehrfach in unregelmäßigen Zeitabständen wiederholt. Dabei wurde auch der Auflagedruck weiter erhöht, was den Inkohlungsprozess verstärkte, und die Abfolge verschieden mächtiger Kohleschichten **(Flöze)** unterschiedlichen Inkohlungsgrades erklärt.

Das bei der Inkohlung abgegebene Methan sammelt sich, wenn es nicht entweichen kann, in Hohlräumen der Flöze. Dieses **Grubengas** kann bei einer Konzentration von 4–16 % in der Luft bei Funkenschlag zu Explosionen (Schlagwettern) führen, was immer wieder zu schweren Grubenunglücken führt.

Je höher der Inkohlungsgrad, desto gasarmer, härter und glänzender ist die aus der Braunkohle entstandene **Steinkohle** und umso höher ist auch ihr Kohlenstoffgehalt und ihr Brennwert.

Anthrazitkohle (92 % Kohlenstoff) kann durch metamorphe Prozesse in **Graphit** verändert werden (100 % Kohlenstoff).

Am Rande der Variskischen Gebirge wurden die Flöze oft in den Faltungsprozess einbezogen. Während des Tertiärs zerbrachen sie bei der Bruchschollenbildung und wurden durch Verwerfungen gegeneinander versetzt. Diese Lagerungsumstände, die nach Norden immer tiefer liegenden Flöze (tiefer als 1 500 m) und die teilweise geringe Flözmächtigkeit führten dazu, dass der Steinkohlebergbau im Ruhrgebiet technisch sehr aufwändig und kostenintensiv ist. Deshalb ist die Ruhrkohle trotz hervorragender Qualität (schwefelarm) gegenüber leichter oder gar im Tagebau zu gewinnender Vorkommen wie in den USA nicht konkurrenzfähig.

Seit 1960 sind die Produktionskosten für Steinkohle in Deutschland höher als der Weltmarktpreis. Aus strategischen und sozialen Gründen wurde der Steinkohlebergbau subventioniert. 2018 soll der Ausstieg aus dem Steinkohlebergbau erfolgen. Heute fördern China, Indien und die USA zusammen 73 % der Weltproduktion.

Die großen tertiären **Braunkohlelagerstätten** in Deutschland liegen zum einen nahe der Oberfläche und können nach Abräumung der Deckschichten im Tagebau gefördert werden. Ihre Flöze sind zudem mächtig, am Niederrhein und im Geiseltal über 100 m.

Russland, USA und China verfügen über die größten Braunkohlenreserven, Deutschland ist jedoch mit Abstand der größte Braunkohlenproduzent der Welt. Braunkohle wird in Deutschland nahezu gänzlich zur Stromproduktion eingesetzt.

Bei der Klimakonferenz 2015 in Paris wurde beschlossen, die CO_2-Emissionen deutlich zu senken (siehe Kap. 3.4, S. 61). Das wird zur Folge haben, dass der Energieträger Braunkohle zunehmend durch regenerative Energieträger ersetzt werden muss, wahrscheinlich bedeutet das auf lange Sicht das Ende des Braunkohlenbergbaus.

2.7 Erdöl- und Erdgasvorkommen

Aus den Überresten von pflanzlichem und tierischem Plankton, die sich nach dem Absterben am Meeresboden ablagern, entsteht **Erdöl**. Das geschieht bevorzugt in Meeresbereichen, die durch Barren vom offenen Meer abgetrennt sind. Dort ist der Wasseraustausch nur gering und die biogenen Reste werden unter anaerobischen Bedingungen zunächst in **Faulschlamm** umgewandelt. Mächtige Sedimentschichten aus Ton und Schluff bedecken den Faulschlamm und schließen ihn luftdicht ab. Durch den hohen Auflagedruck kommt es zur Diagenese des Faulschlamms zu **Ölschiefer**, dem **Erdölmuttergestein**. Dabei findet eine besonders starke bakterielle Gärung statt, bei der Wasser freigesetzt sowie Methan, CO_2 und **Kerogen** erzeugt werden. Kerogen ist ein wasserstoffreiches Gemisch aus organischen Fetten, Wachsen und Ölen, die bei einer Temperatur von 65–120 °C und einem Druck, der einer über 1 500 m dicken Sedimentdecke entspricht, chemisch aufgebrochen und entmischt werden. Wird das Muttergestein in Tiefen bis 4 000 m Temperaturen von 120–180 °C ausgesetzt, kann durch Aufspaltung der langkettigen Moleküle des Erdöls **Erdgas** entstehen. Die flüssigen Kohlenwasserstoffe (Erdöl) und die flüchtigen Kohlenwasserstoffe (Erdgas) wandern aufgrund ihrer geringen Dichte über dem Wasser in die Poren und Klüfte des darüberliegenden porösen Sand- oder Kalksteins. In diesem **Speichergestein** reichern sie sich an und bilden Lagerstätten, wenn der weitere Aufstieg durch eine undurchlässige Schicht verhindert wird (Erdölfalle). Das kann im Scheitelbereich von Antiklinalen, an Salzstöcken oder bei Verwerfungen geschehen. Ist das Erdöl von Gas übersättigt, bilden sich Erdgaskappen über dem Öl und dem Wasser.

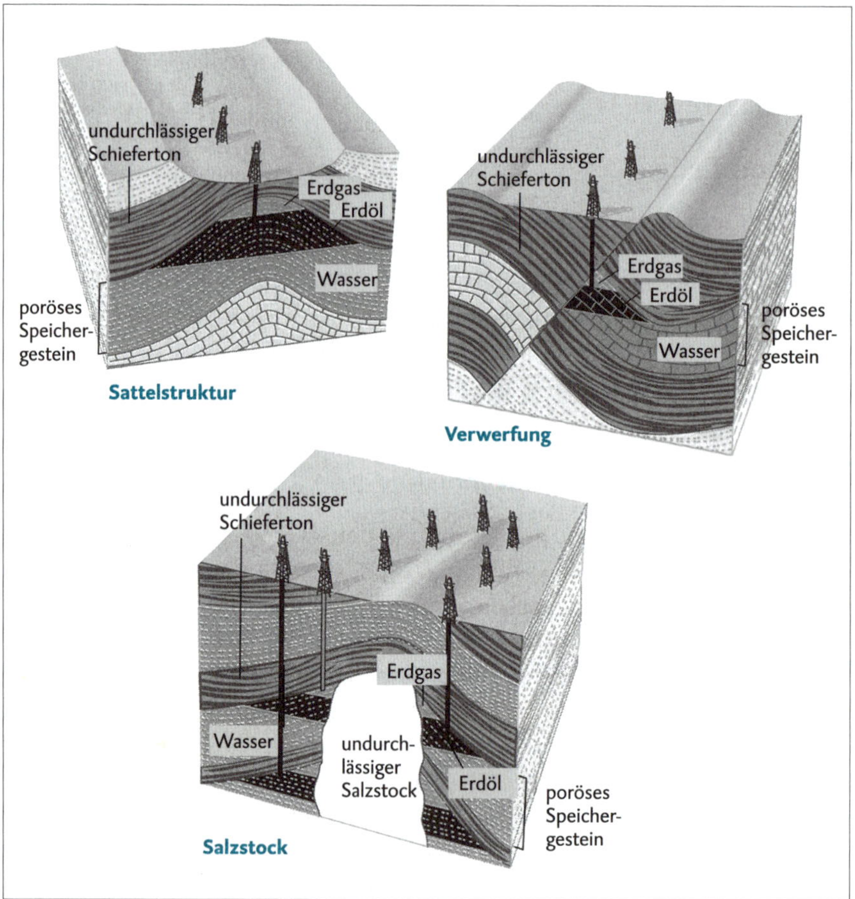

Erdöl- und Erdgasfallen

Erdöl und Erdgas

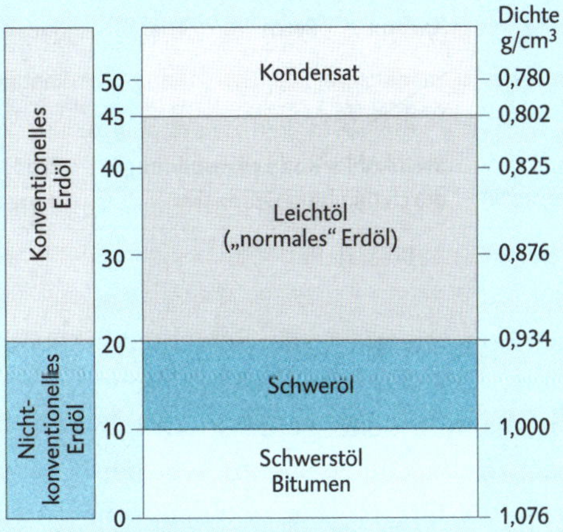

Erdöl ist ein Gemisch aus ca. 500 verschiedenen Kohlenwasserstoffen. Je nach Dichte unterscheidet man zwischen Leichtöl (konventionellem Erdöl) und den nicht-konventionellen Ölen Schweröl, Schwerstöl und Bitumen. Bei der Destillation von Rohöl in Raffinerien fallen in unterschiedlichen Temperaturstufen und Druckbereichen die einzelnen Bestandteile aus, z. B. Leichtbenzin (Normaldruck, 90 °C) und Petroleum (Normaldruck, 100–150 °C), Diesel und Heizöl (im Vakuum, 300–350 °C), bei höheren Temperaturen u. a. Schmieröle.

Erdgas ist ein brennbares Gas, das zu den fossilen Brennstoffen gehört und das bei der Bildung von Erdöl entsteht. Es besteht zu 75–95 % aus Methan.

Um an die fossilen Brennstoffe zu kommen, müssen diese Lagerstätten mittels Bohrungen erschlossen werden. Bei geschickt gesetzten Bohrungen kann das unter Druck stehende Erdgas das Erdöl zu Tage sprudeln lassen. Um die Ausbeute der Ölfelder zu erhöhen, werden durch Injektionsbohrungen Wasser oder Dampf in die Lagerstätte gepresst, um das Öl aus dem Speichergestein zu treiben.

Teersande bzw. **Ölsande** kommen z. B. im östlichen Vorland (Athabasca/Kanada) der Rocky Mountains vor. Infolge der Gebirgsbildung ist hier Erdöl aus dem Muttergestein gepresst worden und in Sandschichten eingesickert. Darüber lagern nur wenige Sedimente, sodass der Ölsand im Tagebau abgebaut und abtransportiert wird. Der Sand wird gemahlen und in großen Becken mit Wasser aufgeschwemmt, sodass das Bitumen (Teer) getrennt wird. Der Sand wird wieder verfüllt. Die Ausbeute ist relativ gering, pro Tonne Ölsand etwa 80 l Öl. Das gewonnene Schweröl muss dann mit einem Gasgemisch verdünnt werden, um es durch eine Pipeline schicken zu können. Die chemische Aufbereitung dieses Öls (Cracking) ist aufwändiger und teurer als bei leichtem Rohöl.

Mio. Jahre	560	300	250	200	145	65	3
Epoche	Karbon	Perm	Trias	Jura	Kreide	Tertiär	Quartär
Lebewesen	Landpflanzen, Amphibien			Reptilien		Säuger	Mensch
Fossile Brennstoffe	Steinkohle- und Erdgasbildung durch Inkohlungsprozesse			Erdöl- und Erdgasbildung aus Plankton		Braunkohle	

Entstehung fossiler Brennstoffe

Durch Bohrungen werden Schichten bis zu einer Tiefe von 800 m erschlossen, wo über 75 % der kanadischen Ölsandvorkommen liegen. Überhitzter Dampf, der in die Bohrlöcher gepresst wird, löst das Öl im Sand, sodass es abgepumpt werden kann. Die Ausbeute liegt bei 60 %. Dieses Verfahren lässt zwar das Gestein vor Ort, ist aber trotzdem sehr aufwändig. Es verbraucht riesige Mengen Frischwasser aus den Flüssen und gewaltige Mengen von Energie, sodass man zusätzliche Kraftwerke bauen musste. Auch die Umweltbelastungen sind um ein Vielfaches höher als bei einer konventionellen Förderung.

Dort, wo Erdöl und Erdgasvorkommen gekoppelt sind, geht man von einer gemeinsamen Genese aus, man spricht dann auch von „nassem" Erdgas. Da aber auch Erdgaslagerstätten unabhängig von Erdöl vorkommen, wie z. B. die Erdgasfelder um Groningen/NL und unter der südlichen Nordsee, müssen diese „trockenen" Erdgase eine andere Genese haben. In diesen Fällen bilden Steinkohlen das **Erdgasmuttergestein**. Bei der Inkohlung entstehen auch flüchtige Bestandteile. Steinkohlen, deren Inkohlungsprozess noch nicht so weit fortgeschritten ist wie bei der Flammkohle, haben einen Gasanteil von 35 %. Es handelt sich um ein Gasgemisch aus 90–95 % Methan, 2–4 % CO_2 und 1–8 % N_2. Bei zunehmender Inkohlung reduziert sich der Gasanteil auf rund 10 % bei Anthrazitkohle. Das bedeutet, dass große Mengen von Methan beim „Reifen" der Kohlen abgegeben wurden. Dieses Erdgas ist durch Klüfte abgewandert und hat sich entweder an geeigneten Stellen akkumuliert oder ist nach und nach in die Atmosphäre entwichen.

Heute werden zahlreiche stillgelegte Kohlenbergwerke im Ruhrgebiet weiterhin energiewirtschaftlich genutzt. Der Kohlenabbau hat unterirdisch zu einer Druckentlastung im Gestein und in den verbliebenen nicht abbauwürdigen Flözen gesorgt und zahlreiche Hohlräume hinterlassen. Diese haben sich mit Erdgas gefüllt, hier als Luft-Gas-Gemisch **Grubengas** genannt. Dieses Erdgas wird abgesaugt und zur Energiegewinnung genutzt.

Erdgasfelder in vulkanischen Gesteinen in Japan enthalten Helium mit einem hohen Anteil eines ^{3}He-Isotops, das nur im Erdmantel vorkommt, aber nicht in Erdgas, das aus organischen Substanzen gebildete wurde. Das deutet darauf hin, dass dieses Erdgas durch magmatische Prozesse bzw. Entgasungen aus dem Erdmantel entstanden sein muss. Das spricht für eine **abiotische** Möglichkeit der **Erdgasentstehung**. Russische Wissenschaftler wie Dimitrij Mendelejew stellten nach der Untersuchung verschiedener Gasvorkommen in Sibirien die Theorie auf, dass Erdgas nicht allein aus organischer Materie entsteht, sondern sich im Erdmantel als eine Hochdruckvariante von Methan bilden kann und dann nach oben in die Erdkruste drängt. Erdgas kann also auf drei verschiedene Weisen gebildet werden.

Durch neue Explorations- und Gewinnungstechniken werden immer wieder neue Lagerstätten entdeckt, deren Förderung sich je nach Erdöl-/Erdgaspreis lohnt. Von daher lassen sich kaum verlässliche Aussagen über die Verfügbarkeit von Erdöl und Erdgas treffen.

Fracking („hydraulic fracturing“)

Erdöl- und Erdgasvorkommen, die in großer Tiefe in Schiefergesteinen oder dichten Sand- und Kalkschichten gelagert sind **(unkonventionelle Lagerstätten)**, werden mit dem **Fracking-Verfahren** gefördert. Dabei wird über Bohrlöcher mit hohem Druck ein Gemisch aus Wasser, Sand und lösenden Chemikalien in die Gesteinsschichten gepresst, um Risse zu erzeugen, durch die das Öl oder Gas freigesetzt werden. Das Verfahren ist umstritten, weil durch undichte Bohrlöcher das Grundwasser gefährdet wird und Erdbeben ausgelöst werden können.

Durch den bis 2014 hohen Weltmarktpreis von Erdöl und Erdgas wurde auch die Ausbeutung unkonventioneller Lagerstätten wirtschaftlich rentabel. Mit der Fracking-Methode wurden die **USA** zum weltweit größten Erdgasförderer. In den USA entwickelte sich ein Fracking-Boom, der dazu führte, dass Banken aus aller Welt Unsummen in diese Technologie investierten in der Hoffnung auf rasche und große Renditen.

Förderbare Schiefergasreserven haben z. B. China (15 %), Argentinien (11 %), Algerien (10 %) und die USA (9 %). Die größten Schieferöl-Reserven gibt es in Russland und den USA. In Deutschland werden in verschiedenen Regionen aufgrund der geologischen Voraussetzungen Vorkommen vermutet.

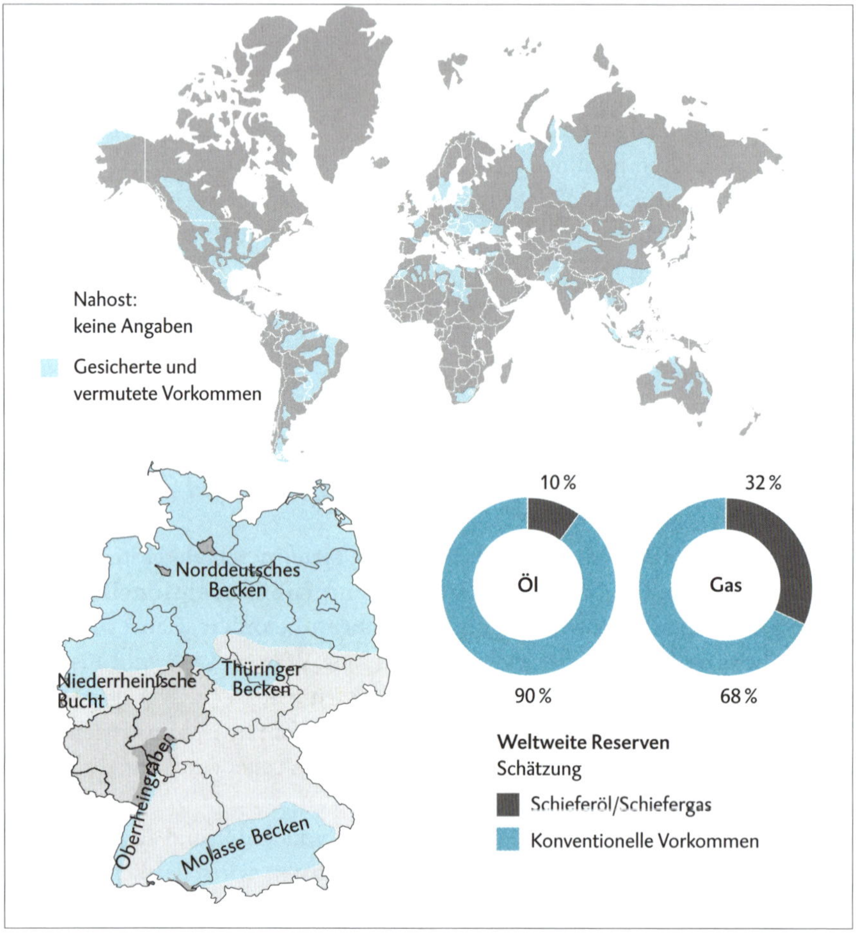

Schiefergas- und Schieferölvorkommen

In vielen Ländern wie Frankreich, Schweiz, Österreich und England ist das Fracking aufgrund der absehbaren Gefahren verboten. Die Bundesregierung beschloss 2015 einen Gesetzentwurf, der das Fracking in Deutschland so stark eingrenzt, dass die Methode derzeit nicht eingesetzt wird.

2.8 Gashydratvorkommen

Gashydrate sind in den Sedimenten der submarinen Kontinentalhänge und auf angrenzenden Ozeanbecken weit verbreitet, sie können aber auch in den mächtigen Permafrostböden der Polarzone vorkommen.

Wasser und Gase wie Methan verbinden sich unter hohem Druck und niedrigen Temperaturen zu festen eisähnlichen Verbindungen, den Gashydraten. Dabei bilden die Wassermoleküle ein Gerüst aus Käfigen, in denen Gasmoleküle, meist Methan, eingeschlossen sind.

Gashydrate bilden sich bevorzugt an den Kontinentalhängen, wo in Sedimenten meist aus Planktonresten Methan entsteht. Dabei sind hoher Druck, wie er in Meerestiefen zwischen 900–1 000 m herrscht und Temperaturen von 12–6 °C sowie eine bestimmte Sedimentationsgeschwindigkeit notwendig. Nur unter diesen Bedingungen sind Gashydrate stabil. Außerhalb dieses Stabilitätsfensters zerfallen sie zu Wasser und Methan.

Gashydrate wirken im Porenraum mariner Sedimente wie Zement und verfestigen den Meeresboden auf den Kontinentalhängen. Werden durch Druck und Temperaturschwankungen die Gashydrate wieder zersetzt, nimmt die Sedimentfestigkeit dramatisch ab. Es kommt zu umfangreichen submarinen Hangabrutschungen und in ihrer Folge zu Tsunamis. Freiwerdendes **Methan** steigt im Wasser als Gasblasen auf und verstärkt als äußerst wirksames **Treibhausgas** den Treibhauseffekt in der Atmosphäre.

Der Kohlenstoffgehalt der geschätzten Gashydratvorkommen liegt sechsmal höher als der von allen bekannten Erdöl und Erdgasvorkommen zusammen. Sie stellen also ein enormes **Energiepotenzial für die Zukunft** dar. Um sie nutzen zu können müssen jedoch erst noch Fördertechniken entwickelt werden, die einen wirtschaftlichen und umweltschonenden Abbau garantieren. Denn Methan darf nicht unkontrolliert in die Atmosphäre entweichen. Das IFM-Geomar-Institut an der Universität Kiel arbeitet an einem Verfahren, bei dem das Methanhydrat in den Wasserkäfigen durch CO_2-Hydrat ausgetauscht wird. Auf diese Weise könnte Methan gewonnen und zugleich das Treibhausgas CO_2 sicher eingelagert werden.

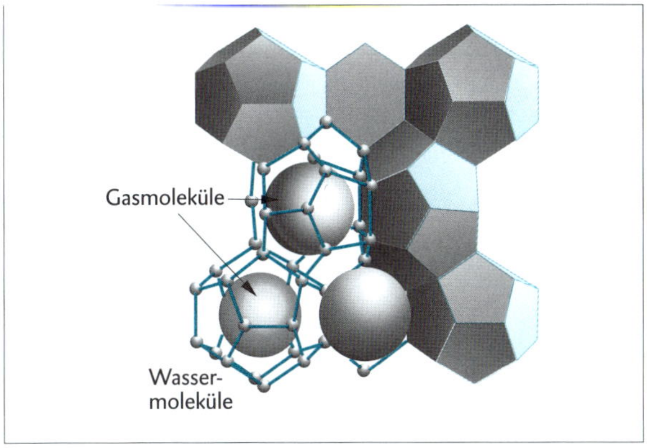

Gashydratstruktur

Aufgabe 10 Erklären Sie, weshalb man bei Salzlagerstätten oft eine charakteristische Schichtung vorfindet.

Aufgabe 11 Definieren Sie den Begriff „Inkohlung".

Aufgabe 12 Beschreiben Sie die Verbreitung der Schiefergas- und Schieferölvorkommen.

Aufgabe 13 Erklären Sie die Methode des Frackings anhand der folgenden Abbildung.

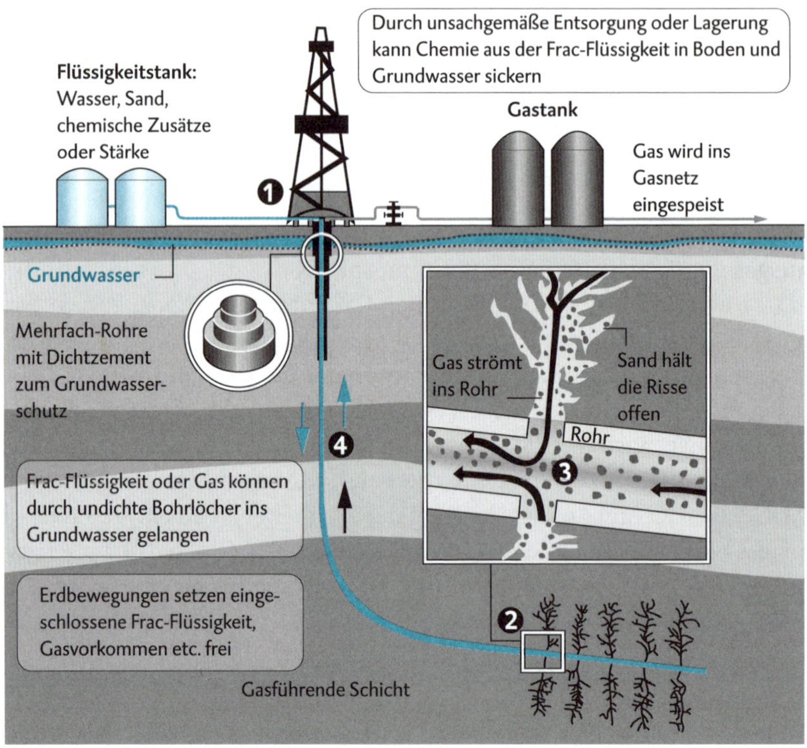

❶ Flüssigkeit wird mit hohem Druck (rund 100 bar) in die Schieferschicht gepresst
❷ Der Druck „zerreißt" das Gestein („Fracking")
❸ Gas strömt aus dem Gestein und wird gefördert
❹ Flüssigkeit wird abgepumpt und zur Wiederverwendung aufbereitet

Schiefergasförderung

Aufgabe 14 Erläutern Sie die ökologischen und ökonomischen Risiken bei der Energiegewinnung durch Fracking.

fgabe 15 Aus Wirtschaftskreisen verlautete (2011): „Ein Fracking-Verbot gefährdet den Industriestandort Deutschland.“ Erörtern Sie ausgehend von dieser These, ob das Fracking in Deutschland als Fördermethode betrieben werden sollte.

FRACKING-LÜGEN	TATSACHEN
Fracking wird in Deutschland schon seit Jahrzehnten betrieben.	Gefrackt wurde bisher nur in konventionellen Lagerstätten. Das ist ebenfalls mit Risiken verbunden, aber weniger schädlich als Schiefergas-Fracking.
Die Bundesregierung plant ein Gesetz, das Fracking durch strenge Auflagen so gut wie unmöglich macht.	Fracking soll auf großen Teilen des Bundesgebietes erlaubt werden. Ab 3 000 m Tiefe kann dann gefrackt werden – hier lagern die größten Vorkommen.
Ohne giftige Zusätze kann Fracking zur unproblematischen Fördermethode werden.	Unabhängig vom Einsatz giftiger Zusätze können krebserregende und radioaktive Stoffe aus dem Untergrund an die Oberfläche gespült werden.
In großen Tiefen kann Fracking keinen Schaden anrichten.	Die Risiken des Fracking wie Grund- und Trinkwasserverunreinigungen oder Erdbebengefahr bestehen auch bei Tiefbohrungen ab 3 000 m.
Ein Fracking-Verbot gefährdet den Industriestandort Deutschland.	Trotz des Fracking-Booms sind die Strompreise für die Industrie in den USA nicht günstiger als in Deutschland.
Fracking macht Deutschland von Gasimporten unabhängig.	Die geringen deutschen Schiefergasvorkommen können keinen nennenswerten Beitrag zur Versorgungssicherheit leisten.
Durch Schiefergas können die Energiekosten für die Bevölkerung gesenkt werden.	Ein Boom mit anschließendem Preisverfall wie in den USA ist in Deutschland ausgeschlossen.
Schiefergas schützt Umwelt und Klima, weil es weniger schädlich ist als Kohle.	Der Treibhauseffekt von Schiefergas kann ähnlich hoch sein wie bei Steinkohle. Hinzu kommt ein gigantischer Wasser- und Flächenverbrauch.

Fracking in Deutschland: Lügen und Tatsachen

3 Wirtschaftliche Bedeutung ausgewählter Ressourcen

Die Mengen eines Rohstoffes, die genau erfasst wurden und die mit den derzeitigen technischen Möglichkeiten wirtschaftlich gewonnen werden können, bezeichnet man als **Reserven**. Reserven werden folglich vom **Rohstoffpreis**, von der Bergbautechnik sowie von technischen und wirtschaftlichen Entwicklungen, d. h. von der Nachfrage, beeinflusst.

Die **Reichweite von Rohstoffen** hängt von der Intensität ihrer Nutzung und von der Entdeckung neuer Lagerstätten ab. Prognosen hierzu werden jährlich aktualisiert, sind aber nicht verlässlich. Trotzdem haben die Endlichkeitsberechnungen teilweise zu einem nachhaltigeren Umgang mit Rohstoffen geführt. Die Reichweite des Rohstoffs Erdöl wurde durch die Entwicklung treibstoffsparender Fahrzeuge deutlich verlängert. 1972 ging man davon aus, dass die Ressourcen nach 30 Jahren verbraucht seien; das ist bis heute nicht eingetreten.

Das **Recycling** von Metallen aller Art, von Glas, Kunststoffen und Papier, führte zu einer Senkung des Einsatzes von primären Rohstoffen und zu einem verminderten Energieverbrauch. Auch die **Substitution** metallischer Rohstoffe durch andere Werkstoffe schont die natürlichen Ressourcen.

Andererseits werden durch den technologischen Wandel und durch die expandierende Hochtechnologie bislang weniger bekannte mineralische Rohstoffe immer wichtiger, z. B. die 14 knappen Mineralien und Metalle: Antimon, Beryll, Kobalt, Flussspat, Gallium, Germanium, Graphit, Indium, Magnesium, Niob, Metalle der Platingruppe, Seltene Erden, Tantal und Wolfram. Problematisch ist dabei, dass jeweils ein großer Teil der Produktion auf wenige Staaten entfällt: China (Antimon, Seltene Erden, Flussspat), Russland und Südafrika (Platinmetalle), Brasilien (Niob, Tantal), Demokratische Republik Kongo (Tantal, Niob, Kobalt) und Chile (Lithium).

3.1 Die wirtschaftliche und technische Bedeutung ausgewählter mineralischer Rohstoffe

Wir nutzen alle direkt oder indirekt im Alltag eine Vielzahl technischer Geräte, die auf mineralischen Rohstoffen basieren. In der Regel wissen wir aber nicht, welche Rohstoffe weshalb in einem Gerät stecken und für uns unverzichtbar geworden sind. Alle **Metalle** werden in unterschiedlichen Verbindungen in der chemischen Industrie vielfältig verarbeitet. Viele Metalle sind auch Bestandteile von Medikamenten.

Eisen- und Stahlveredler

Rohstoff		Besondere Eigenschaften und Verwendung	Lagerstätten/Vorkommen
Fe	Eisen	relativ weich, sehr korrosionsanfällig, mit Zufügungen von Kohlenstoff und Stahlveredlern zu Stahl legiert; Verwendung als Baustahl, im Maschinen-, Werkzeug-, Motoren- und Fahrzeugbau, Eisenoxid als Farbpigment	häufigstes Metall, vielfältige Lagerstätten, oft Bändererze, hydrothermale Gänge; China, Australien, Brasilien, Indien, Russland
Mn	Mangan	härtet Stahl, Aluminium und Kupfer; Batterien	marine Sedimente, hydrothermale Gänge; Brasilien, Australien, Südafrika
Cr	Chrom	härtet Stahl, macht ihn rostfrei, dünne Schichten als Korrosionsschutz und Dekor; Bestandteil von Superlegierungen (Flugzeuge, Raketen); Pigmente (gelb, grün); Gerbemittel	magmatische Lagerstätten; Südafrika (50 %), Kasachstan (15 %)
Ni	Nickel	rostfreier Stahl; Korrosionsschutz; säurebeständig; Superlegierungen (Flugzeugturbine, Münzen, Bestecke); Widerstände in elektr. Bauteilen; Pigment (blau, grün, schwarz)	magmatische Lagerstätten; Russland, Australien, Kanada
Co	Kobalt	korrosionsbeständiger Stahlveredler; hitzebeständig; guter Wärme- und Elektroleiter; Superlegierungen; blaues Farbpigment für Glas, Glasuren, Lacke	polymetallisches Gangerz oft mit Silber und Kupfer; Kongo, Sambia, China, Südafrika, früher auch Schwarzwald
Mo	Molybdän	Stahlveredler für säurefesten, harten Stahl; Bestandteil von Superlegierungen; elektrischer Leiter (Flachbildschirme, Solarzellen, Halogenlampen); fein pulverisiert als Gleitmittel in Schmierölen	häufig mit Kupfer und Wolfram; USA, Kanada, Chile, Peru, China
V	Vanadium	Stahlveredler für besonders harte, verschleißfeste Stähle, Werkzeugstahl; Superlegierungen; tragende Teile von Flugzeugen; Hülle von Kernbrennstoffen	magmatische Lagerstätten, oft mit Titan und Uran (Buschveld/Südafrika), oft auch in geringen Mengen im Ölschiefer
W	Wolfram	höchster Schmelzpunkt, hoher elektrischer Widerstand; Glühdraht in Glühbirnen; Elektroden; Stahlveredler (Schleif- und Schneidwerkzeuge); panzerbrechende Munition	stets in Begleitung von Zinn; China, Russland, Kanada, Bolivien, Österreich
Ta und Nb	Tantal und Niob	kommen immer gemeinsam vor (Coltan); extrem hoher Schmelzpunkt, äußerst säure- und korrosionsfest → besonders belastbare Stahlsorten; Flugzeugtriebwerke, Raumfahrt; Niob-Titan → Supraleiter; Tantal → Transistoren für Handy und PC; extrem dünne Folien zum Auskleiden von Reaktoren; Medizintechnik	aus Pegmatiten, oft auch in Seifen (Afrika); Niob: 75 % aus Brasilien; Tantal: Brasilien, Australien, Kongo

Buntmetalle

Rohstoff		Besondere Eigenschaften und Verwendung	Lagerstätten/Vorkommen
Cu	Kupfer	hervorragende elektrische Leitfähigkeit, guter Wärmeleiter, relativ korrosionsbeständig unter dünner Oxidationsschicht; Elektroindustrie (Kabel, Wicklungen, Leiterplatten); Installationstechnik (Heizungs- und Wasserrohre, Armaturen, Dächer, Regenrinnen); Präzisionsteile, Münzen, Kessel (Sudkessel); Cu + Zn = Messing (antiseptisch → Türklinken); Blasinstrumente; Cu + Sn = Bronze; Kupfersulfat → Pflanzenschutzmittel (Fungizid); Farbpigment als Azurit (blau), als Malachit (grün)	kommt in einer Vielzahl von Polyerzen vor, Vererzung der obersten Zone eines Plutons, Gangerz, hydrothermale Impregnationslagerstätten, als Kupferschiefer; in der Lausitz große Vorkommen neu entdeckt, Chile, Peru, China, USA, Russland,
Pb	Blei	weich, geringer Schmelzpunkt, korrosionsbeständig, Autobatterien; Strahlenschutz; Rostschutz; Gewichte; Glasherstellung; Munition; Farbpigment (weiß); Bedarfsdeckung durch Recycling: 50 %	sehr verbreitet, hydrothermale Lagerstätten, oft mit Zink, häufiger Begleiter in Polyerzen; China, Australien, USA, Peru
Sn	Zinn	weich, geringer Schmelzpunkt → Lötzinn zur Verbindung elektrischer Bauteile; verzinktes Eisenblech (Konserven); Geschirr; Tuben; Orgelpfeifen; Stabilisator in PVC (Kunststoff); Zinnfiguren	Gangerz, Seifen, Sedimenterz; China, Indonesien, Bolivien, Peru, weltweit größte Lagerstätte im Erzgebirge neu entdeckt
Zn	Zink	spröde, hart, korrosionsbeständig; Verzinken von Eisenblechen (Dächer, Regenrinnen, Zäune); Batterien	Polymetall, hydrothermale Lagerstätten; China, Australien, Peru

Edelmetalle

Rohstoff		Besondere Eigenschaften und Verwendung	Lagerstätten/Vorkommen
Au	Gold	selten → Goldmünzen, Barren (Währungsreserve), Schmuck, Dekoration; sehr korrosionsbeständig → Zahnimplantate; reflektiert Infrarotlicht sehr gut → Laserspiegel; mit Germanium als Halbleiter; Gold-Salze in der Medizin	orogene metamorphe und hydrothermale Ganglagerstätten (oft mit Silber), Impregnationslagerstätten, Seifen (Nuggets), wird oft mit Quecksilber oder Cyanid aus dem Gestein gelöst → beides verursacht große Umweltschäden; China, Australien, Südafrika, Brasilien, Russland

Ag	Silber	selten, weich, gut verarbeitbar → Münzen, Schmuck; bakterizid → medizinisch als Wundauflage, Tafelsilber, Besteck; Blasinstrumente; höchste elektrische und thermische Leitfähigkeit aller Metalle → Elektronik und Optik; Fotopapier	hydrothermale Gänge, oft in Polyerzen mit Blei, Kupfer, Zink und Gold; früher verbreitet in Mitteleuropa, z. B. Schwarzwald, Mexiko, China, Peru, Chile, Bolivien
Pl	Platin	sehr selten, sehr wertvoll → Kapitalanlage; Schmuck; überaus korrosions- und hitzebeständig → Fahrzeugkatalysatoren; Laborgeräte; Messtechnik; Elektronik; Laserdrucker; Herzschrittmacher; Zahnimplantate	magmatische Lagerstätten; Südafrika, Russland, Kanada (Weltförderung nur 192 t/Jahr)

Leichtmetalle

Rohstoff		Besondere Eigenschaften und Verwendung	Lagerstätten/Vorkommen
Al	Aluminium	häufigstes Metall in der Erdkruste; als Aluminiumoxid: Rubine, Saphire, Smaragde → Schmuck; Herstellung von Aluminium nur aus Bauxit in einer Schmelzflusselektrolyse (seit 1889); sehr leicht; hohe Wärme- und elektr. Leitfähigkeit; säurebeständig; leichter Konstruktionswerkstoff im Fahrzeug-, Flugzeug- und Maschinenbau; elektrische Leitungen, elektronische Schaltkreise, Verpackungen, Behälter; etc.	Vorkommen als Bauxit (Erde); Südfrankreich (Les Baux), Australien, China, Brasilien, Indonesien
Ti	Titan	korrosions- und temperaturbeständig, hohe Festigkeit, sehr leicht; Maschinen-, Turbinen-, Flugzeugbau; Gehäuse von Notebooks und Uhren, Brillen; Federn	Polyerz oft mit Eisen; Australien, Südafrika, Kanada, China, Norwegen
Mg	Magnesium	leichter als Aluminium → Kameragehäuse, Anspitzer, Implantate; in zahlreichen mineralischen Verbindungen; reaktionsfreudig → zahlreiche Legierungen, Reduktionsmittel → Entschwefelung von Stahl; leicht entzündlich, explosionsgefährlich → Feuerwerk, Fackeln, die unter Wasser brennen, Leuchtmunition, Bomben; Medikamente; Düngemittel	in Carbonaten, Silikaten, Chloriden, Sulfaten; 86 % der Produktion aus China (2015)
	Seltene Erden	in verschiedenen Metallverbindungen, z. B. Cer, Yttrium, Neodym (~ 17 Metalle); vielseitiger Einsatz in Schlüsseltechnologien (Plasmabildschirme, Leuchtstofflampen, LEDs, Lasertechnik, Brennstoffzellen, Dauermagneten in Windkraftwerken, Elektromotoren); Radargeräte, Spezialgläser	sehr kleine pegmatitische Lagerstätten; China, USA, Indien, Australien, Russland, neue Lagerstätten im Erzgebirge entdeckt

Weitere Metalle und Halbleiter

Rohstoff		Besondere Eigenschaften und Verwendung	Lagerstätten/Vorkommen
U	Uran	radioaktiv → Kernkraftwerke; Atombomben; Rohstoff für Plutonium; panzerbrechende Uranmunition; medizinische Bestrahlungen; früher Grünfärbung von Glas	unterschiedliche Lagerstätten; im Mineral Pechblende (z. B. Schwarzwald, Erzgebirge); USA, Kasachstan, Niger, Australien, Namibia
Li	Lithium	guter Strom- und Wärmeleiter → Batterien; Reduktionsmittel bei Metallschmelzen; Legierungsmittel zwecks Zugfestigkeit und Elastizität vieler Stoffe; Rohstoff für Tritium (Wasserstoffbomben); Medikamente → Psychopharmaka	primär in Pegmatiten, oft mit Tantal oder Magnesium, sekundär als Lithium-Salze in Salzseen; Chile, Argentinien, USA, China
Hg	Quecksilber	einziges flüssiges Metall, weil hochgiftig, nur noch geringe Nutzung: Elektrolyse; Knopfzellen; Lösung von Gold aus Erzen; als Silberlegierung (Amalgam) Zahnersatz, früher in Thermometern; Schwarzlichtlampen; Farbpigment Zinnoberrot, gebraucht in der Atomindustrie	magmatisch-vulkanische Lagerstätten; China, Serbien, Algerien, Italien, Russland

3.2 Energierohstoffe auf dem Weltmarkt

Die Weltwirtschaft ist insbesondere von den Energierohstoffen abhängig, vor allem vom Erdöl. Die **Erdölpreise** wiederum werden beeinflusst von der Entwicklung von Angebot und Nachfrage, von den Förderquoten der OPEC, von den Förderkosten, von Lieferunterbrechungen durch Streiks oder politischen Sanktionen, von Angst vor Terroranschlägen, politischen Unruhen und Kriegen in den Fördergebieten, von schwankenden US-$-Kursen, der Leitwährung für den Ölpreis, sowie von Spekulationen an den Rohstoffbörsen.

Nachdem der Ölpreis von 1985 bis 2002 relativ stabil bei 20 US-$/Barrel lag, kletterte er bis 2008 auf 90 US-$/Barrel. Kriege im Nahen Osten, eine hohe Nachfrage, besonders aus China und Indien, und Spekulationen trieben ihn in die Höhe. Ab einem Preis von 70 US-$ ist die Förderung von Öl aus Teersanden von Atabasca/Kanada rentabel. In den Jahren 2010 bis 2014 wurde in den USA die Schieferöl-Fördertechnologie (das Fracking-Verfahren, siehe S. 49 f.) erfolgreich weiterentwickelt. Das führte zu einem neuen **Öl-Boom** in den USA und zu einer Sättigung des US-Ölmarktes. Die OPEC hatte trotz der Überversorgung des Ölmarktes auf ihrer Konferenz im November 2014 keinen Förder-Cut beschlossen. Dadurch wurde unter Führung von Saudi-Arabien ein Verdrängungskampf eingeläutet. Die Ölpreise fielen von

100 auf unter 40 Dollar je Barrel. Die Ölbohr- und Ölförderfirmen in den USA gerieten dadurch in starke Schwierigkeiten und stoppten sehr viele neue Ölbohrvorhaben. Der Ölboom in Kanada ist vorerst beendet, die wirtschaftlichen und sozialen Folgen sind nicht abzusehen. Genauso litten aber auch alle anderen Ölförderländer unter dem ruinösen **Preisdruck**, selbst die meisten OPEC-Länder. Dennoch hält die OPEC an dieser Förderpolitik unbeirrt fest. In den Jahren 2015 und 2016 ist der Ölpreis auf ein sehr niedriges Niveau gesunken; wann er wieder steigen wird, ist unklar.

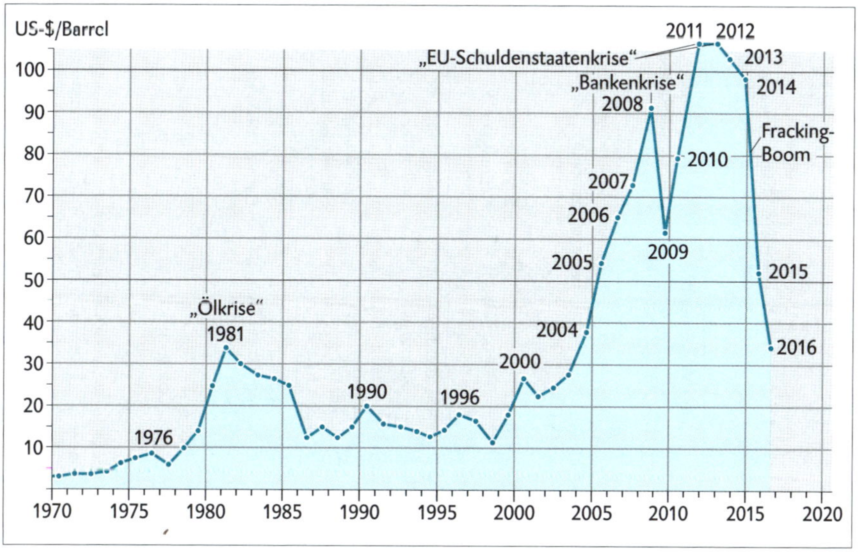

Ölpreisentwicklung auf dem Weltmarkt im Jahresmittel

Viele Regierungen weltweit haben bereits die Entwicklung alternativer Energieträger vorangetrieben, um ihre Abhängigkeit von den Förderländern zu reduzieren. Die Schweiz und Österreich setzten vor allem auf den Ausbau der Wasserkraft, in Deutschland hat man verschiedene Energieträger gefördert.

Erdölförderung 2015 in Mio Barrel/Tag

USA	12,3	Kanada	4,3	Iran	2,8
Russland	11,0	China	4,1	VAE	2,8
Saudi Arabien	9,6	Irak	3,5	Kuwait	2,7

3.3 Gefährdungs- und Veränderungspotenzial bei der Offshore-Förderung von Erdöl und Erdgas in der Nordsee

Oft liegen Erdöl- und Erdgasvorkommen vor der Küste unter dem Meeresboden des Kontinentalschelfs. Die Ausbeutung dieser Offshore-Lagerstätten ist teuer, kompliziert und birgt zudem ein hohes Gefahrenpotenzial für den Naturraum.

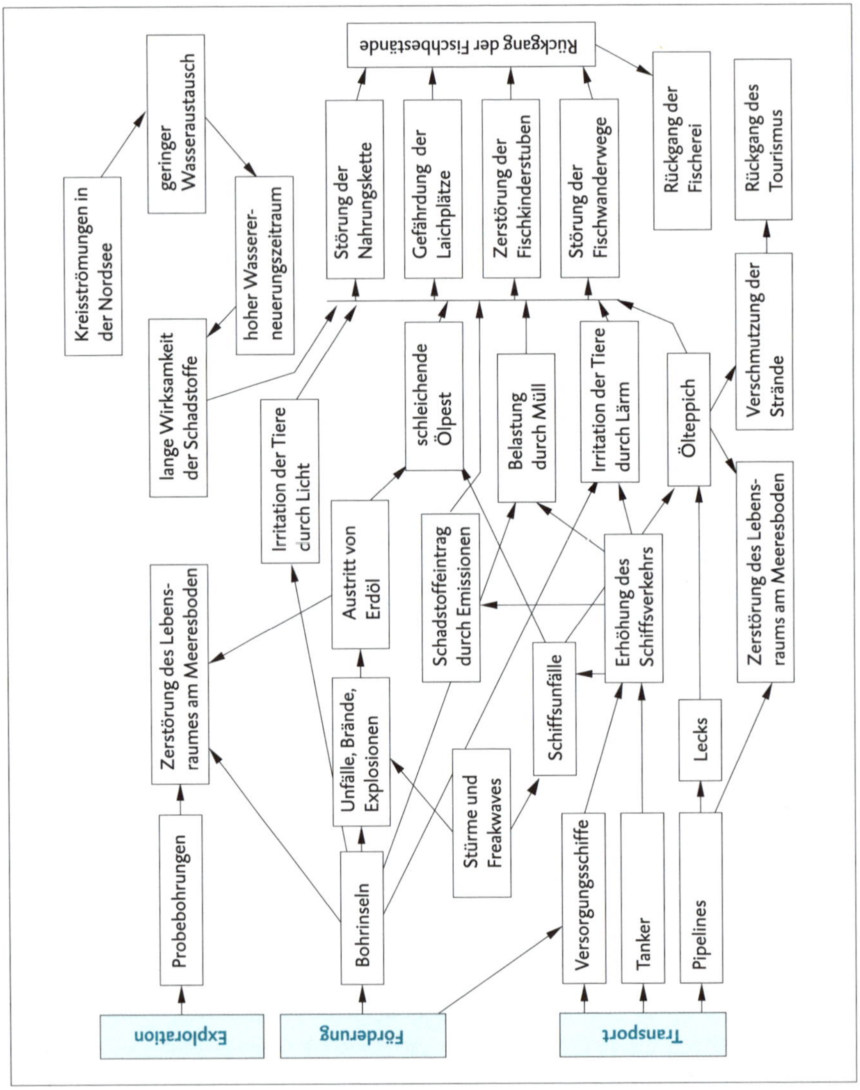

Gefährdungs- und Veränderungspotenzial bei der Offshore-Förderung in der Nordsee

3.4 Energiewende

Die in der Natur vorkommenden primären Energieträger müssen zu sekundären Energieträgern aufbereitet werden, um sie in unterschiedliche Nutzenergieformen zu verwandeln.

	Primärenergie	Sekundärenergie	Nutzenergie
Fossile Energieträger	Holz	Holzkohle	Wärme
	Torf	Briketts	Wärme, Strom
	Braunkohle	Briketts	Wärme, Strom
	Steinkohle	Briketts, Koks, Gas	Wärme, Strom
	Erdöl	Kerosin, Benzin, Diesel, Heizöl, Schweröl, Gas	Wärme, Strom, kinetische Energie
	Erdgas	Gas	Wärme, Strom, kinetische Energie
	Gashydrat	Gas	noch nicht einsetzbar
Kernenergie	Uran	Brennstäbe, Wasserstoff	Strom
	Plutonium	Brennstäbe, Wasserstoff	Strom
Regenerative Energie	Biomasse	Biogas, Treibstoffe, Strom	Strom, kinetische Energie
	Solarenergie	Wärme, Strom	Wärme, Strom
	Wasserkraft	Strom, kinetische Energie	Strom
	Gezeitenkraft	Strom, kinetische Energie	Strom
	Windkraft	Strom, kinetische Energie	Strom
	Geothermische Energie	Wärme, Strom	Wärme, Strom

Energieträger und Energieformen

Bei der Verbrennung fossiler Energieträger wird das gespeicherte fossile CO_2 freigesetzt, das als Treibhausgas für die globale Erwärmung ein wesentlicher Faktor ist. Auf der Klimakonferenz 2015 in Paris wurde von allen Staaten eine Reduktion der Treibhausgase beschlossen (siehe S. 45). Viele Regierungen weltweit hatten bereits die Entwicklung alternativer Energieträger vorangetrieben, um ihre Abhängigkeit von den Förderländern zu reduzieren.

In Deutschland hat man, nachdem die Reaktorunfälle von Tschernobyl und Fukushima die unkalkulierbaren Risiken der Kernenergie offenbart hatten, beschlossen den Weg zur **Energiewende** zu beschreiten. Darunter versteht man eine verstärkte Energiedistribution durch regenerative Energieträger und die

Einsparung von Energie durch sparsamere Fahrzeuge, Haushaltsgeräte sowie Arbeitsprozesse in der Industrie und durch eine bessere Wärmedämmung von Gebäuden.

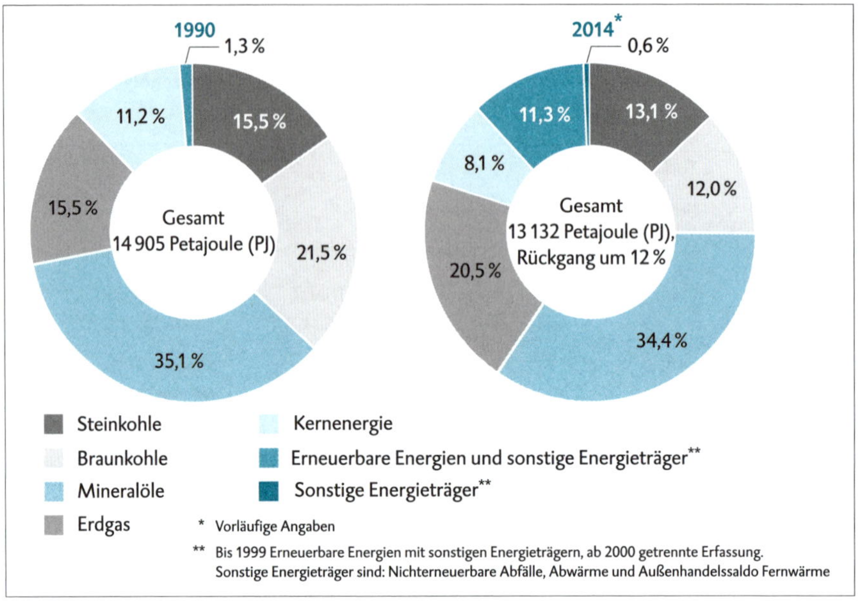

Entwicklung des Primärenergieverbrauchs in Deutschland nach Energieträgern (Berechnungen auf der Basis des Wirkungsgradansatzes)

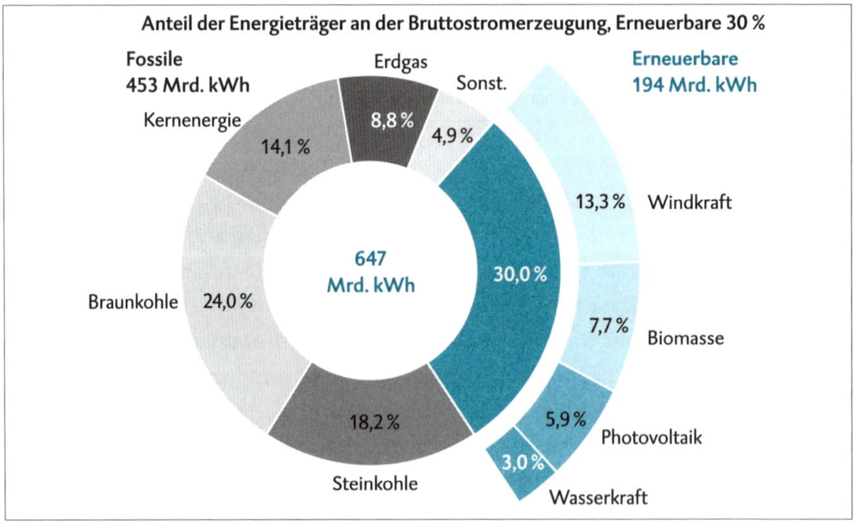

Der Strommix in Deutschland 2015

3.5 Raumwirksame Veränderungen infolge der Gewinnung von Rohstoffen unter dem Gesichtspunkt der Nachhaltigkeit

Bergbau ist ein unverzichtbarer Wirtschaftsfaktor. Er fördert die Rohstoffe für die Industrie, zudem schafft er Arbeitsplätze und sorgt für Wohlstand. Für viele **Entwicklungsländer** sind die Bodenschätze eine Chance, am globalen Handel teilzunehmen und eigene Industrien aufzubauen. Jedoch bedeutet jede Form von Bergbau auch einen schwerwiegenden Eingriff in die Umwelt und führt zu erheblichen **ökologischen Problemen** sowie oft auch zu starken Belastungen für die Gesundheit der Bevölkerung. Bergbau und Nachhaltigkeit schließen einander aus.

Allenfalls können ein verantwortungsvoller Betrieb des Bergbaus und strenge Umweltauflagen des Staates, die auch durchgesetzt werden, die Schäden begrenzen. Leider hat der Abbau von Bodenschätzen in vielen Staaten nicht zu einer Verbesserung der Lebensbedingungen der Bevölkerung geführt, sondern die sozialen Verwerfungen noch verstärkt, besonders in Entwicklungsländern.

Der enorme **Flächenverbrauch** von Tagebauen, Abraumhalden und Schlämmteichen birgt sozialen Sprengstoff, insbesondere in dicht besiedelten und/oder landwirtschaftlich genutzten Gebieten. In Deutschland sind zahlreiche Dörfer dem **Braunkohlebergbau** zum Opfer gefallen. Ihre Bewohner wurden enteignet, entschädigt und umgesiedelt. In ärmeren Ländern verlieren die betroffenen Menschen oft ihre Lebensgrundlagen ohne Entschädigungen.

Eine **Renaturierung** von stillgelegten Tagebauen ist nur bedingt unter hohem Kostenaufwand möglich, wenn es in den Ländern entsprechende Umweltgesetze gibt. Weil das in Deutschland der Fall ist, sind in den ehemaligen Braunkohleabbaugebieten in Ostdeutschland mehrere hochwertige neue Biotope und Erholungslandschaften mit großen Seen entstanden.

Äußerst problematische ökologische Auswirkungen haben die Rodung von Wäldern und die Umleitung von Flüssen, besonders in ökologisch sensiblen Gebieten. In den Teersandabbaugebieten hat bisher keine Renaturierung stattgefunden.

Beim **Untertagebergbau** ist der Flächenbedarf zwar geringer, aber es kommt vielfach zu Absenkungen der Oberfläche und somit zu Schäden an Gebäuden und an der Infrastruktur, oft auch noch nach Jahrzehnten.

Der Bergbau stört auch den **Wasserhaushalt** einer Landschaft. Wenn Flüsse und Bäche verlegt oder der Grundwasserspiegel abgesenkt werden müssen, führt das zu einer Austrocknung der Landschaft mit entsprechenden ökologischen Folgeschäden.

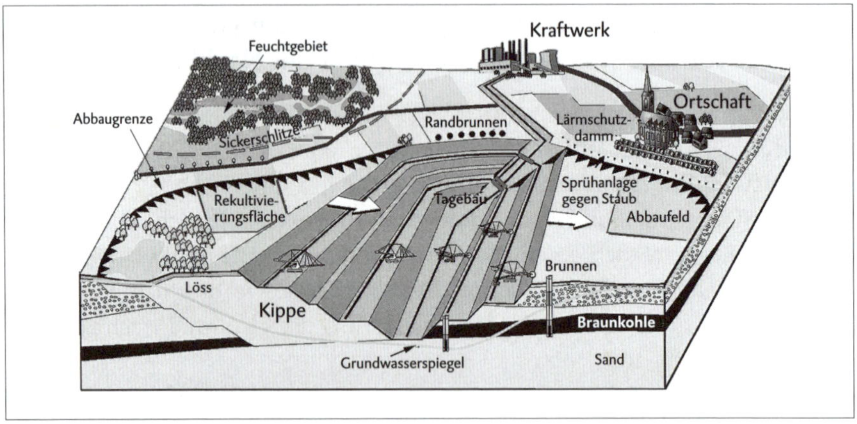

Schema eines Braunkohle-Tagebaus

Oft verbraucht auch der Bergbau selbst riesige Wassermengen bei der Förderung und vor allem bei der Aufbereitung der Bodenschätze, z. B. in Schlämmteichen.

Das Wasser unterhalb der Bergbaubetriebe kann erheblich kontaminiert werden, wenn **giftige Schwermetalle, Öle und Chemikalien** freigesetzt werden, besonders dann, wenn Schlämmteiche über- oder auslaufen.

Infolge von Tauwetter und Starkregen brach am 30. Januar 2000 der Damm der Goldmine Baia Mare/Rumänien. Über 1 Mio. m^3 mit Cyanid und Quecksilber vergifteten Wassers ergossen sich über die Theiß in die Donau. Dadurch starben schlagartig alle Lebewesen in verschiedenen Flussabschnitten.

Am 28. 11. 2015 vernichtete in Brasilien eine Schlammlawine mit 50 Mio. t Schlamm mehrere Dörfer und Tausende Hektar fruchtbaren Boden. Der mit Arsen, Quecksilber und anderen giftigen Schwermetallen belastete Schlamm wälzte sich 800 km weit durch den Rio Duce bis ins Meer. Weite Regionen im Südosten Brasiliens sind somit von der Wasserversorgung abgeschnitten, der Fluss ist biologisch tot. Es wird voraussichtlich über 100 Jahre dauern, bis diese Giftstoffe abgebaut sind, ein Teil wird in die Nahrungskette gelangen.

Auch Staub und Abgase aus der Verhüttung von Metallen vergiften die Böden. So musste 2009 die Bergarbeiterstadt Chuquicamata in Chile mit 30 000 Einwohnern umgesiedelt werden, weil der Ort extrem mit Arsen und anderen Giftstoffen kontaminiert war.

gabe 16 Informieren Sie sich über Beryll, Germanium, Indium, Gallium und Antimon. Erklären Sie, weshalb diese Metalle wichtig geworden sind.

gabe 17 Recherchieren Sie Informationen über die beiden größten Kupfererzvorkommen in Chuquicamata und in El Teniente in Chile. Vergleichen Sie die Lagerstätten und den Abbau der Erze.

Tagebau Chuquicamata/Chile

Atmosphäre

1 Grundlagen

Die in der **Atmosphäre** ablaufenden Prozesse Klima und Wetter werden beeinflusst von **Klimafaktoren** (das Klima beeinflussende geographische Eigenschaften: Lage im Gradnetz, Höhenlage, Hangneigung, Exposition, Bodenbedeckung, Land-Meer-Verteilung und Meeresströmungen) und **Klimaelementen** (messbare Einzelerscheinungen in der Atmosphäre, die in ihrem Zusammenwirken das Klima eines Ortes ausmachen: Strahlung, Luftdruck, Luftfeuchtigkeit, Temperatur, Wind, Verdunstung, Niederschlag und Bewölkung). Unter **Wetter** versteht man schließlich das Zusammenwirken der verschiedenen atmosphärischen Elemente an einem bestimmten Ort zu einer bestimmten Zeit.

Das Wetter ist in ständiger Veränderung. Wetterlagen, die typisch für eine Region sind und länger anhalten, nennt man **Witterung**. Im Gegensatz zum Wetter beschreibt der Begriff **Klima** die Gesamtheit der für einen Raum typischen Wetterabläufe, die über einen längeren Zeitraum (mehrere Jahrzehnte) konstant bleiben.

Die Messwerte (Klimadaten) der einzelnen Klimaelemente werden in Monatstabellen gesammelt und für längere Zeiträume nach Mittelwerten (Temperatur) oder Gesamtsummen (Niederschläge) ausgewertet. Aus einer Klimatabelle (vgl. folgende Tabelle) lässt sich auch ablesen, welche Monate arid und welche humid sind: Ist der Zahlenwert für den Niederschlag eines Monats größer als der doppelte Zahlenwert für die Temperatur, ist der Monat humid. Die Klimadaten können in einem Klimadiagramm (vgl. Grafik S. 68) grafisch dargestellt werden.

	J	F	M	A	M	J	J	A	S	O	N	D	Jahr
°C	24,9	27,8	30,5	31,8	31,2	28,7	26,4	25,6	26,3	27,5	26,6	24,6	27,6
mm	0	0	3	30	49	192	233	276	194	61	4	1	1 043

Bamako/Mali, 331 m, 12° 40' N, 8° 0' W

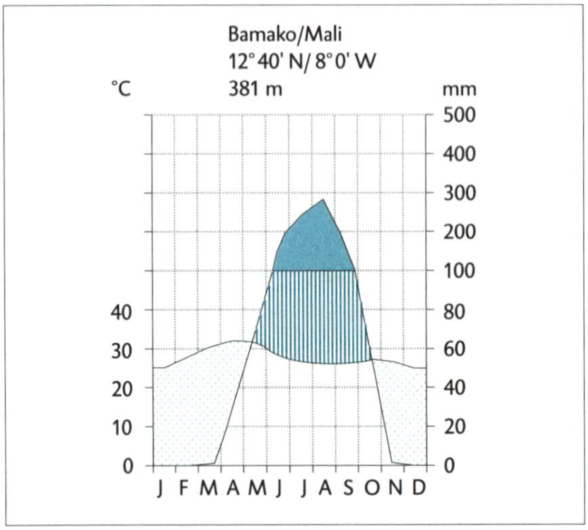

Klimadiagramm Bamako/Mali

1.1 Aufbau der Atmosphäre

Die **Atmosphäre** ist die Gashülle, die die Erde umgibt, von der Schwerkraft festgehalten wird und mit der Erde rotiert. Sie reicht bis zu einer Höhe von ca. 1 000 km.

Die Erdatmosphäre besteht bis zu einer Höhe von ca. 20 km aus einem Gemisch unterschiedlicher Gase, deren Zusammensetzung zeitlich und räumlich variieren kann. In ihr sind auch Wasserdampf und Aerosolpartikel enthalten.

Gas	Volumen-%
Stickstoff (N_2)	78,08
Sauerstoff (O_2)	20,95
Argon (Ar)	0,93
Kohlendioxid (CO_2)	0,04
Spurengase wie Methan (CH_4), Distickoxid (N_2O), FCKW, Kohlenmonoxid (CO), Ozon (O_3), Krypton	0,03

Zusammensetzung der Atmosphäre

In den verschiedenen Schichten der Atmosphäre verändern sich Druck und Temperatur, wie in der Grafik auf S. 69 dargestellt: Die unterste Schicht der Atmosphäre, die **Troposphäre**, reicht an den Polen bis etwa 9 km, am Äquator etwa 18 km hoch. Innerhalb der Troposphäre nimmt die Temperatur im Durchschnitt um ca. 0,65 °C/100 m ab und erreicht an der Tropopause, der

Grenzschicht zur Stratosphäre, Werte unter –60 °C. In der Stratosphäre steigt dann die Temperatur wieder. Diese Temperaturumkehr **(Inversion)** blockt alle Konvektionsvorgänge ab. Auch der Wasserdampf der Troposphäre kann diese Sperrschicht nicht überwinden. In der darüberliegenden Stratosphäre gibt es deshalb weder Luftfeuchtigkeit noch Windgeschehen – ein idealer Raum für Flugbewegungen über den Wolken. In der Troposphäre dagegen spielen sich im Wesentlichen alle Konvektions- und Advektionsvorgänge sowie Wolkenbildung (Kondensation) mit Niederschlägen, also das Wetter- und Klimageschehen ab. Hier verbleibt auch der Hauptanteil der anthropogenen Emissionen.

In der **Stratosphäre** zwischen 15 und 50 km Höhe befindet sich die Ozonschicht aus großen Mengen von dreiatomigem Sauerstoff, der auf natürliche Weise durch die solare Bestrahlung von Sauerstoff entsteht. Die Ozonschicht ist für das Leben auf der Erde von existenzieller Bedeutung, da sie die gefährliche UV-B/UV-C Strahlung absorbiert. Diese schützende, lebenserhaltende Schicht nimmt in ihrer Konzentration ab, sodass ein sogenanntes Ozonloch entsteht,

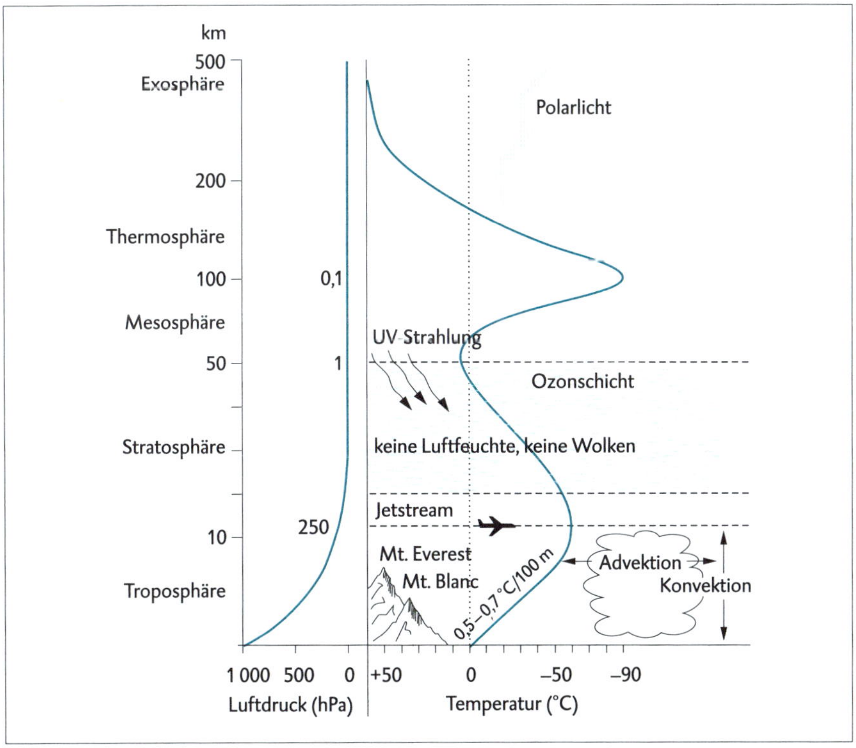

Stockwerkbau der Atmosphäre

weil anthropogene Fluorchlor-Kohlenwasserstoffe (FCKW) den natürlichen Ozonabbau dramatisch verstärken.

Die Ozonzersetzung geschieht verstärkt während der Winterhalbjahre über den Polen, besonders über der Antarktis, da die FCKW während der Wintermonate nur wenig abgebaut werden und sich ansammeln. Bei steigenden Temperaturen im Frühjahr werden sie rasch freigesetzt und zerstören große Mengen von Ozon. So kommt es vor allem im September und Oktober über der Südhalbkugel zu einem ausgeprägten Ozonloch. Dann gelangt die UV-Strahlung ungehindert auf die Erde. Sie zerstört bei den Pflanzen Zellen und beeinträchtigt die Photosynthese. Besonders betroffen ist das Phytoplankton (Photosynthese betreibende ein- und mehrzellige pflanzliche Kleinstlebewesen) in den Weltmeeren. So wird einerseits die Nahrungskette geschädigt und andererseits die Funktion der Weltmeere als CO_2-Senken gemindert. Dadurch steigert sich der **natürliche Treibhauseffekt**. Beim Menschen führt erhöhte UV-Strahlung zu einer Zunahme von Augenerkrankungen und Hautkrebs sowie zur Störung des Immunsystems. Nur wenige Länder (z. B. Deutschland) haben bisher auf diese Klimagefährdung mit einem Verbot von FCKW reagiert.

Die Konzentration von CO_2 und verschiedenen Spurengasen hat sich seit Beginn der Industrialisierung (CO_2-Ausstoß bei der Verbrennung fossiler Brennstoffe) und der Intensivierung der Landwirtschaft (Freisetzung von Methan aus Reisfeldern und infolge der Massentierhaltung) deutlich verstärkt. Zusammen mit künstlichen Stoffen wie FCKW wird so der **anthropogene Treibhauseffekt** verursacht.

Die sich über der Stratosphäre anschließenden höheren Schichten der Atmosphäre spielen für das Klima auf der Erde keine unmittelbare Rolle. Aus diesem Grund wird auf sie hier nicht eingegangen.

1.2 Strahlungs- und Wärmehaushalt

Die Sonne ist die wichtigste Energiequelle für das Leben auf der Erde und das Wettergeschehen in der Atmosphäre, obwohl nur ca. 2 Milliardstel der Sonnenenergie die Erde erreichen. Aufgrund der hohen Oberflächentemperatur der Sonne (~ 5 700 °C) liegt die maximale Intensität ihrer Ausstrahlung im kurzwelligen Bereich. Die Strahlung fällt, bedingt durch die große Entfernung zur Erde, annähernd parallel ein. An der Oberfläche der Atmosphäre beträgt die Energiemenge der Einstrahlung 1 376 W/m^2. Dieser Wert wird als **Solarkonstante** bezeichnet.

Die Solarenergie setzt sich zusammen aus:

- Röntgenstrahlen,
- Licht
  - UV-Licht (9 %),
  - sichtbares Licht (45 %),
  - Infrarotlicht (46 %),
- elektromagnetischen Wellen.

Von der ankommenden **kurzwelligen Strahlung** werden 36 % direkt wieder reflektiert. Das Verhältnis von reflektierter zu einfallender Strahlung wird als **Albedo** bezeichnet. Die Albedo hängt ab von der Farbe der jeweiligen Oberfläche (je heller die Fläche, desto größer in der Regel die Albedo; vgl. Tabelle S. 72) und über Wasser vom Einfallswinkel.

Insgesamt kann Wasser viel Energie absorbieren und über längere Zeit speichern, da die Sonnenstrahlen tief eindringen und ein großes Volumen erwärmen können und weil eventuelle Konvektionsvorgänge die Wärme in tiefere Wasserschichten transportieren. Landoberflächen werden meist rasch und stark, aber nur oberflächlich erwärmt, deshalb kühlen sie auch schnell wieder ab.

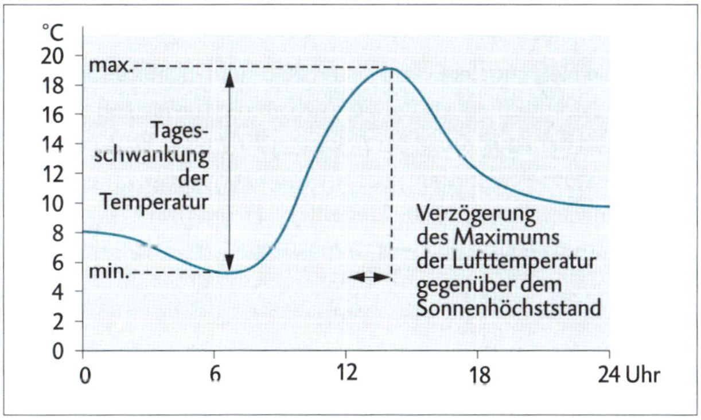

Tagesgang der Lufttemperatur an einem wolkenlosen Tag im April

An der Erdoberfläche werden 47 % der eintreffenden Energie in **langwellige Wärmestrahlung** umgewandelt. Diese Wärmestrahlung wird an die Atmosphäre abgegeben und erwärmt die Luft (Absorption durch H_2O und CO_2). Ein Teil der langwelligen Wärmeenergie verlässt die Atmosphäre als Ausstrahlung in den Weltraum. Ein anderer Teil wird von den Wolken als Gegenstrahlung zur Erdoberfläche zurückgeworfen, steht als Energie für Verdunstung und Wärmetransport zur Verfügung und bildet den natürlichen Treibhauseffekt der Erde.

Wasser	
Sonne nah am Horizont	50–80 %
Sonne nahe Zenit	3–5 %
Wüste	25–30 %
Steppe	20–25 %
unbedeckter, trockener Boden	15–25 %
unbedeckter, feuchter Boden	10 %
Wald	5–10 %
frischer Schnee	80–85 %
dünne Wolke (z. B. Cirrus)	25–50 %
dicke Wolke (z. B. Cumulus)	70–80 %

Albedowerte

Der natürliche Treibhauseffekt

Der **natürliche Treibhauseffekt** der Atmosphäre sorgt für eine Durchschnittstemperatur von +14 °C auf der Erde und dafür, dass flüssiges Wasser die Lebensprozesse ermöglicht. Ohne ihn wären es –18 °C und ein Leben auf der Erde wäre nicht möglich.

Durch die Kugelgestalt der Erde, die Neigung der Erdachse um 23,5° und die Rotation ist die **Strahlungsbilanz** auf der Erde unterschiedlich. Die Pole erhalten im jeweiligen Sommer mehr Energie als im Winter und der äquatoriale Bereich ganzjährig mehr Energie als die höheren Breiten. Das führt zu einem Wärmetransport aus den Energieüberschussgebieten zu den Defizitgebieten und setzt wesentliche klimatische Prozesse in Gang.

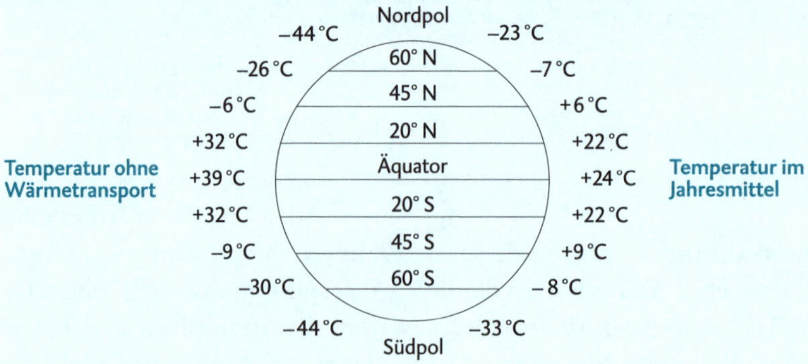

Strahlungstemperatur und tatsächliche Temperatur

1.3 Wasser in der Atmosphäre

Lediglich 0,001 % der globalen Wassermenge (das entspricht ungefähr der 300-fachen Wassermenge des Bodensees) befinden sich in der Atmosphäre. In nur 10–12 Tagen wird diese Wassermenge durch den **Wasserkreislauf** ausgetauscht.

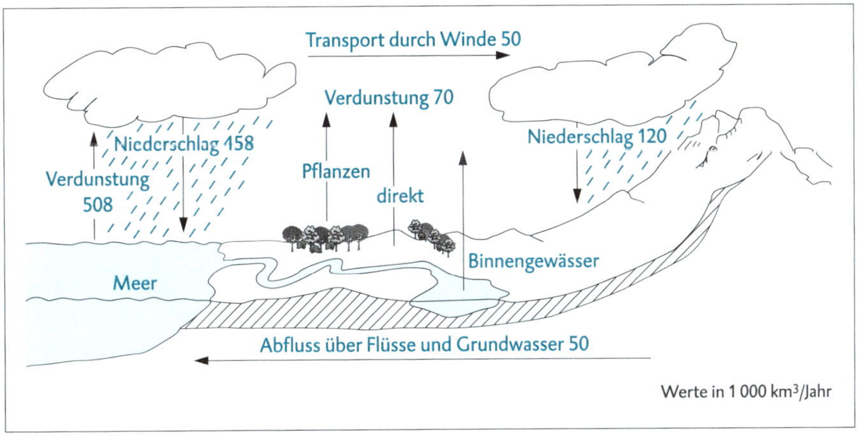

Schema des Wasserkreislaufs der Erde

Wasser kommt in der Atmosphäre in drei **Aggregatzuständen** vor: als unsichtbarer Wasserdampf (Luftfeuchte), als flüssiges Wasser (Wolken- und Regentropfen) und als Eis (Eiswolken, Schnee, Hagel). Beim Übergang vom einen zum anderen Aggregatzustand werden große Energiemengen umgesetzt.

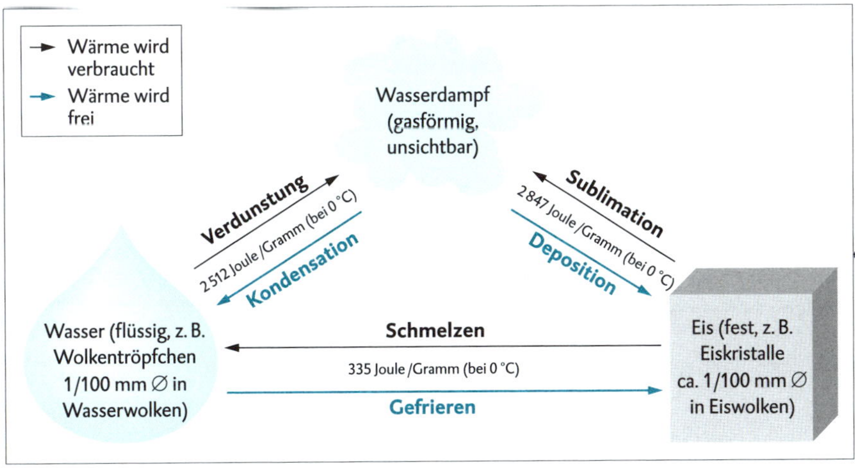

Wasserumwandlungsprozesse in der Atmosphäre

Die Wasseraufnahme-Kapazität hängt von der Temperatur der Luft ab: Je wärmer sie ist, desto mehr Wasserdampf kann sie aufnehmen, bis sie gesättigt ist.

Die **absolute Luftfeuchte** gibt den tatsächlich in der Luft enthaltenen Wasserdampf in Gramm Wasser pro m^3 Luft an. Die **relative Luftfeuchte** gibt dagegen das Verhältnis der in der Luft vorhandenen Wassermenge zu der bei der gerade herrschenden Temperatur möglichen Wassermenge in Prozent an.

Bei 100 % relativer Feuchte hat die Luft die maximal mögliche Menge an Wasserdampf aufgenommen: Sie ist gesättigt, der **Taupunkt** ist erreicht.

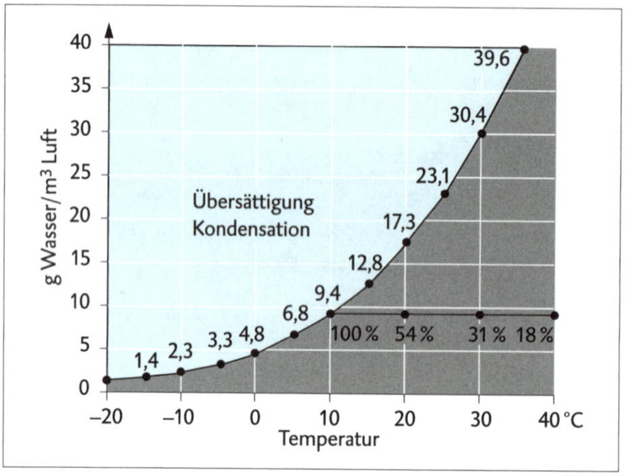

Taupunktkurve

Wenn sich warme, ungesättigte Luft abkühlt, steigt die relative Feuchte bis zum Taupunkt. Bei weiterer Abkühlung kondensiert der überschüssige Wasserdampf zu Tröpfchen, die sich an Aerosole als Kondensationskerne anlagern und Wolken bilden. Am Boden entsteht so Nebel bzw. Tau oder Reif an Gräsern und Blättern.

Temperaturabnahme mit der Höhe

Solange sie nicht gesättigt ist, kühlt sich warme Luft beim Aufsteigen **trockenadiabatisch** um ca. 1 K/100 m Höhe ab.

Bei gesättigter Luft beträgt die **feuchtadiabatische** Temperaturabnahme nur rund 0,6 K/100 m, denn bei der Kondensation von Wasserdampf zu Wasser wird Wärme freigesetzt (vgl. obige Grafik).

1.4 Steigungsregen und Föhn

Die wetterwirksamen Auswirkungen von Kondensations- und Verdunstungsvorgängen lassen sich am Beispiel des Föhns gut verfolgen. Voraussetzungen für den **Föhn** sind Luftmassen, die aufgrund der Luftdruckverhältnisse ein Gebirge überqueren müssen. Im Luv des Gebirges erfolgt zunächst eine trockenadiabatische Abkühlung, bis das **Kondensationsniveau** (abhängig von der absoluten Feuchte und der Temperatur) erreicht ist. Unter Kondensationsniveau versteht man die Höhenlage, an der der Taupunkt erreicht wird. Beim weiteren Aufsteigen kühlt sich die Luft nun feuchtadiabatisch nur noch um 0,6 K/100 m ab. Es kommt zur Kondensation und zum **Steigungsregen** (orographischer Niederschlag). Nach dem Überqueren des Gebirgskamms sinken die Luftmassen auf der Leeseite ab und erwärmen sich trockenadiabatisch um 1 K/100 m, weil die relative Feuchtigkeit durch die Erwärmung sinkt. Wolken lösen sich auf. Die absinkende erwärmte und trockene Luftmasse (Fallwind) wird Föhn genannt. Bei Föhnlagen kommt es zur Verdunstung, da die wärmere, trockenere Luft wieder vermehrt Feuchtigkeit aufnehmen kann.

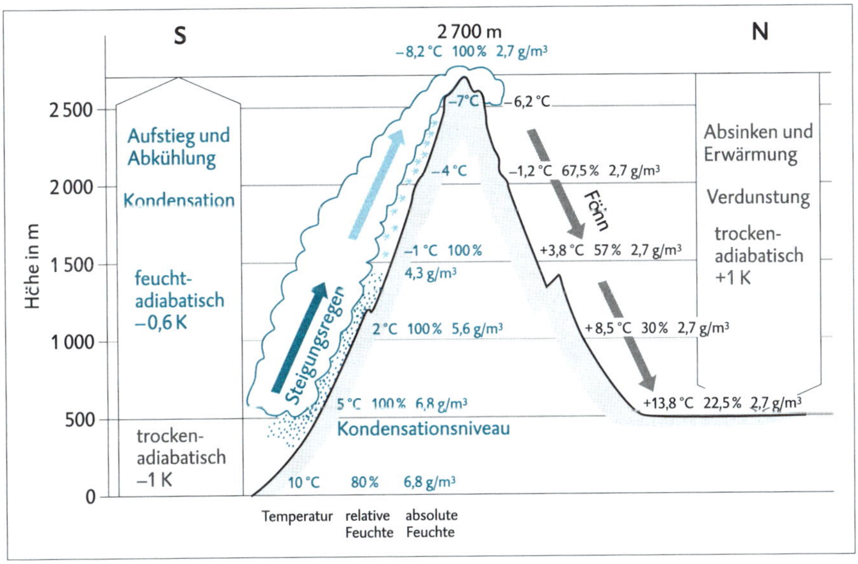

Steigungsregen und Föhn

1.5 Wolken

Wolken sind das sichtbare Kondensationsprodukt des unsichtbaren Wasserdampfs. Sie bestehen aus Eiskristallen oder feinsten Wassertröpfchen.

Zwar können alle Wolkenformen nahezu überall auf der Erde vorkommen, jedoch sind bestimmte Wolkenarten typische Kennzeichen bestimmter Wetterlagen und künftiger Wetterentwicklung (vgl. folgende Tabelle).

Amerikanische Forscher erklären die Entstehung von Regentropfen durch **Nukleation:** Ausgelöst durch Turbulenzen in der Luft bilden sich im Wechsel von Kondensation und Verdampfen Wassertröpfchen unterschiedlicher Größe. Bei der homogenen Nukleation geschieht das ohne Kondensationskerne, bei der heterogenen Nukleation an diesen. Die Wassertröpfchen fallen erst dann als Niederschlag zur Erde, wenn ihr Gewicht größer ist als der Auftrieb durch aufsteigende Luft. Das erklärt, warum nicht aus jeder dunklen Wolke Regen fällt.

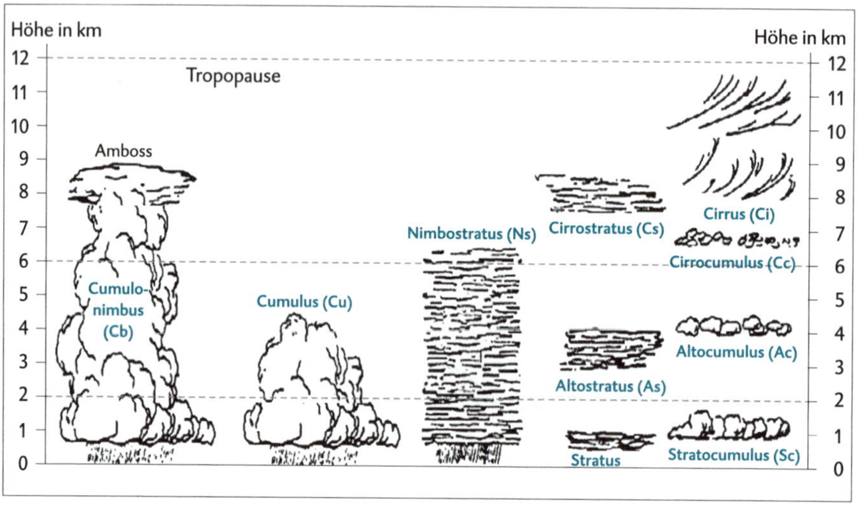

Die Wolkengattungen in ihren Stockwerken

Name/Abkürzung	deutsche Bezeichnung	Bedeutung
Cumulonimbus (Cb)	Gewitterwolken	hohe Instabilität der gesamten Troposphäre; Hitzegewitter; besonders beim Durchgang von Kaltfronten
Cumulus (Cu)	Haufenwolken	Schönwetterwolke an Küsten und über Bergen; Hinweis auf Instabilität
Nimbostratus (Ns)	Regenschichtwolken	Dauerregen (vor Warmfront)
Cirrostratus (Cs)	hohe Schleierwolken	Vorläufer einer Warmfront

Name/Abkürzung	deutsche Bezeichnung	Bedeutung
Altostratus (As)	mittelhohe Schichtwolken	beim Warmfrontaufzug dem Cirrostratus folgend
Stratus (St)	niedrige Schichtwolken	Hinweis auf ruhige Wetterlage; Winterwolke im Hoch; manchmal im Warmluftsektor eines Tiefs
Cirrus (Ci)	Federwolken	Vorläufer von Cirrostratus an Aufgleitfronten vor einem Tief
Cirrocumulus (Cc)	hohe Schäfchenwolken mit welligem Muster	bilden sich, wenn Cirruswolken von unten langsam erwärmt werden
Altocumulus (Ac)	grobe Schäfchenwolken	in ruhigen Schichten ohne besondere Bedeutung; Hinweis auf Instabilität der höheren Luftschichten; Föhn; Gewitterneigung
Stratocumulus (Sc)	Haufenschichtwolken	Schönwetterwolke über See im Sommer, über Land im Winter; Wolkenform nach Kaltfrontdurchzug

Was sagen die Wolken über das Wetter?

Aufgabe 18 In Luvlage eines Gebirges befindet sich in 200 m Höhe eine 20 °C warme Luftmasse mit einer absoluten Feuchte von 12,8 g/m^3, was einer relativen Feuchte von 70 % entspricht. Diese Luftmasse wird aufgrund der Luftdruckverhältnisse zum Überqueren des Gebirges (3 400 m) gezwungen, in Leelage sinkt die Luft dann auf 800 m ab. Berechnen Sie:

a Temperatur und Höhenlage des Kondensationsniveaus,

b Temperatur am Gebirgsfuß in Leelage.

Aufgabe 19 Erläutern Sie mithilfe der folgenden Grafik das Wettergeschehen dieses Februartags.

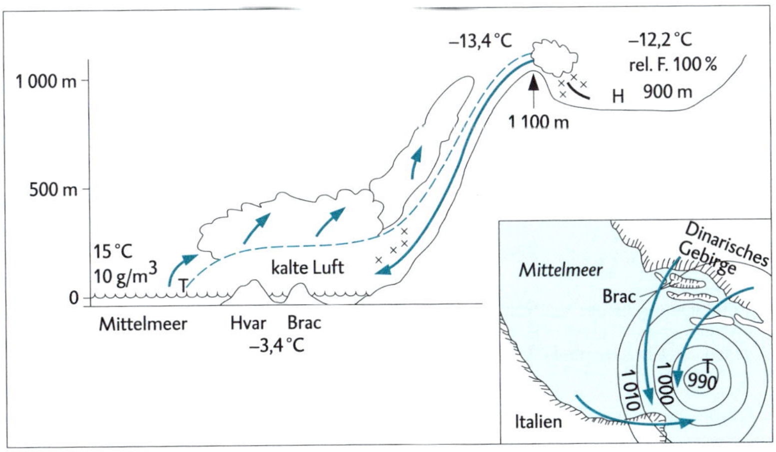

Wettergeschehen an einem Februartag

2 Thermisch bedingte Zirkulation

2.1 Luftdruck und Wind

Den Druck, mit dem die Luftschicht auf der Erdoberfläche lastet, nennt man **Luftdruck**. In den mittleren Breiten beträgt der durchschnittliche Luftdruck in Meereshöhe 1 013 hPa. Infolge der abnehmenden Luftdichte verringert sich auch der Luftdruck mit der Höhe (nur noch 50 % in 5 000 m). Deshalb kann das Luftdruckmessgerät, das Barometer, auch als Höhenmesser eingesetzt werden.

Auf Wetterkarten stellt man den Luftdruck mit **Isobaren** (Linien gleichen Luftdrucks) dar. So lassen sich Gebiete abbilden, die einen höheren oder niedrigeren Druck aufweisen als benachbarte Regionen. **Hoch** und **Tief** sind relative Bezeichnungen für den Luftdruck in einem Gebiet.

Zwischen benachbarten Gebieten unterschiedlichen Luftdrucks kommt es zum Druckausgleich, indem Luftteilchen vom Hoch zum Tief strömen (vgl. folgende Grafik links). Diese Luftbewegung nennt man **Wind**. Seine Stärke hängt vom Gefälle der Luftdruckunterschiede ab **(Gradientkraft)**. Die Windgeschwindigkeiten werden mit der aus der Schifffahrt stammenden Beaufortskala angegeben (vgl. folgende Tabelle).

Beim Sturm „Niklas“, der vom 30. März bis 1. April 2015 über Europa hinwegfegte, wurden in Deutschland z. T. Spitzenböen von über 160 km/h gemessen.

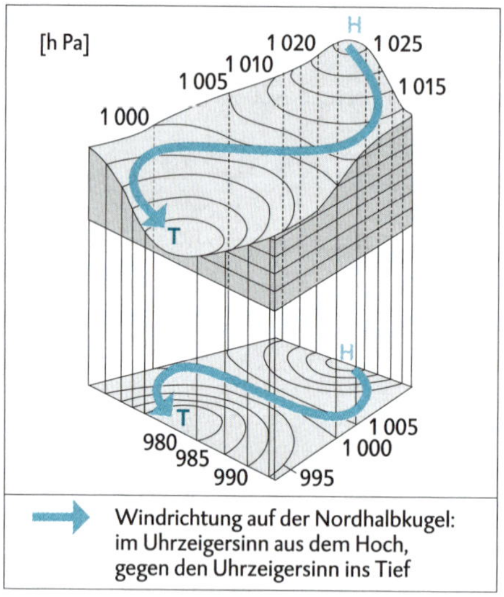

Wind durch Luftdruckunterschiede

1	Leiser Zug	1–5 km/h
2	Leichte Brise	6–12 km/h
3	Schwache Brise	13–19 km/h
4	Mäßige Brise	20–29 km/h
5	Frische Brise	30–39 km/h
6	Starker Wind	40–50 km/h
7	Steifer Wind	51–61 km/h
8	Stürmischer Wind	62–74 km/h
9	Sturm	75–87 km/h
10	Schwerer Sturm	88–102 km/h
11	Orkanartiger Sturm	103–120 km/h
12	Orkan	>120 km/h

Windstärken (Beaufortskala)

2.2 Land-See-Windsystem

Das Land-See-Windsystem hat thermische Ursachen. Es tritt bei ruhigen Großwetterlagen an großen Seen und an den Küsten als lokales Windsystem auf.

In der Ausgangssituation ist der Luftdruck über Wasser und Land gleich und nimmt in der Höhe ab. Durch die Sonneneinstrahlung wandelt sich die Situation: Die Landoberfläche erwärmt sich schneller und stärker als das Wasser und gibt diese Wärme an die Luft ab, die sich dadurch stärker ausdehnt und aufsteigt. Beim Aufsteigen kühlt die Luft ab. In der Höhe bildet sich über dem Land ein Hoch, in Bodennähe ein Tief. Über dem kühleren Wasser sinkt die Luft ab, es bilden sich ein Höhentief und ein Bodenhoch.

Nun strömt die Luft vom Höhenhoch über dem Land zum Höhentief über dem Wasser. Entsprechend dem Druckausgleich in der Höhe weht am Boden ein Wind vom Wasser zum Land, der **Seewind**.

Ist die Luft über dem Land und dem Wasser gleich warm, ruht das System. In der Nacht kehrt sich die Fließrichtung der Luft um, da Wasser nicht so schnell abkühlt wie Land. So entsteht der nächtliche **Landwind**.

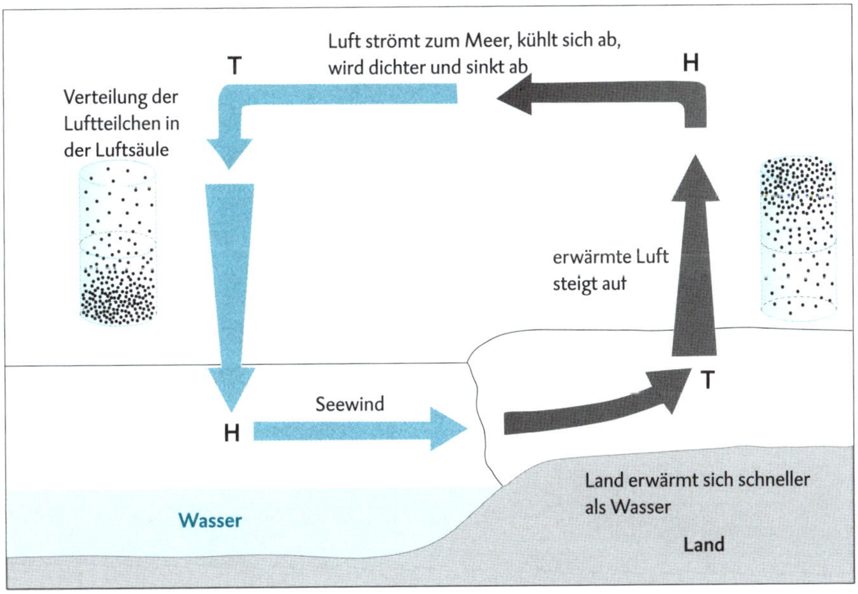

Land-See-Windsystem (Tagsituation)

2.3 Planetarische Zirkulation

Aufgrund der Kugelgestalt der Erde, der Neigung der Erdachse und der Bahn der Erde um die Sonne ist die **Insolation** nicht gleichmäßig verteilt. Daraus ergibt sich die globale Verteilung bodennaher Druckgebilde und Windgürtel (vgl. folgende Grafik).

Am Äquator liegen die thermischen Tiefdruckzellen der **Innertropischen Konvergenzzone (ITC)**. Die mit der ITC verbundenen subtropischen Hochdruckgürtel (z. B. Azorenhoch) schließen sich bei etwa 30–35° nördlicher und südlicher Breite an.

Polwärts folgt jeweils eine Übergangszone zwischen tropischer Warmluft und polarer Kaltluft, die sogenannte **planetarische Frontalzone**. Diese wird geprägt vom **Jetstream** und seinen dynamischen Tiefdruckgebieten, den Zyklonen. An den Polen liegen **Kältehochs**.

Zwischen den Luftdruckgebieten gibt es auf jeder Erdhalbkugel drei unterschiedliche **Windsysteme:** die an den Polen vorherrschenden Ostwinde, die durch den Jetstream bedingte Westwinddrift und die zur innertropischen Zirkulation gehörenden Passate.

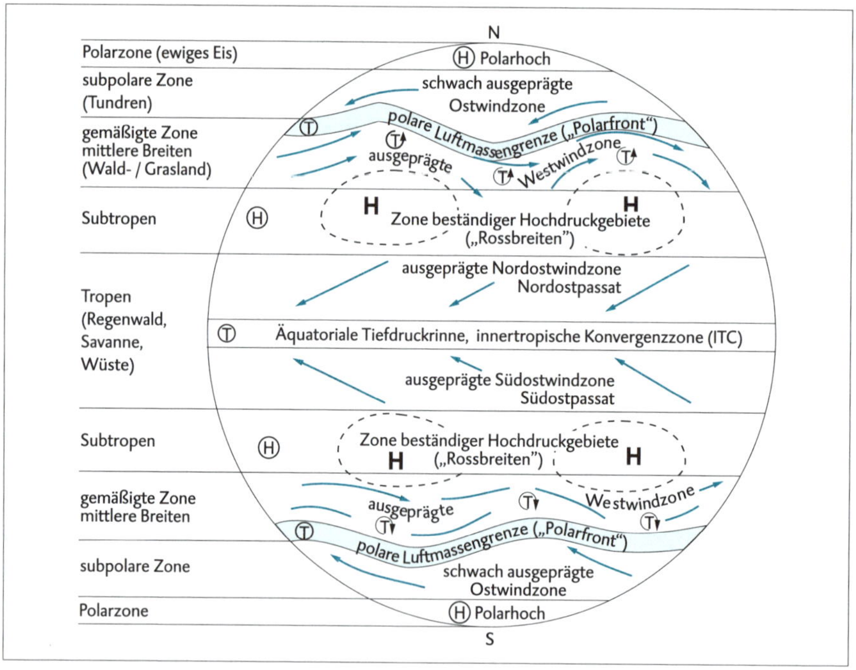

Luftdruckgebiete und Windgürtel

Mit der jahreszeitlichen Veränderung des Sonnenstandes verlagern sich die Druckgebiete mit den zwischen ihnen wehenden Winden um jeweils 5–8 Breitengrade nach Norden bzw. Süden. Somit werden bestimmte Breitenzonen wie z. B. der Mittelmeerraum je nach Jahreszeit von unterschiedlichen Luftdruck- und Windverhältnissen geprägt.

Die innertropische Passatzirkulation

Die thermisch bedingte Passatzirkulation zwischen Äquator und den Subtropen ist Teil der planetarischen Zirkulation.

Sie verschiebt sich mit dem **Zenitalstand** der Sonne. Senkrecht („im Zenit“) steht die Sonne am 21. 03. und 23. 09. über dem Äquator, am 21. 12. über dem südlichen und am 21. 06. über dem nördlichen Wendekreis.

Im Bereich des jeweiligen Zenitalstandes wird die Erdoberfläche besonders intensiv bestrahlt. Das führt zu einer starken Erwärmung der unteren Luftschichten. Diese steigen bis zu 18 km Höhe auf, am Boden bilden sich die thermischen Tiefs der äquatorialen Tiefdruckrinne. Die warme, feuchte Luft kondensiert beim Aufsteigen, was zu ergiebigen Regenfällen führt.

In der Höhe bildet sich ein Hoch, von dem aus die nachströmende abgekühlte und abgeregnete Luft polwärts weht. Dabei wird sie von der **Corioliskraft** nach Osten abgelenkt. Diese Luftströmung in der Höhe wird auch **Antipassat** genannt. Dabei sinkt stets etwas Luft ab und fließt wieder äquatorwärts. Da diesen Winden die Bodenreibung fehlt, werden sie von der Corioliskraft stark zu Ostwinden abgelenkt. Diese Winde bezeichnet man als **Urpassate**.

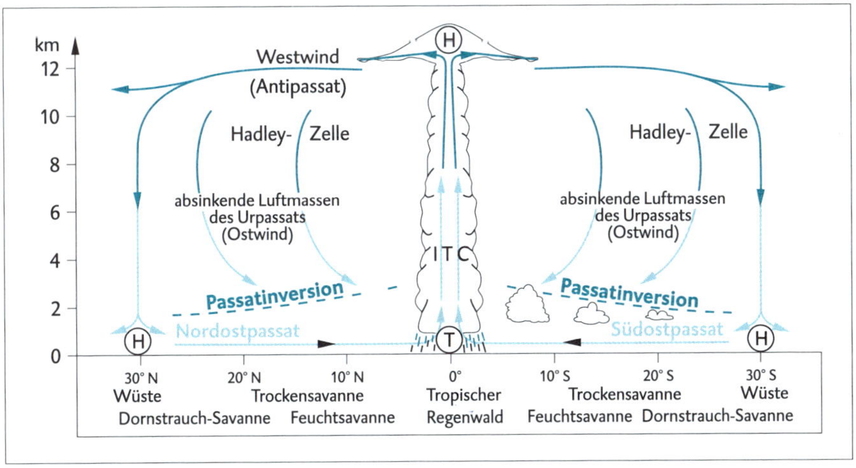

Passatzirkulation mit Innertropischer Konvergenz (ITC)

Ein Großteil der kalten und trockenen Luftmassen der Antipassate sinkt im Bereich des 20.–30. Breitenkreises ab. Dabei erwärmt sich diese Luft trockenadiabatisch und bildet am Boden die randtropischen Hochdruckzellen aus. Von hier aus strömt die nun sehr trockene Luft, die jetzt viel Feuchtigkeit aufnehmen kann, als ständig wehender bodennaher Wind, als **Nordostpassat** bzw. **Südostpassat**, zur Tiefdruckrinne. Dort treffen die beiden Passate aufeinander. Diese Zone wird als **Innertropische Konvergenz (ITC)** bezeichnet. Als Folge dieser Strömungskonvergenz weicht die Luft nach oben hin aus.

Beide Passatkreisläufe bilden jeweils eine sogenannte **Hadley-Zelle**. In einer Hadley-Zelle sind also drei Windschichten vorhanden: In der Höhe der polwärts gerichtete Antipassat, am Boden der zur ITC wehende Passat und der darübergelagerte Urpassat. Da aus dieser Passat-Oberschicht, dem Urpassat, ständig Luftmassen absinken und sich dabei erwärmen, bildet sich in etwa 2 000 m Höhe eine Inversionsschicht (Passatinversion). Dadurch wird das Aufsteigen größerer Luftmassen aus dem NO- bzw. SO-Passat und deren Kondensation verhindert, sodass es zwischen den Hochdruckzellen und der ITC keine ergiebigen Niederschläge gibt.

Der innertropische Passatkreislauf verlagert sich mit dem Zenitstand der Sonne, im Sommer bewegt sich die ITC auf der Nordhalbkugel, dann gibt es hier eine **Regenzeit**. Entsprechend verschieben sich die randtropischen Hochdruckzellen auf der Südhalbkugel äquatorwärts, es herrscht **Trockenzeit** im Südwinter.

Im Winter bringt die südwärts wandernde ITC eine Regenzeit auf der Südhalbkugel (Südsommer). Zeitgleich verschieben sich auf der Nordhalbkugel die randtropischen Hochdruckzellen mit ihrer absinkenden trockenen Luft Richtung Äquator, was eine Trockenzeit zur Folge hat. So erklären sich die **wechselfeuchten Tropen**.

Da sich die Wolkenmassen der ITC wie eine träge Masse verhalten, „hinken“ sie stets dem Zenitstand der Sonne hinterher und erreichen mit ihren Regenfällen nie die Wendekreise. Das erklärt die **Wendekreiswüsten**, die sich ganzjährig im Einfluss der absinkenden Luftmassen befinden.

Liegt die Zone des Zenitstandes nicht über dem Äquator, bildet sich im Bereich des Äquators eine zweite ITC aus, denn der Passat wird beim Überschreiten des Äquators durch die Corioliskraft zu einer Richtungsänderung gezwungen, dabei abgebremst und steigt auf (vgl. folgende Grafik).

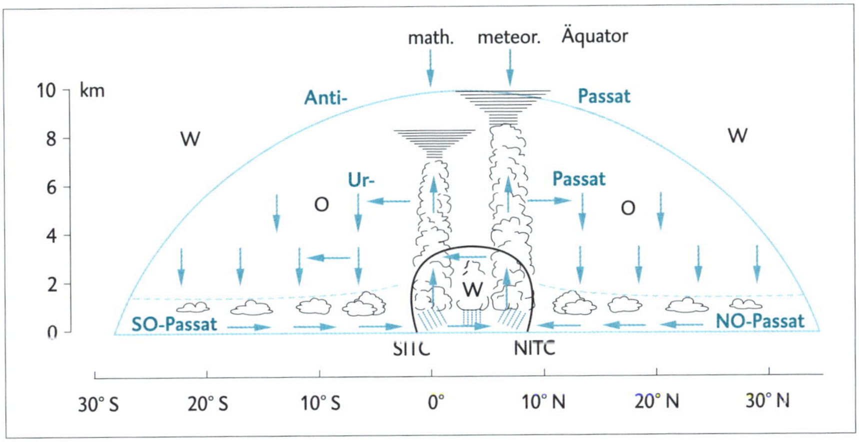

Passatkreislauf, Schema mit doppelter ITC und äquatorialer Westwindzone

Monsun

Beim Monsun als Sonderfall der Passatzirkulation handelt es sich um ein beständig wehendes Windsystem mit halbjährlichem Richtungswechsel, das durch ein hohes Druckgefälle ausgelöst wird.

Monsune bilden sich dort, wo große Landmassen am Rande weiter Wasserflächen im Zentrum der Tropen liegen (z. B. Guineaküste/Afrika, Indien): Die Landmassen werden im Sommer stark aufgeheizt. Infolgedessen verlagert sich die ITC nicht parallel zu den Breitenkreisen, sondern über den Kontinenten weiter nach Norden bzw. Süden.

Im Bereich des indischen Subkontinents zeigt sich die **Monsunzirkulation** besonders ausgeprägt: Über Pakistan bildet sich im Sommer ein starkes Hitzetief, das durch die großen Heizflächen im Hinterland weiter verstärkt wird. Der Luftdruck sinkt hier deutlich tiefer ab als sonst in der äquatorialen Tiefdruckrinne üblich. Aufgrund des hohen Druckgefälles wird der Südostpassat über den Äquator hinweg in dieses Tief „eingesaugt".

Da der in Äquatornähe liegende Tiefdruckgürtel weiterhin besteht, kommt es zur Aufspaltung der ITC in einen nördlichen (NITC) und einen südlichen Ast (SITC).

Überschreitet der Südostpassat den Äquator, wird er von der **Corioliskraft**, die auf der Nordhalbkugel nach rechts gerichtet ist, zum **Südwestmonsun** abgelenkt. Über den warmen Meeren der Tropen kann der Südwestmonsun durch Verdunstung große Wassermengen aufnehmen. Als feuchtheiße Luftmasse trifft der Monsun auf den indischen Subkontinent, wo er noch einmal aufgeheizt wird. Das führt zur Konvektion und Kondensation sowie zu heftigen

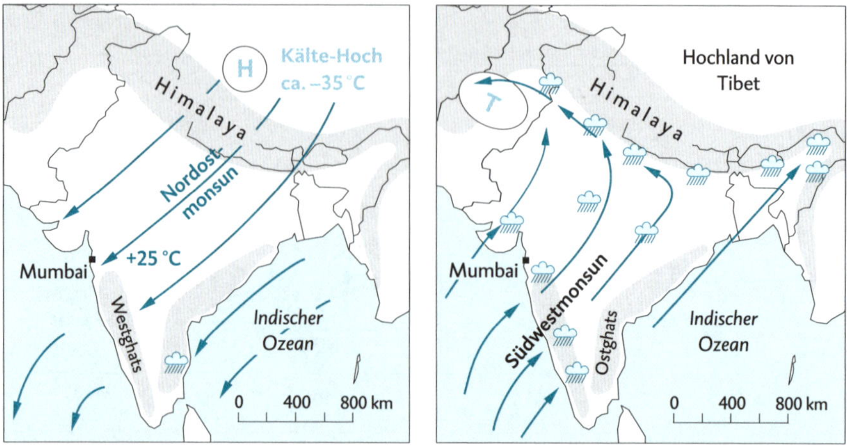

Monsun in Indien

und ergiebigen Niederschlägen. An den Westghats und dem Himalaya werden diese Niederschläge durch Steigungsregen extrem verstärkt, da sich in Luvlage die Luftmassen stauen. Im Khasigebirge (Himalaya) kommt es zu den mit ca. 11 000 mm/Jahr weltweit höchsten Niederschlägen. Durch die Mauer des Himalaya werden die gestauten Luftmassen nach Westen hin zum Tief gelenkt.

Da nach der monatelangen Dürre die Böden ausgetrocknet sind, können die Wassermassen zunächst kaum versickern. Sie fließen oberflächlich ab, es kommt zu starken Hochwassern und Überschwemmungen.

Im Winter wird das Klima Indiens vom Nordostmonsun bestimmt, der dem Nordostpassat entspricht. Über dem Hochland von Tibet hat sich infolge der starken Abkühlung des eurasischen Kontinents ein umfangreiches Kältehoch mit sehr niedrigen Temperaturen gebildet. Die kalte trockene Festlandsluft erwärmt sich beim Absinken in die Gangesebene trockenadiabatisch, dabei sinkt ihre relative Feuchte drastisch. Auf ihrem Weg zur ITC, die sich südlich des Äquators befindet, vermischt sich diese „Föhnluft" mit den absinkenden trockenen Luftmassen des Randtropenhochs. Während des Nordostmonsuns herrschen extreme Trockenheit und hohe Temperaturen.

Überquert der Nordostmonsun jedoch den Golf von Bengalen, kann er dort reichlich Wasserdampf aufnehmen, den er an den Ostghats in Indien und an der Nordostküste von Sri Lanka als Stau- und Steigungsniederschlag abregnet.

fgabe 20 Beschreiben Sie das Klima von Mumbai (auch: Bombay), und erklären Sie es mithilfe der planetarischen Zirkulation.

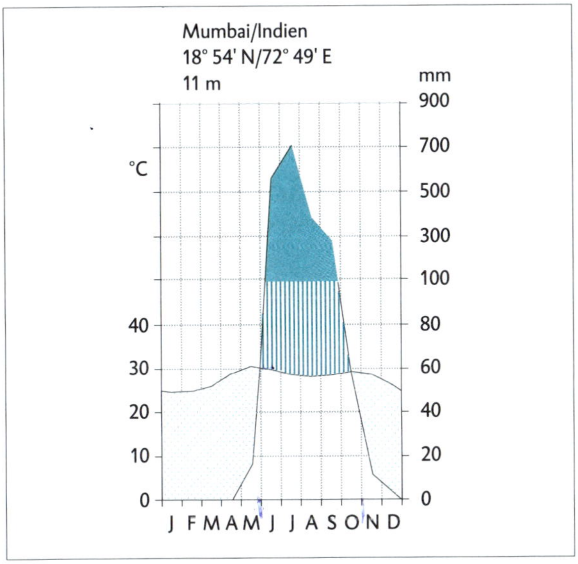

Klimadiagramm Mumbai/Indien

Monat	Temperatur (°C)	Niederschlag (mm)
Januar	24,4	1
Februar	24,9	1
März	26,9	1
April	28,6	2
Mai	30,1	11
Juni	29,1	579
Juli	27,7	703
August	27,3	443
September	27,7	269
Oktober	28,7	56
November	28,1	17
Dezember	26,2	7
Jahresmittel	27,5	2 090

Klimatabelle Mumbai/Indien

3 Dynamisch bedingte Zirkulation

3.1 Westwinde der gemäßigten Breiten

Die **Westwinddrift** ist ein Teil der planetarischen Zirkulation. Deshalb ist es sinnvoll, bei ihrer Erklärung mit ihrem Ausgangspunkt, der tropischen Passatzirkulation, zu beginnen.

Die aufsteigenden Luftmassen der ITC bilden ein Höhenhoch und strömen als Luftdruckausgleichsströmung polwärts **(Gradientwinde)**. Der Großteil dieser Luft sinkt am Rande der Hadley-Zellen über den Wendekreisen bodenwärts und bildet den rand- oder subtropischen Hochdruckgürtel. Der andere Teil weht als **Höhenausgleichsströmung** zu den polaren Höhentiefs.

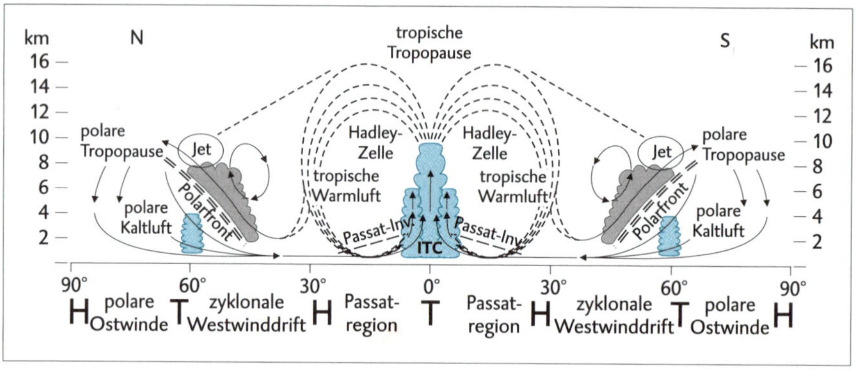

Schematische Darstellung der planetarischen Zirkulation

Die Rotationsgeschwindigkeit der Erde (in 24 Stunden um die eigene Achse) ist am Äquator größer als in höheren Breiten (vgl. folgende Grafik). Da die Luft als träge Masse ihre Rotationsgeschwindigkeit beibehält, eilt sie, wenn sie in höhere Breiten mit einer geringeren Rotationsgeschwindigkeit der Erde kommt, der Erde voraus.

Weil die polgerichteten Höhenwinde durch die Corioliskraft auf der Nordhalbkugel nach rechts abgelenkt werden, werden sie zu Westwinden. So entsteht ein Sturmband, der **Jetstream**, auch **Polarfrontjet** genannt. Er umkreist die Erde mit Geschwindigkeiten von bis über 500 km/h, da er nicht von der Bodenreibung abgebremst wird.

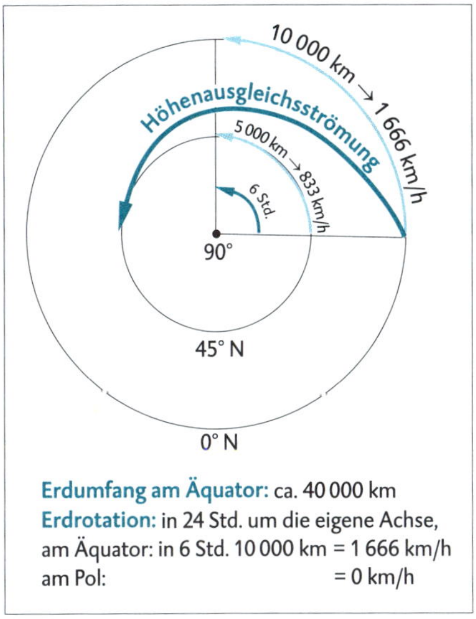

Jetstream

Dieser Höhenwind prägt sich in abgeschwächter Form bis nahe der Erdoberfläche durch und reißt bodennahe Luftschichten als **Westwinddrift** mit. Dadurch ist zunächst ein Luftmassen- und Wärmeaustausch zwischen den Tropen und Polarregionen blockiert. In der Folge steigen der Temperaturgegensatz und somit auch der Druckgradient zwischen Pol und Äquator so lange an, bis ein kritischer Wert überschritten ist. Dann geraten die Jetstreams quasi ins „Schlingern". Starke Reliefunterschiede zwischen Gebirgen und Meeren verstärken dieses Mäandrieren.

Die Mäanderbögen sind prinzipiell ortsfest, schwingen aber jahreszeitlich gemäß der sich verschiebenden Passatzirkulation unterschiedlich weit aus. Beim Mäandrieren stoßen auf der Nordhalbkugel polare Luftmassen nach Süden vor (Kaltlufttröge) und tropische Warmluft schiebt sich nach Norden (Warmluftrücken). Es kommt jedoch zunächst noch nicht zu einem Energie-/Wärmeaustausch. Dieser tritt erst ein, wenn sich die Luftmassen verwirbeln.

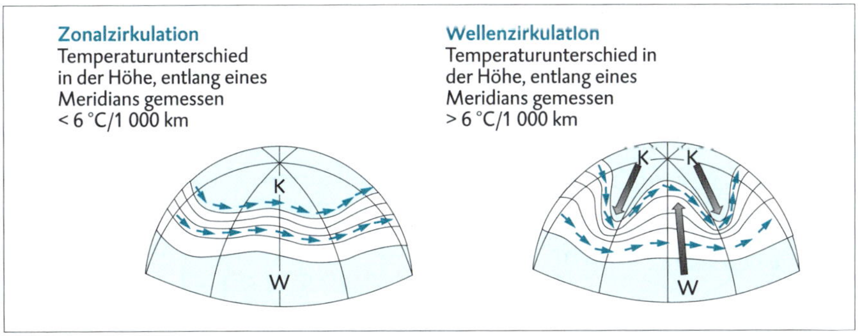

Mäandrieren des Polarfrontjets

3.2 Zyklone und Antizyklone

Winde bestehen nicht nur aus parallelen Strömungsbahnen, sondern es kommt innerhalb der Strömungen zu Verengungen **(Konvergenzen)** und Erweiterungen **(Divergenzen)**. Auslöser für diese Konvergenzen und Divergenzen ist das Mäandrieren des Jetstreams. Weht der Jetstream in Richtung Äquator, kommt es, bedingt durch die unterschiedliche Erdrotation, zu einer Verringerung der Windgeschwindigkeit. Die Luftströmung wird gestaucht, zusammengedrückt, schraubt sich korkenzieherartig im Uhrzeigersinn nach unten und bildet ein dynamisches Hoch, eine **Antizyklone**.

Bewegt sich der Jetstream Richtung Pol, kann er beschleunigen. Dabei strömt der Wind auseinander und das Sturmband dehnt sich aus. Luft wird von unten angesaugt und schraubt sich gegen den Uhrzeigersinn hoch. Es entsteht ein dynamisches Tiefdruckgebiet, eine **Zyklone**. In diese strömt bodennahe Luft nach. Auf der Südhalbkugel ist die Bewegungsrichtung der dynamischen Druckgebilde genau umgekehrt.

Diese Zyklonen und Antizyklonen werden vom Polarfrontjet mitgezogen und wandern von West nach Ost. Aufgrund ihrer Wirbelbewegung und der Corioliskraft scheren die Zyklonen nach Norden polwärts aus und bilden den **subpolaren Tiefdruckgürtel**. Zu diesem gehören das Islandtief und das Aleutentief.

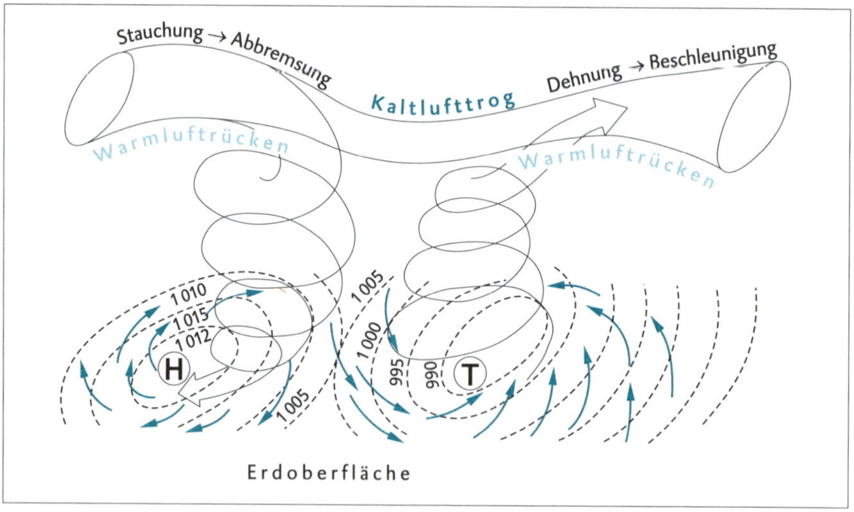

Dynamische Druckgebilde

Die Antizyklonen scheren an der Südseite des Jetstreams aus und verstärken die thermisch bedingten Hochdruckgebiete des **subtropisch-randtropischen Hochdruckgürtels** mit Azoren- oder Hawaii-Hoch.

Dynamische Luftdruckgebilde unterscheiden sich von thermischen vor allem dadurch, dass sie sowohl am Boden als auch in der Höhe den gleichen Luftdruck aufweisen.

3.3 Zyklonales Wettergeschehen

An der **planetarischen Frontalzone** schaufeln Zyklonen polare Kaltluft nach Süden und subtropische Warmluft nach Norden und sorgen durch Verwirbelung von Luftmassen für den horizontalen Wärmeausgleich. Durch den vertikalen Luftmassenaustausch wird ebenfalls Wärme freigesetzt oder aufgenommen.

An der Vorderseite einer Zyklone schiebt sich die vordringende leichtere Warmluft schräg auf die vorhandene schwerere Kaltluft auf. Dabei eilt die Warmluft in der Höhe derjenigen am Boden meist 100–250 km voraus. Es gibt also keine einheitliche **Warmfront**, sondern eher eine Warmfrontzone. Beim Aufgleiten der warmen Luft auf die vorhandene Kaltluft wird die Warmluft an der Aufgleitfläche und mit der Höhe abgekühlt; es kommt zur Kondensation und Wolkenbildung. Erkennbar ist das Herannahen einer Warmfrontzone an hellen Federwolken aus Eiskristallen (Cirren) 7–13 km hoch am blauen Himmel. Den Cirren folgen durchscheinende Schleierwolken (Cirrostratus),

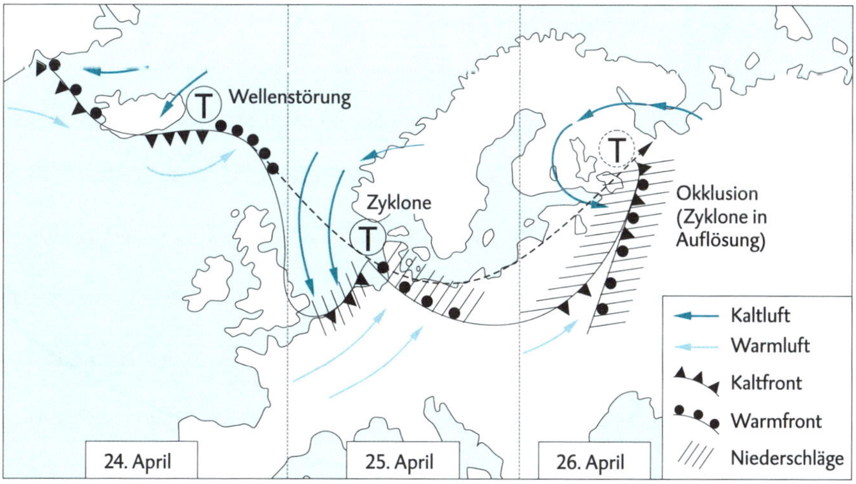

Entwicklung einer Zyklone

die sich zu hohen Schichtwolken (Altostratus) in 2–7 km Höhe verdichten. Mächtige tiefe Nimbostratuswolken folgen, aus denen lang anhaltender gleichmäßiger Regen (Niesel- bis Landregen) fällt.

Die Warmluft verdrängt langsam die Kaltluft (erkennbar an den steigenden Temperaturen, dem fallenden Luftdruck und der von Süd nach Südwest drehenden Windrichtung). Mit dem Durchzug der Bodenwarmfront hört der Regen auf.

Im **Warmluftsektor** scheint die Sonne, die Temperatur steigt, es ist wolkenfrei. Allenfalls führt lokale Konvektion zur Bildung von Cumuluswolken, aus denen es vereinzelt regnen kann. Der Wind kommt zunehmend aus West.

Das Herannahen von polarer Kaltluft, der **Kaltfront**, beendet die Schönwetterphase. Da die Kaltluft schwerer und schneller als die Warmluft ist, engt sie den Warmluftsektor ein, indem sie sich wie eine Planierraupe am Boden voranschiebt und die Warmluft zum raschen Aufstieg zwingt. Es bilden sich hoch auftürmende „blumenkohlartige" Cumulonimbuswolken mit Ambossbildung, aus denen heftige Schauer fallen. Oft kommt es zu Gewittern auch mit Hagel. Die Temperatur sinkt rasch ab, der Luftdruck steigt, der Wind dreht sich von West auf nordwestliche Richtungen. Nach dem Durchzug der Kaltfront klart es sich meist rasch auf, die Temperaturen bleiben kühler.

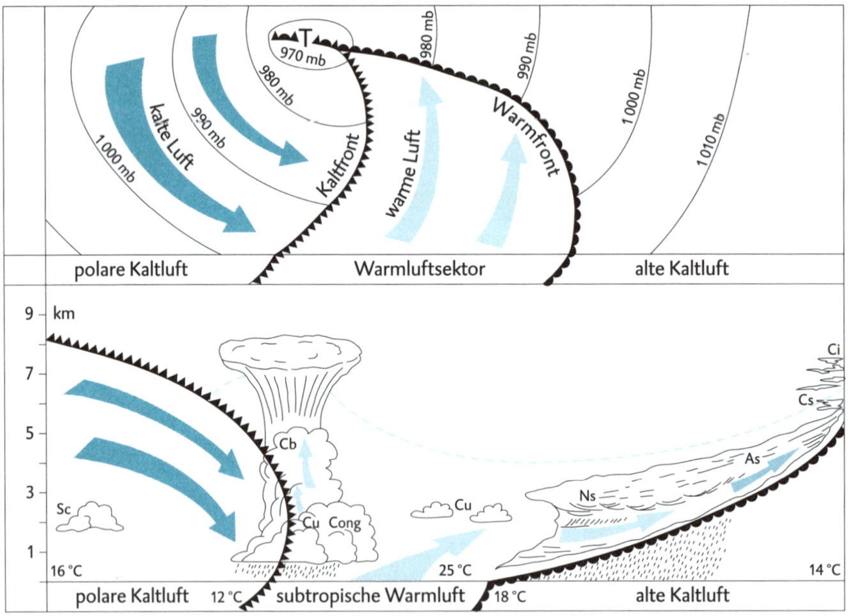

Wetterablauf beim Durchzug einer Zyklone

Im sogenannten **Reifestadium** holt die Kaltfront die Warmfront ein. Kalte Luft hat sich unter die Warmluft des Warmluftsektors geschoben und diese hochgehoben. Dies nennt man **Okklusion**. Die Warmluft in der Höhe kühlt ab, die gespeicherte Luftfeuchtigkeit kondensiert und regnet ab. Mit der Okklusion ist das Tief aufgefüllt und die Zyklone „gestorben".

Oft bilden sich über dem Atlantik Frontensysteme mit mehreren Tiefdruckzentren aus, die von der Westwinddrift herangetragen werden und über Europa hinwegziehen. Die Zyklonen sorgen nicht nur für einen Temperaturaustausch (Wärmetransport in höhere Breiten), sondern transportieren auch Wasserdampf vom Meer aufs Festland, wo er als Niederschlag abregnet. Zyklonen sind also auch wichtiger Teil des globalen Wasserkreislaufs.

In den Antizyklonen, die durch den Polarfrontjet entstehen, sinkt die Luft ab und wird dabei trockenadiabatisch erwärmt. Sie kann vermehrt Wasserdampf aufnehmen, es kommt zur Wolkenauflösung und infolgedessen zu trockenem, wolkenlosem Wetter mit starker Insolation bei Tag und starker Ausstrahlung bei Nacht.

Der über Europa pendelnde Polarfrontjet sorgt dafür, dass das Wettergeschehen je nach Lage der Druckgebilde von sehr unterschiedlichen Luftmassen geprägt wird. In Mitteleuropa können je nach Jahreszeit tropische, polare, ozeanische oder kontinentale Luftmassen das Wettergeschehen beeinflussen. Dabei bilden sich immer wieder typische **Großwetterlagen** heraus, die zu charakteristischen Wetterabläufen führen (vgl. folgende Grafik).

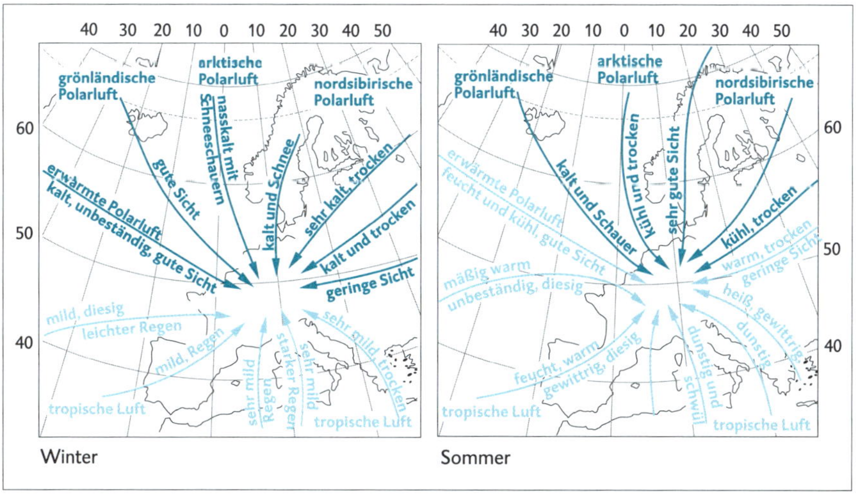

Luftströmungen bringen typisches Wetter

Die Großwetterlagen lassen sich leicht entschlüsseln, wenn man grundlegende Eigenschaften der Luftdruckzellen beachtet: Auf der Nordhalbkugel dreht sich ein Hoch im Uhrzeigersinn, der Luftüberschuss fließt also auch im Uhrzeigersinn aus dem Hoch zum Tief. Luft strömt gegen den Uhrzeigersinn ins Zentrum des Tiefs. Wichtig ist nun zu beachten, in welcher Position die Druckgebilde zueinander liegen, dies bedingt dann das Wetter mit der vorherrschenden Windrichtung.

Bei der **Westlage** ziehen zwischen dem Azorenhoch und dem zentralen Islandtief Zyklonen vom Atlantik nach Osten. Es herrscht wechselhaftes, feuchtes und kühles Wetter an 26 % der Tage eines Jahres, im Winter an 40 %. Bei einer **Ostlage** (18 %) liegt ein Hoch über Skandinavien und ein Tief über dem Mittelmeer. Es herrscht Ostwind vor, der im Winter trockene, sehr kalte Luft aus dem Osten oder Nordosten heranführt, lang anhaltende Frostperioden sind die Folge. Diese Großwetterlage führt im Sommer zu trockenem, sonnigem Wetter, eventuell zu Dürreperioden.

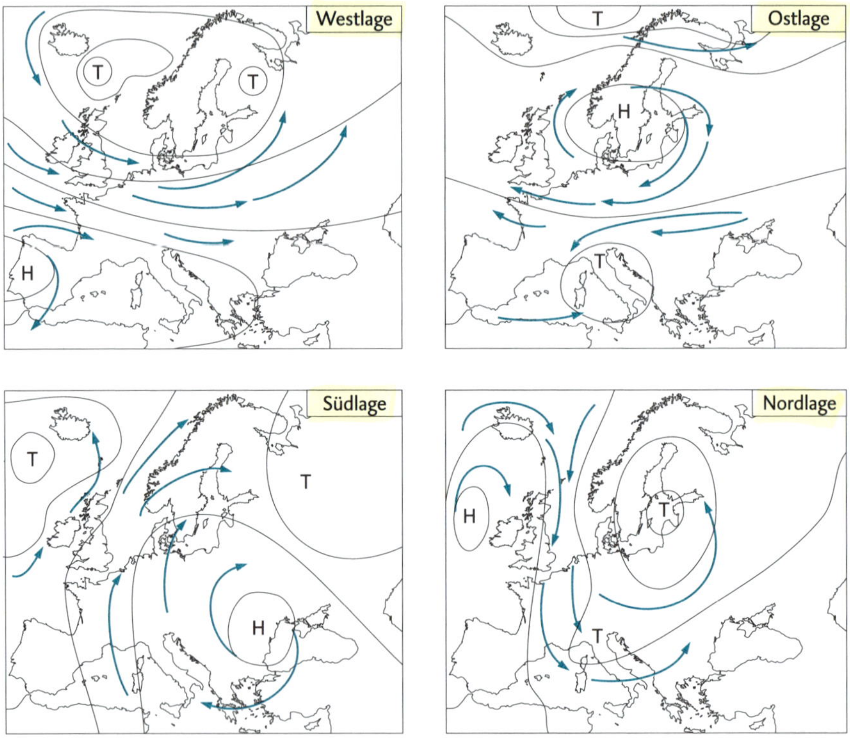

Großwetterlagen in Europa

Die **Südlage** entwickelt sich überwiegend im Frühjahr und im Herbst. Dann liegt ein kräftiges Hoch über der Ukraine bzw. über Südrussland und ein Tief über den Britischen Inseln. Dadurch wird subtropische warme Luft aus der Mittelmeerregion nach Mitteleuropa herangeführt, am Nordrand der Alpen herrscht Föhn. Vom Atlantik herannahende Zyklone werden nördlich um Mitteleuropa herumgeleitet. Im Winter kann es zu „warmen Weihnachten" wie 1983 und 2012 kommen, im Sommer ist mit sonnigem und heißem Wetter zu rechnen.

Bei einer **Nordlage** blockiert das Hoch westlich von Großbritannien die Zufuhr von milder Atlantikluft. Das Tief über der Ostseeregion zieht feuchtkalte Polarluft aus der Nordatlantikregion heran. Diese Wetterlage kommt an 25 % aller Tage von April bis Juni vor und sorgt für Kälteeinbrüche: für die Eisheiligen um den 12. Mai und die Schafskälte um den 10. Juni.

Eine Besonderheit ist die **Vb-Wetterlage**, die Ursache für verheerende Hochwasser im Vorfeld der Alpenregion und in Ostdeutschland.

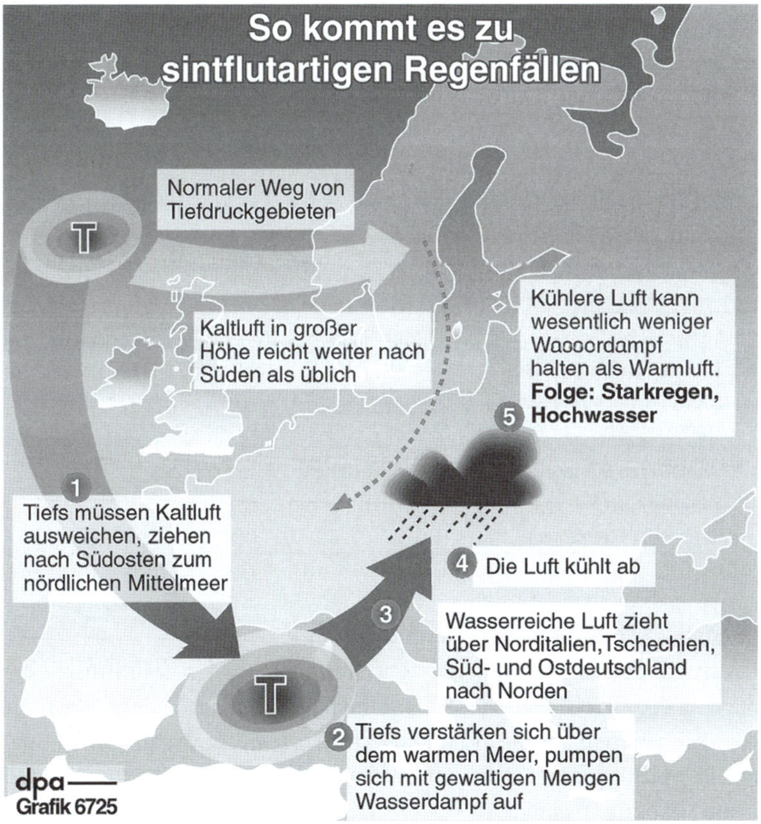

Schematische Darstellung einer Vb-Wetterlage

Eine **Hochdruckwetterlage** über Mitteleuropa (an 17 % der Tage) führt zu stabilen Schönwetterlagen, weil sich die herabsinkende Luft erwärmt und zu einer Wolkenauflösung führt (z. B. Altweibersommer im Herbst). Im Winter kommt es zu längeren Trockenperioden und infolge der fehlenden Wolkendecke zu frostigen Nächten. Zudem kann es infolge von Inversionslagen in Senken und Tälern zu Nebel kommen.

4 Räumliche Differenzierung des Klimas

4.1 Klimaklassifikationen

Klimaklassifikationen ordnen die Merkmale des Klimas, d. h. die langfristig typischen Wetterabläufe eines Jahres, systematisch nach bestimmten Gesichtspunkten. Man unterscheidet:

Genetische Klimaklassifikation

Genetische Klimaklassifikationen werden aus dem dynamischen Geschehen in der Atmosphäre abgeleitet. Die Genese des Klimas, d. h. dessen Entstehung, steht im Mittelpunkt.

Wolfgang Weischet unterscheidet aufgrund der solaren Einstrahlung vier Klimazonen. Zur genaueren Differenzierung werden die jeweils vorherrschenden Druck- und Windsysteme in diesen Zonen herangezogen. Auf diesem System beruht auch die einfache Klimakarte von Ernst Neef:

Tropen	Immerfeuchte Tropen Sommerfeuchte Tropen Subtropisch-randtropische Trockengebiete	**Mittelbreiten**	Zyklonale Westwindklimate Kontinentalklimate Außertropisches Ostseitenklima
Subtropen	Winterregen-Subtropen Sommerregen-Subtropen Kontinentale Subtropen	**Polarregionen**	Polare Klimate

Klimazonen

Effektive Klimaklassifikation

Die effektiven Klimaklassifikationen orientieren sich an den Wirkungen des Klimas auf der Erdoberfläche, nicht an dessen Entstehung. Diese Methode ermittelt die Klimazonen auf der Basis zweckmäßiger Grenzwerte von Temperatur und Niederschlag. Die Dichte und die räumliche Verteilung der Messstationen sind dabei entscheidend für die Aussagekraft und die Genauigkeit einer effektiven Klimakarte.

KÖPPEN und GEIGER (1928) unterteilen nach dem Temperaturwert vier große Zonen A, C, D, E sowie die Zone B, die sich von den anderen vier Zonen durch Trockenheit unterscheidet (z. B. A = Tropen, kältester Monat > 18 °C). Diese Großklimate werden durch hygrische (erster Kleinbuchstabe) und weitere thermische Kriterien (zweiter Kleinbuchstabe) differenziert. Stuttgart hat nach dieser Klassifikation ein Cfb-Klima:

C = warmgemäßigtes Klima mit kältestem Monat 18 °C bis –3 °C
f = alle Monate ausreichend Niederschlag
b = wärmster Monat unter 22 °C, mindestens vier Monate über 10 °C

Nach TROLL und PAFFEN (1963) wird die Erde in fünf thermische Klimazonen eingeteilt. Die weitere Differenzierung in Geozonen erfolgt nach hygrischen und thermalen Grenzwerten, wobei man sich an der vorherrschenden natürlichen Vegetation orientiert.

LAUER und FRANKENBERG (1987) gehen von vier Klimazonen (nach Sonneneinstrahlung) aus, wobei die mittleren Breiten in warm- und kühlgemäßigt unterschieden werden. Sie unterteilen diese in Klimaregionen nach ihrem Wärmehaushalt (hochkontinental, kontinental, maritim). Die Binnendifferenzierung erfolgt gemäß dem Wasserhaushalt (Zahl der humiden Monate; Niederschlag ≥ Verdunstung durch die reale Landschaft). So wird eine recht genaue Binnendifferenzierung erreicht.

4.2 Räumliche Differenzierung des Klimas nach TROLL/PAFFEN

Eine **Landschaft** ist ein örtlich begrenzter Teil der Erdoberfläche, der durch Oberflächengestalt, Klima, Wasser, Boden und Vegetation geprägt wird. Ist die Landschaft vom wirtschaftenden Menschen, insbesondere von dessen wirtschaftlicher und siedlungsmäßiger Nutzung, deutlich beeinflusst, spricht man von **Kulturlandschaft**; ist sie weitgehend unberührt, wird sie als **Naturlandschaft** bezeichnet.

Die regionalen Landschaften sind Teil der **Landschaftszonen** oder **Geozonen**. Die Einteilung der Erde in ein Ordnungsraster von Geozonen dient der schnellen Orientierung bezüglich naturräumlicher Zusammenhänge. Die im Folgenden verwendete **Klassifikation von TROLL/PAFFEN** ist besonders übersichtlich. Zudem spielt das Klima, an dem sich die Einteilung von Troll/Paffen schwerpunktmäßig orientiert, die entscheidende Rolle bei der Gestaltung einer Landschaft: Relief, Boden, Vegetation und Wasserhaushalt sind allesamt vom Klima abhängig.

Kalte Klimate

Klimastationen	Kap Tscheljuskin/Russland 77° 43' N/104° 17' O 13 m/–15,3 °C/240 mm 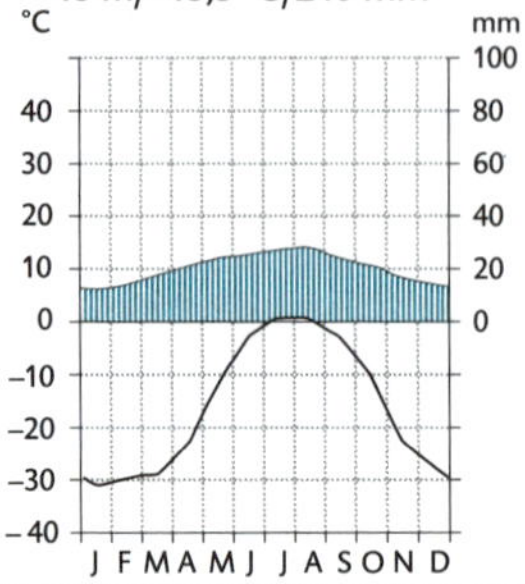	Chesterfield-Inlet/Kanada 64° 18' N/96° 00' W 4 m/–11,3 °C/251 mm 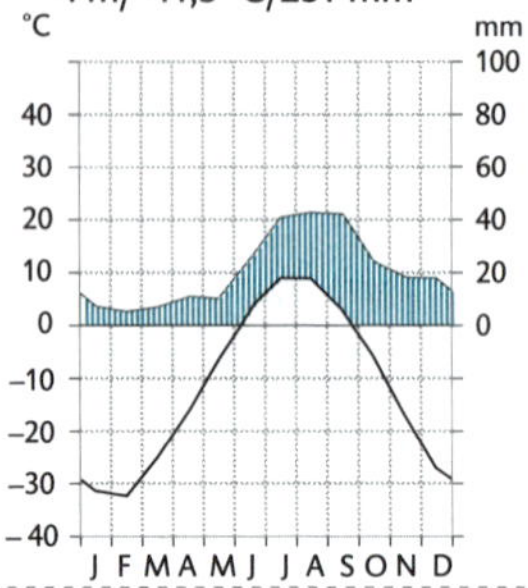	Jakutsk/Russland 62° 05' N/129° 45' O 103 m/–10,0 °C/235 mm 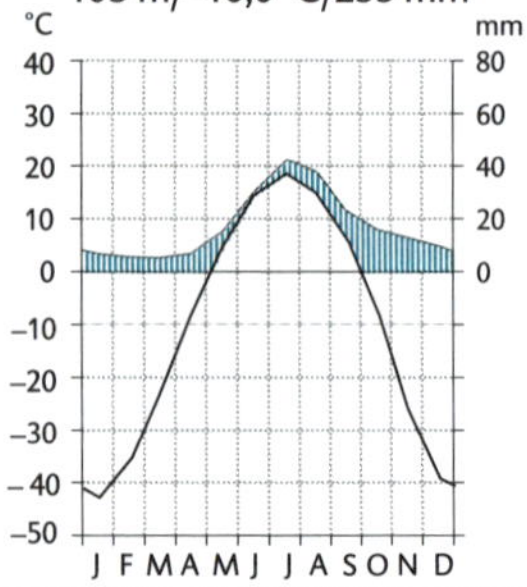
Klimazone	1 **Polare Klimate**	2 **Subpolare Klimate** **Tundra**	3 **Boreale Klimate** **Taiga** a **extrem kontinentaler Nadelwald** b **kontinentaler Nadelwald**
Temperatur	Wärmster Monat < 6 °C Arktis ∅-Temp. –19,2 °C Antarktis ∅-Temp. –43,3 °C	Wärmster Monat < 10 °C Kältester Monat < –10 °C Hohe Amplitude	Wärmster Monat < 20 °C Kältester Monat: a unter –25 °C; extreme Gegensätze möglich b unter –3 °C
Niederschlag	Sehr gering, jedoch kaum Verdunstung, deshalb ganzjährig humid	Gering, jedoch kaum Verdunstung, deshalb ganzjährig humid	Humid a trockene Winter b sehr schneereiche Winter
Klimaprozesse	Polartag – Polarnacht Ganzjähriges Kältehoch	Jahreszeitenklima Extreme Winterkälte in kontinentaler Lage	Jahreszeitenklima Winter: kontinentales Kältehoch Sommer: kontinentales Hitzetief
Vegetation	Keine höhere Vegetation möglich: Flechten	Flechten, Moose, Zwergsträucher, Heidekraut, Polarweide, Zwergbirke	a Sommergrüner Nadelwald: Lärchen b Immergrüner Nadelwald: Fichten, Kiefern, auch Birken und Pappeln
Boden	Keine Bodenbildung	Permafrost, ausgedehnte Moore und Sümpfe nach Schneeschmelze, Gleyböden (Staunässe)	Wo Permafrost, ausgedehnte Moore/Sümpfe nach Schneeschmelze, Gleyböden (Staunässe); sonst unfruchtbare saure Böden (Podsol)

Kalte Klimate

Gemäßigte Klimate

Klimastationen

Brest/Frankreich
48° 27' N/4° 25' W
103 m/10,8 °C/1 085 mm

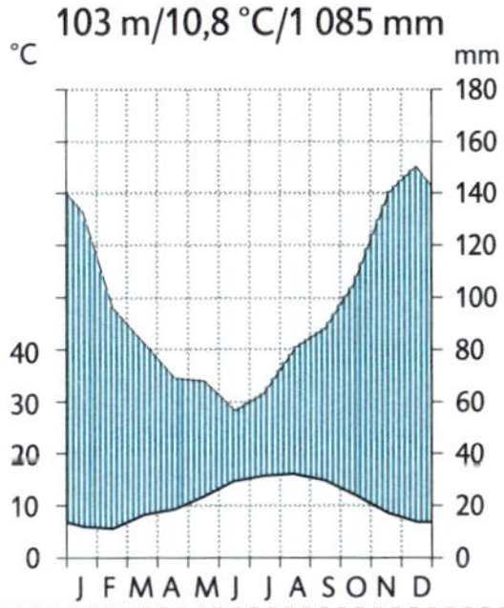

Moskau/Russland
55° 45' N/37° 34' O
156 m/5,0 °C/688 mm

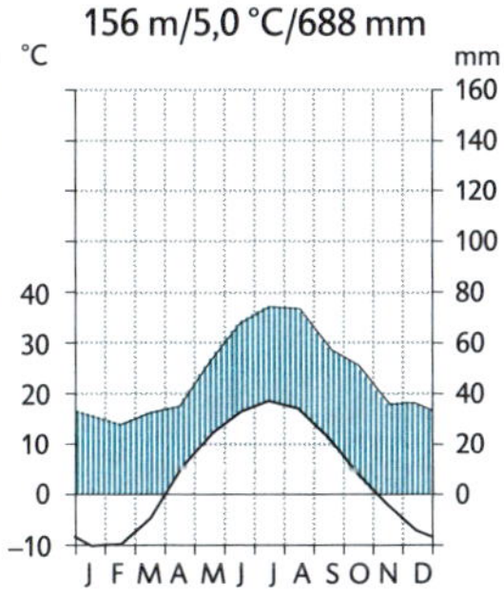

Koktschaw/Kasachstan
53° 07' N/69° 23' O
280 m/2,8 °C/242 mm

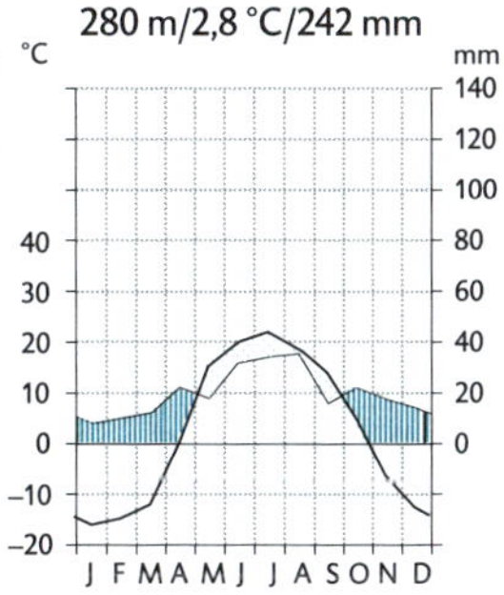

Klimazone	4 Klimate der sommergrünen Laub- und Mischwälder: a ozeanische Klimate b kühlgemäßigte Übergangsklimate c kontinentale Klimate d sommerwarme Klimate der Ostseiten		5 Winterkalte Trockenklimate a Steppen b Halbwüsten und Wüsten
Temperatur	a Wärmster Monat < 15 °C Kältester Monat 2–10 °C	c Wärmster Monat bis 15 °C Kältester Monat bis –20 °C	Wärmster Monat bis 25 °C Kältester Monat bis –20 °C
Niederschlag	> 1 000 mm an Küsten und Westseiten von Gebirgen, nach Osten hin abnehmend, Max. im Herbst/Winter	Meist 500–600 mm, ganzjährig humid, Max. im Sommer	Unter 500 mm, Konvektionsniederschläge und Gewitter im Sommer, hohe Variabilität; über fünf Monate arid
Klimaprozesse	Einfluss des Golfstroms, Feuchtigkeit/Wärme durch zyklonale Westwinde bis weit in den Kontinent transportiert, im Sommer Einfluss des randtropischen Azorenhochs	Abnehmender bis geringer Einfluss der Westwinddrift, zunehmend kontinentales Klima	Winter: kontinentales Kältehoch Sommer: kontinentales Hitzetief Dürreperioden möglich
Vegetation	Im Westen immergrüne Laubgehölze, artenreiche Laub- und Laubmischwälder (drei ausgeprägte Stockwerke: Kraut-, Strauch-, Baumschicht), in Höhenlagen der Mittelgebirge und im Osten zunehmende Dominanz von Nadelbäumen: Tannen, Fichten, Kiefern; Vegetationsperiode bis 10 Monate		Meist baumlose Graslandschaft, Vegetationsperiode nur 4–5 Monate Sehr labiles Ökosystem: Bodenerosion (Dustbowl/USA)
Boden	Große regionale Vielfalt, fruchtbare Braunerden und Parabraunerden dominieren		Sehr fruchtbare Schwarzerden und graubraune Steppenböden, auch Wüstenböden

Gemäßigte Klimate

Subtropen

Klimastationen	Palermo/Italien 38° 11' N/13° 06' W 21 m/18,5 °C/611 mm 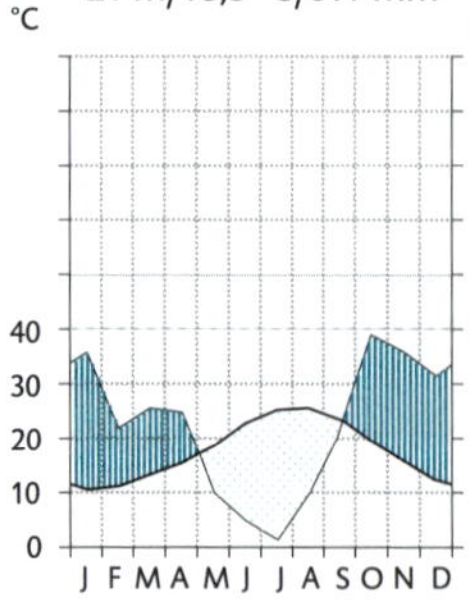	Tsintao/China 38° 04' N/120° 09' O 77 m/12,1 °C/648 mm 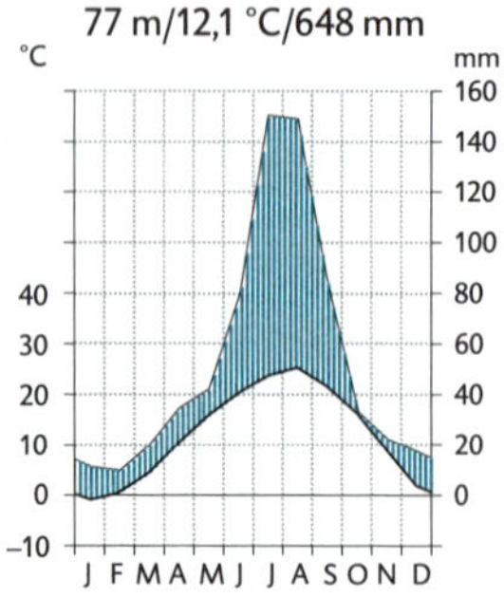	Assuan/Ägypten 23° 58' N/32° 47' O 200 m/25,9 °C/0 mm 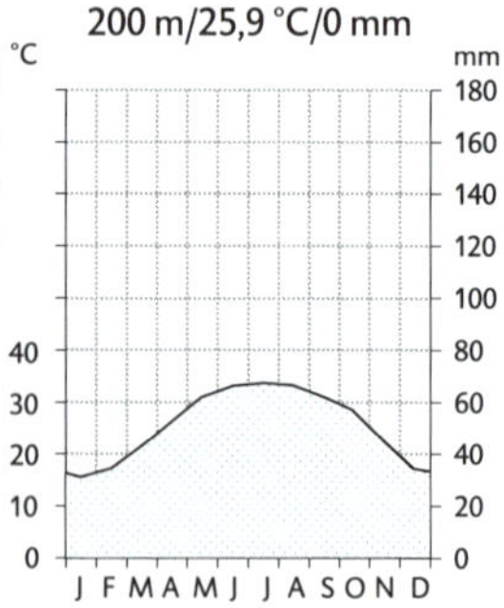
Klimazone	**6 Subtropische Winterregenklimate an Westseiten der Kontinente Mittelmeerklima**	**7 Subtropische Sommerregenklimate an Ostseiten der Kontinente**	**8 Subtropische Trockenklimate** **a wintermilde Steppen** **b Halbwüsten** **c Wüsten**
Temperatur	Winter: mild, frostfrei Sommer: um 25 °C	Winter: mild, frostfrei Sommer: um 25 °C	c Fehlende Wolken: tags extrem heiß; nachts Frost möglich
Niederschlag	Herbst/Winter: starke Niederschläge Sommer arid	Winter: außertropische Zyklonen Sommer: starke Monsunniederschläge	c Sehr selten, nur aride Monate
Klimaprozesse	Winter: Einfluss der Zyklonen des Polarfrontjets durch Südverlagerung der ITC; Sommer: im Bereich der nach Norden verlagerten randtropischen Hochdruckzellen	Sommermonsun Taifune können auftreten	c Ganzjährig im Bereich der randtropischen Hochdruckzellen mit absinkender Luft, im Winter seltene Niederschläge durch Zyklonen
Vegetation	Anpassung an Trockenzeit während Vegetationsperiode: immergrüne Hartlaubwälder, meist zur Macchie und Garrigue degradiert	Immergrüne Wälder mit starker Kraut- und Strauchschicht, immergrüne Arten (Lorbeer), Laub- und Nadelbäume (Pinien), Bambus	Spärliche Gräser und Kräuter, Sukkulenten, in Wüsten Vegetation nur in Oasen
Boden	Roterden (Terra Rossa) Häufig Verkarstung	Stark verwitterte Lehmböden	Wüstenböden

Subtropen

Wechselfeuchte Tropen

Klimastationen	Zinder/Niger 13° 47' N/8° 59' O 453 m/28,0 °C/412 mm 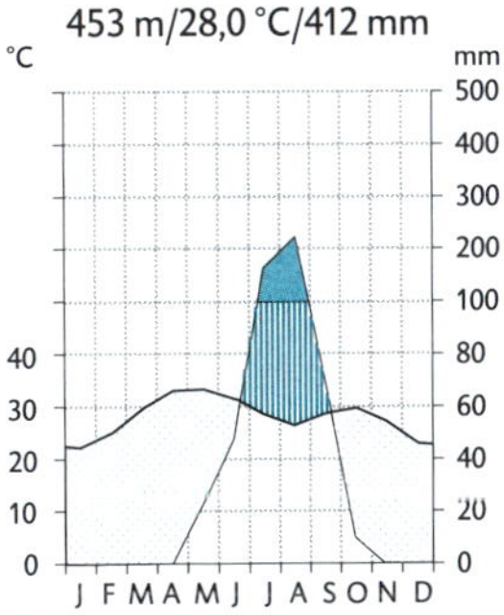	Kano/Nigeria 12° 0' N/78° 32' O 470 m/26,2 °C/873 mm 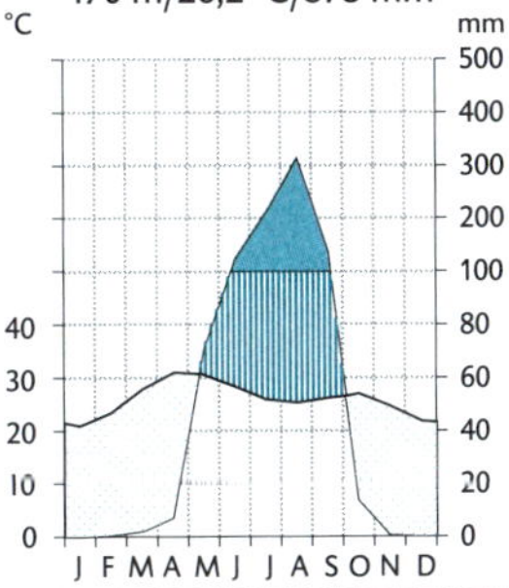	Enugu/Nigeria 6° 38' N/7° 33' O 140 m/27,3 °C/1 754 mm 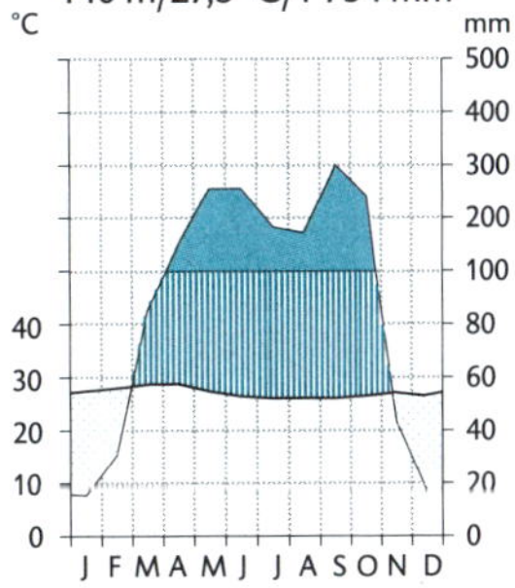
Klimazone	9 Dornsavanne	10 Trockensavanne	11 Feuchtsavanne
Temperatur	Wärmster Monat < 35 °C Kältester Monat im Tiefland > 18 °C	Wärmster Monat < 32 °C Kältester Monat im Tiefland > 18 °C	Wärmster Monat < 30 °C Kältester Monat im Tiefland > 18 °C
Niederschlag	2–4,5 humide Monate Trockenzeit und Regenzeit 250–600 mm	4,5–7 humide Monate Trockenzeit und Regenzeit 600–1 000 mm	7–10 humide Monate Trockenzeit und Regenzeit 1 000–1 800 mm
Klimaprozesse	In den wechselfeuchten Tropen folgen die Regen- und Trockenzeiten der innertropischen Zirkulation. Im Nordsommer verschiebt sich die ITC mit dem Sonnenstand auf die Nordhalbkugel. Die Zenitalregen folgen mit einem zeitlichen Abstand zum Sonnenhöchststand. In Äquatornähe ist im Frühjahr und im Herbst jeweils ein Niederschlagsmaximum zu erkennen, weil die ITC zweimal durchzieht.		
Vegetation	Dornbüsche, Kakteen, Wolfsmilchgewächse, lückenhafte Gräser	Regengrüne Trockenwälder, Schirmakazien, Baobab, Kakteen, kurzes Gras	Lichte, meist immergrüne Wälder Hohe Gräser
Boden	Laterit	Laterit, Roterden	Roterden, Latosol

Wechselfeuchte Tropen

Immerfeuchte Tropen

Klimastationen

Kisangani/Rep. Kongo
0° 31' N/25° 12' O
460 m/25,4 °C/1 804 mm

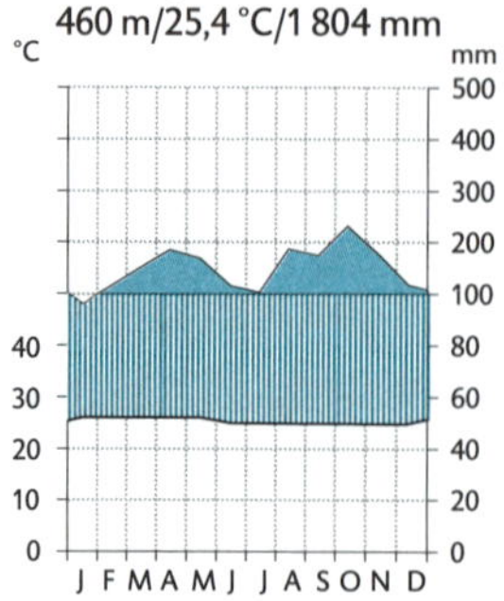

Klimazone

12 Tropischer Regenwald

Temperatur

Minimale monatliche Schwankungen um 25 °C
Tageszeitenklima

Niederschlag

10–12 humide Monate
1 800–10 000 mm

Klimaprozesse

Meist täglich gleicher Wetterablauf mit Mittagsregen
Klima ganzjährig von der ITC bestimmt

Vegetation

Üppige Vegetation, Stockwerkbau
Artenreichtum, jedoch Individuenarmut, kurzgeschlossener Nährstoffkreislauf

Boden

Meist tiefgründig verwitterte, ausgelaugte Böden ohne Nährstoffspeicherfähigkeit
Latosole

Höhenstufen tropischer Gebirge

Klimastationen

Eldoret/Kenia
0° 31' N/35° 16' O
2 092 m/16,9 °C/1 027 mm

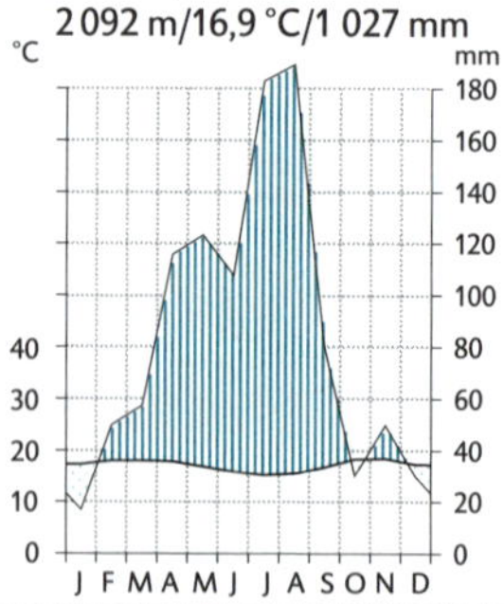

Klimazone

13 Tropische Gebirge

Temperatur

Tageszeitenklima mit teils extremer Temperaturamplitude

Niederschlag

7–12 humide Monate
Große Unterschiede je nach Exposition der Station

Höhenstufen

Heiße Zone (tierra caliente)
Gemäßigte Zone (tierra templada)
Kalte Zone (tierra fria)
Frostzone (tierra helada)
Nivale Zone (tierra nevada)

Vegetation

Heiße Zone: trop. immergrüner Tiefland-Regenwald, halbimmergrüner Übergangswald bzw. trop. Feuchtsavannengürtel
Gemäßigte Zone: trop. Bergwald bzw. trop. Berg-Feuchtsavannen
Kalte Zone: trop. Höhen- und Nebelwald bzw. Sierra-Höhenbusch
Frostzone: Paramó bzw. Puna
Nivale Zone: ohne Vegetation, Schnee und Eis

fgabe 21 Untersuchen Sie die folgenden Klimadiagramme A und B.

a Überprüfen Sie, auf welcher Erdhalbkugel die Stationen liegen, und begründen Sie Ihre Zuordnung.

b Ordnen Sie die Stationen einer Klimazone zu, und begründen Sie Ihre Entscheidung.

c Erläutern Sie die jeweilige Niederschlagsverteilung.

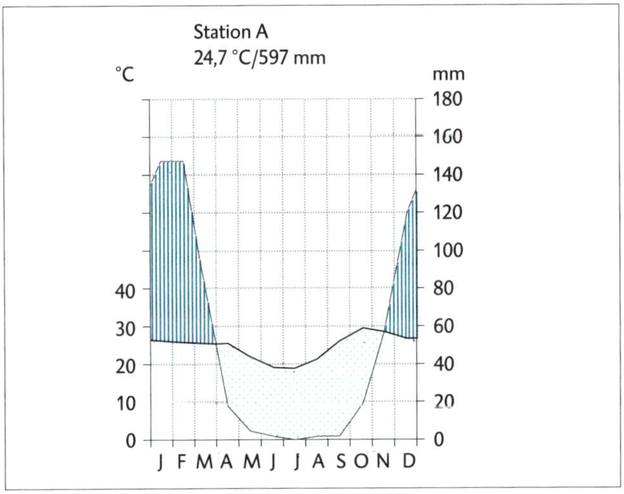

Klimadiagramm Station A

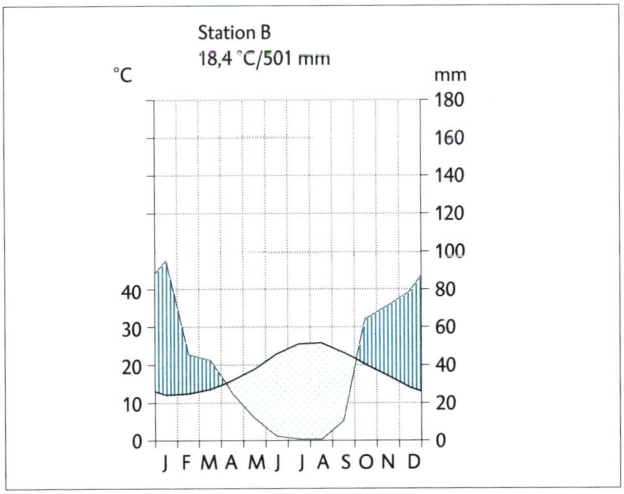

Klimadiagramm Station B

5 Stadtklima

In Stadtlandschaften bildet sich ein **Stadtklima** aus, das sich deutlich vom Klima des Umlandes unterscheidet. Im unbebauten Umland sorgt die Vegetation mit ihrer Verdunstung für Abkühlung und die Winde ermöglichen einen regelmäßigen Luftmassenaustausch. In den Städten dagegen behindert die hohe und dichte Bebauung die Frischluftzufuhr und den Austausch von Luftmassen. Die kühlende Verdunstung ist über versiegelten Flächen stark herabgesetzt. Messungen und Thermalscanneraufnahmen belegen, dass Städte im Vergleich zu ihrem Umland eine deutliche Überwärmung von bis zu 10 K zeigen, sie sind also **Wärmeinseln**.

Das Sonnenlicht wird an den Hauswänden mehrfach reflektiert. Dabei wird jeweils ein Teil der Strahlungsenergie absorbiert. In der Summe ergibt sich ein höherer Energieeintrag als über unbebautem Land. Außerdem wird der Energieeintrag durch die stadttypischen Baumaterialien (Asphalt und Beton) und deren unterschiedliche Albedo erhöht. Die gespeicherte Wärme wird abgestrahlt, besonders nachts. Hinzu kommen Prozess- und Abwärme aus Haushalten, Industriebetrieben und vom Verkehr, sogenannte Wärmeemissionen, die in der Stadt entstehen und ebenfalls zur Erwärmung des Stadtklimas beitragen.

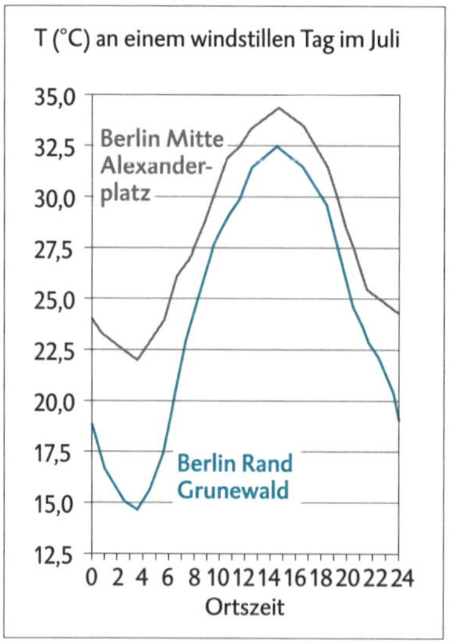

Temperaturunterschiede Umland – Stadtmitte

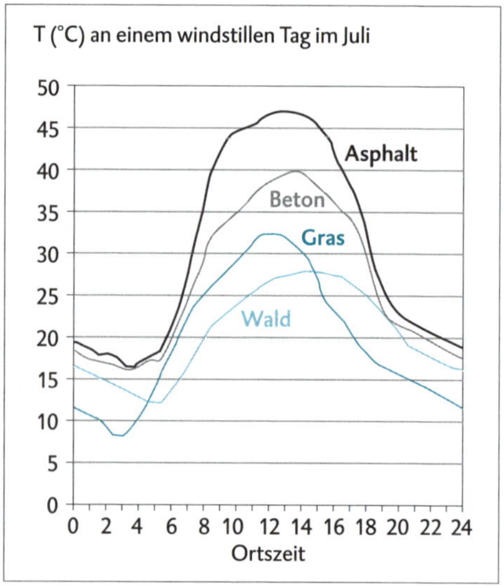

Erwärmung unterschiedlicher Oberflächen

Einher mit der Temperaturerhöhung gehen Emissionen, die die Luft mit Spurengasen, Kohlenmonoxid, Kohlendioxid, Wasserdampf, Rußteilchen und Feinstäuben anreichern und zur Bildung einer **Dunstglocke** führen. Die von der Stadtoberfläche abgestrahlte langwellige Wärmestrahlung kann die Dunstglocke über der Stadt nicht durchdringen und wird zurückgehalten. Ein **städtischer Treibhauseffekt** entsteht.

Nicht unerwähnt bleiben darf, dass aufgrund der Versiegelung die Vegetationsdichte sehr gering und somit der Energieverbrauch durch die Evapotranspiration der Pflanzen sehr niedrig ist. Weil die Verdunstung von Wasser Wärme benötigt, kühlt sich die Umgebung ab. Dieser Energieverbrauch bewirkt beispielsweise, dass innerstädtische Parkanlagen eine niedrigere Temperatur haben als angrenzende Siedlungsflächen.

Die Überwärmung führt zur Ausbildung eines Tiefdruckgebietes über der Stadt, die aufsteigende Luft kondensiert, zumal Staub- und Rußteilchen als Kondensationskerne fungieren. Erhöhte Niederschläge, Gewitter- und Nebelhäufigkeit besonders im Winter sind die Folgen. Die Wärmeinsel Stadt beeinflusst auch die Niederschläge in ihrem Umfeld. Bei Großstädten wurde ein bemerkenswerter Luv Lee-Effekt festgestellt. Im Lee-Umland sind die Niederschläge bis zu einem Drittel höher als auf der windzugewandten Seite.

Die **Luftverschmutzung** entsteht vorwiegend durch Abgase aus der Verfeuerung fossiler Energieträger, z. B. in Kraftfahrzeugen, sowie durch den Feinstaub z. B. infolge von Reifen- und Bremsabrieb. Kohlendioxid, Kohlenmonoxid, Ozon, Schwefeldioxid, Kohlenwasserstoffe, durch den Gebrauch von Lösungsmitteln, Farben und Reinigungsmitteln freigesetzt, und Stickoxide belasten die Luft. Stickoxide bilden Salpetersäure, die mit dem Regen ausgewaschen wird und nicht nur zur Versauerung der Böden und des gesamten Ökosystems führt, sondern auch zur verstärkten chemischen Verwitterung an Gebäuden, z. B. Kirchen und anderen Baudenkmälern. Die Ausbreitung der Abgase erfolgt überwiegend vertikal. Dies kann zur Entstehung von **Wintersmogwetterlagen** führen. Bei diesen Wetterlagen liegen warme Luftmassen auf kalten Luftmassen auf und verhindern so den vertikalen Luftaustausch. Unterhalb der Inversionsschicht kommt es dann zu einer Anreicherung der Abgase. In Mitteleuropa treten diese Wetterlagen vorwiegend im Winter auf.

Die mit Emissionen angereicherte Luft kann verstärkt zu Gesundheitsschäden, insbesondere zu Atemwegserkrankungen führen. Als ein besonderes Problem erweisen sich die Feinstäube und die Dieselrußpartikel. Sie sind so fein, dass sie lange in der Luft schweben und sich weiträumig verteilen. Sie können tief in die Lunge gelangen und dort Krebs auslösen.

Faktoren	Veränderung gegenüber dem Umland	Ursachen
Strahlung		
Globalstrahlung auf horizontaler Oberfläche	–20 %	Dunstglocke, erhöhte Bewölkung (aufgrund des Aufsteigens der Luft)
Gegenstrahlung	+10 %	
Ultraviolett im Winter	–70 %	
Ultraviolett im Sommer	–10 % bis –30 %	
Sonnenscheindauer		
im Winter	–8 %	erhöhte Bewölkung (s. o.)
im Sommer	–10 %	
Lufttemperatur		
Jahresmittel	bis +3 K	Treibhauseffekt, Energieumsatz im Baukörper, anthropogene Wärmezufuhr (Prozesswärme, Verkehr)
Winterminima	bis +10 K	
Dauer der winterlichen Frostperiode	–30 %	
Windgeschwindigkeit		
Jahresmittel	–25 %	Baukörper
Windstille	+115 %	
relative Luftfeuchtigkeit		
Jahresmittel	–6 %	Oberflächenversiegelung, erhöhte Temperatur, weniger Vegetation
Sommermittel	–8 %	
Verdunstung	bis –60 %	
Niederschlag		
Regensumme	+10 %	erhöhte Bewölkung (s. o.)
Schneefall	–5 %	höhere Temperatur
Tauabsatz	–65 %	geringe rel. Luftfeuchtigkeit (s. o.)
Nebel im Sommer	+30 %	
Nebel im Winter	+100 %	
Luftverunreinigungen		
CO_2, NO_x	mehr	Emissionen, Immissionen
O_3	weniger	nächtliche Reduktion durch NO
Feinstäube	deutlich mehr	

Mittlere Veränderungen von Klimaparametern in Städten und ihre Ursachen

An sonnigen Tagen in der wärmeren Jahreszeit entsteht **Sommersmog**. Die Kohlenwasserstoffe und Stickoxide reagieren unter dem Einfluss von Sonnenlicht zu einem vorwiegend aus Ozon bestehenden Gasgemisch. Diese erhöhten bodennahen Ozonwerte sind gesundheitsgefährdend. Bei Überschreitung der Grenzwerte müssen sportliche Aktivitäten im Freien eingeschränkt werden.

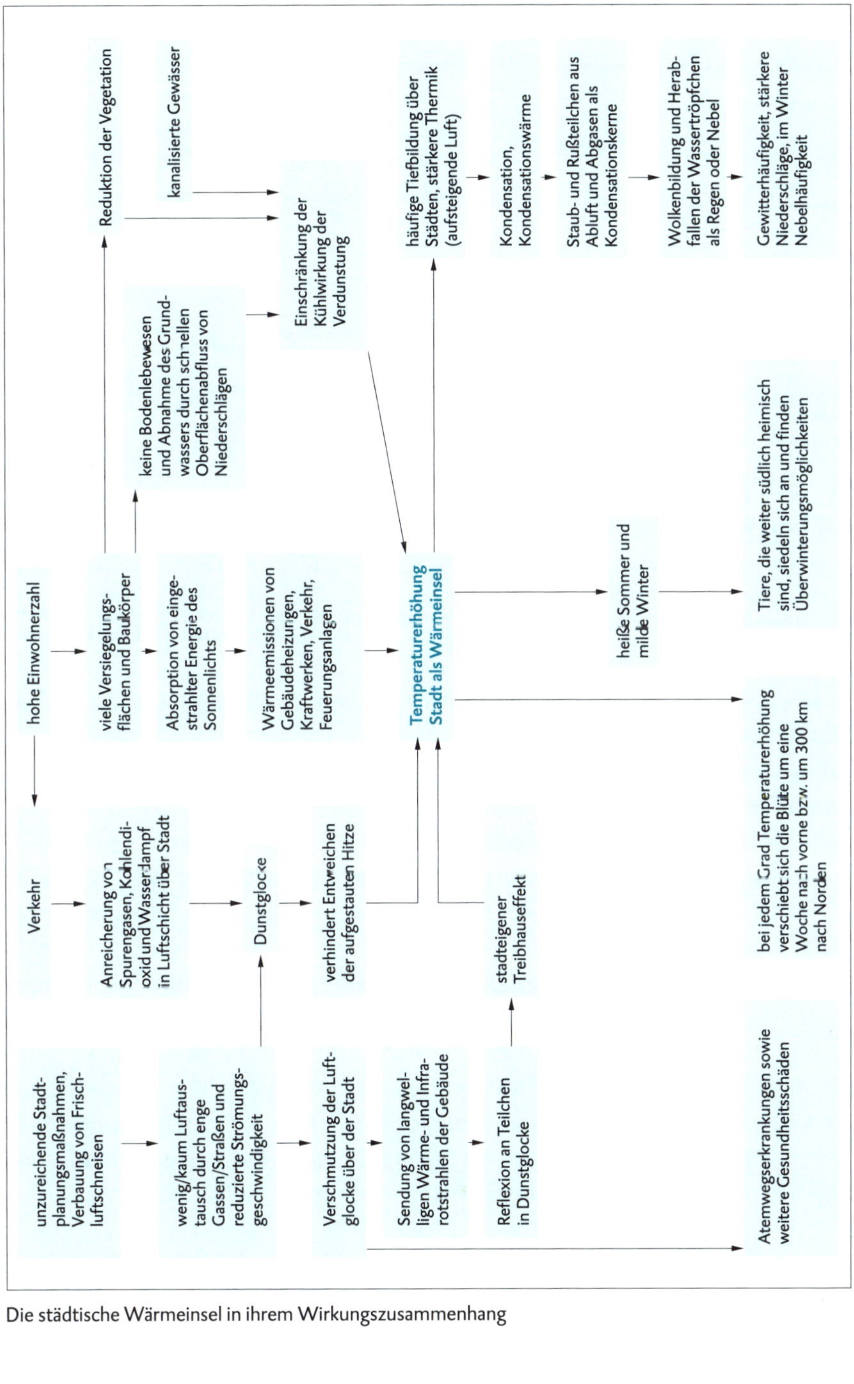

Die städtische Wärmeinsel in ihrem Wirkungszusammenhang

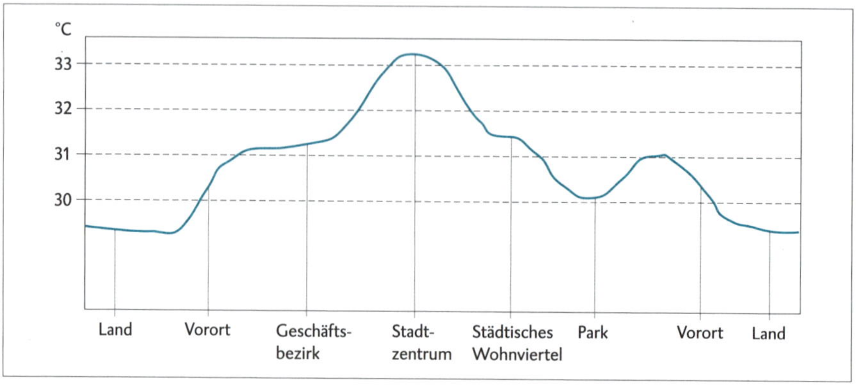

Temperaturprofil durch eine Stadt an einem Sommernachmittag

Die Ausprägung eines typischen Stadtklimas ist in erster Linie abhängig von der Stadtgröße, aber auch von der Geländeform, der Bebauungsstruktur und dem Freiflächenanteil. Einige Klimaelemente unterscheiden sich stadtteilbezogen nur wenig (z. B. Sonnenstrahlung, Niederschlag). Andere weisen, bedingt durch das Wärmespeichervermögen der Baustoffe, die Versiegelung des Bodens, den veränderten Wasserhaushalt sowie Abwärme, zum Teil recht große räumliche Unterschiede auf.

Mit fortschreitender Klimaerwärmung werden die Klimabelastungen in den Städten problematischer, was immer wieder zu Opfern unter der Bevölkerung führt. Deshalb müssen dringend Maßnahmen ergriffen werden, die die Temperaturen in den Städten herabsetzen und gleichzeitig die Luftqualität verbessern. So könnte durch eine geschickte Ausrichtung der Gebäude und Straßen sowie durch eine Reduktion der Bebauungshöhe Frischluft in Windschneisen direkt in die Innenstadt geleitet werden, wobei ein gewisser Düseneffekt genutzt werden könnte. Die Entsiegelung von Flächen und eine geringere Bebauungsdichte mit starker Durchgrünung der Siedlungsflächen würde die Temperatur effektiv dämpfen. Auch architektonische Maßnahmen wie konsequente Dach- und Fassadenbegrünungen wären hilfreich. Ferner könnten eine Reduzierung des Individualverkehrs bzw. die Einrichtung von Umweltzonen sowohl die Abwärme als auch die Emissionen verringern. Einen ähnlichen Effekt hätten umweltschonende Heiz- und Klimaanlagen sowie die Nutzung von Solarenergie und Wärmeaustauscher oder eine bessere Gebäudedämmung.

Aufgabe 22 Erklären Sie einem Mitschüler das Wirkungsgefüge zur städtischen Wärmeinsel (vgl. Schaubild S. 105), ausgehend von der Bevölkerungszahl. Beziehen Sie die Tabelle S. 104 mit ein.

Wirtschaftliches Handeln und dessen Raumwirksamkeit ausgehend von der lokalen Ebene

Wirtschaftliches Handeln von Personen und Gruppen führt zu bestimmten Strukturen auf globaler, regionaler und lokaler Ebene; räumliche Disparitäten entstehen oder lösen sich auf. Wirtschaftliche Entwicklung lässt sich in Theorien und Modellen veranschaulichen, die u. a. den Weg von einer Agrar- zu einer Dienstleistungsgesellschaft erklären können oder Zyklen der Konjunktur erläutern.

1 Entwicklungszyklen der Wirtschaft in Bezug zur Raumentwicklung

1.1 Der Kondratieffzyklus

Die **industrielle Revolution** führte zu einer völligen Umorganisation der Gesellschaft. Auslöser waren bahnbrechende technische **Basisinnovationen**, von denen ausgehend Zukunftsbranchen mit **Schlüsseltechnologien** entstanden – mit revolutionären Folgen für die gesamte Wirtschaft und Gesellschaft.

Neue Wirtschaftszweige mit hohem Wachstum eröffnen für Jahrzehnte ein gewaltiges Nachfragepotenzial, schaffen neue Märkte, erreichen große Anteile an der industriellen Gesamtproduktion, sorgen für zahllose Arbeitsplätze und neue Infrastrukturen. Sie fordern sowohl gesellschaftliche Veränderungen im Bildungswesen – Nachfrage nach neuen Qualifikationen – als auch Anpassungen im Rechts- und Sozialsystem. Erschöpft sich nach Jahrzehnten das Innovationspotenzial und kommt es zu einer Marktsättigung, führt das zur wirtschaftlichen Rezession und Depression. Erst eine langfristig tragfähige Basisinnovation sorgt für Aufschwung in einem neuen Konjunkturzyklus **(Kondratieffzyklus)**. Dabei steigt die Basislinie stets an, da nachfolgende Wellen auf bereits vorhandene Grundlagen, z. B. beim Know-how oder der Infrastruktur, aufbauen.

Das Modell der langen Konjunkturwellen mit einer Länge von etwa 50 Jahren, vom russischen Wirtschaftswissenschaftler Nicolai Kondratieff entwickelt, ist stark vereinfachend, zeigt aber anschaulich die langfristige wirtschaftliche Entwicklung.

Die Basisinnovationen der ersten langen Konjunkturwelle waren die **Dampfmaschine** und der mechanische **Webstuhl**. Die Dampfmaschine revolutionierte Bergbau, Eisen- und Stahlerzeugung und ermöglichte als idealer Antrieb des mechanischen Webstuhls die Massenproduktion von Textilien, vor allem auf der Grundlage von Baumwolle. Damit begann das Industriezeitalter.

Der Einsatz der Dampfmaschine für Transportmittel (**Eisenbahn** und **Dampfschiffe**) ermöglichte im zweiten Zyklus den **Massentransport** von Gütern und Menschen über weite Strecken. Das Zeitalter der Mobilität begann. In wenigen Jahrzehnten wurden neue engmaschige Infrastrukturnetze geschaffen, die den nationalen und globalen Handel revolutionierten. Die damit verbundene hohe Nachfrage nach **Stahl** und **Kohle** führte zum Ausbau der Schwerindustrie und des Maschinenbaus. Industriemächte wie England, Frankreich, Deutschland und die USA entwickelten sich.

Die dritte Welle basierte auf den Innovationen in der **Elektrotechnik** und der Chemie. Die Konsum- und Investitionsgüterindustrie blühte auf. Die Beherrschung der Elektrotechnik ermöglichte die Entwicklung des neuen Werkstoffes Aluminium. Die Nachfrage nach Elektrizität führte zu einer neuen Infrastruktur. Mächtige Großkonzerne wie Siemens oder AEG entstanden.

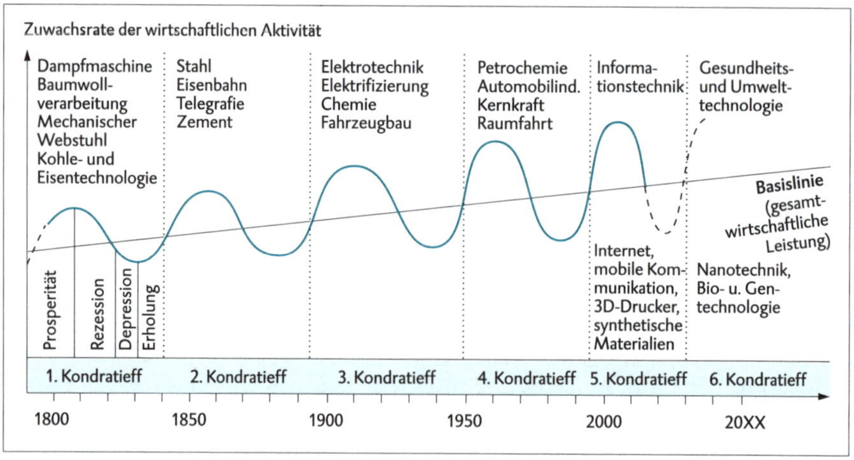

Die langen Wellen der Konjunktur und ihre Basis

Die **Petrochemie** (Treib- und Kunststoffe) und die **Automobilindustrie** führten nach dem Zweiten Weltkrieg zu einer neuen wirtschaftlichen Blüte und leiteten das Zeitalter des individuellen Massenverkehrs sowie des globalen Luftverkehrs ein. Die Kohle wurde von Erdöl als „Treibmittel" der Weltwirtschaft abgelöst. In den hoch industrialisierten Zentren USA, Europa und Japan wurden bisherige Kenntnisse und Technologien verbessert und umfassend angewandt. Der Dienstleistungssektor gewann immer mehr an Bedeutung und dominierte schließlich.

Träger der fünften Welle sind die **Informationstechnologien**. Computer, Microchip, Internet, mobile Kommunikation sowie neue Steuerungstechniken revolutionierten die Datenverarbeitung, die Informations- und Kommunikationstechnik sowie Abläufe und Verfahren im Industrie- wie Dienstleistungssektor. Die Gesellschaft wandelte sich von der Dienstleistungs- zur Wissens- und Informationsgesellschaft. Neue Technologien, ausgehend von den USA, Japan und der EU, ermöglichten die Globalisierung.

Betrachtet man die derzeitigen Forschungen, wird der nächste Zyklus von einer Weiterentwicklung der Elektronik und Informatik und den Branchen der **Gesundheits-**, **Umwelt-** und **Biotechnologie** getragen.

1.2 Die Sektoren der Volkswirtschaft

Die Wirtschaftsentwicklung von der Agrar- zur Dienstleistungsgesellschaft spiegelt sich auch in den Makrosektoren der Volkswirtschaft wider, in der Verteilung der Erwerbspersonen auf den **primären Sektor** (Land- und Forstwirtschaft, Fischerei), den **sekundären Sektor** (produzierendes Gewerbe, Bergbau und Industrie) und den **tertiären Sektor** der Dienstleistungen (Handel, Verkehr, Tourismus, Medien, Kommunikation, private und öffentliche Dienstleistungen).

Sektoren	I	II	III
1800	80,0	15,0	5,0
1880	42,2	35,6	22,2
1925	30,3	42,3	27,4
1960	13,4	48,5	38,1
1990	3,8	38,7	57,4
2010	2,1	24,4	73,5
2015	1,5	24,4	74,1

Verteilung der Erwerbspersonen auf die Sektoren der Volkswirtschaft in der Bundesrepublik Deutschland bzw. im Dt. Reich (in %)

Die Anteile der Sektoren an den Beschäftigten und am Bruttoinlandsprodukt (BIP) gelten als wichtige Indizien für die wirtschaftliche Entwicklung eines Landes und die Leistungsfähigkeit der einzelnen Wirtschaftsbereiche.

Der französische Wirtschaftswissenschaftler **Jean Fourastié** (1907–1990) entwickelte ein Modell, das die für die wirtschaftliche Entwicklung eines Landes typischen Veränderungen der Anteile der Wirtschaftssektoren an der Gesamtbeschäftigtenzahl beschreibt.

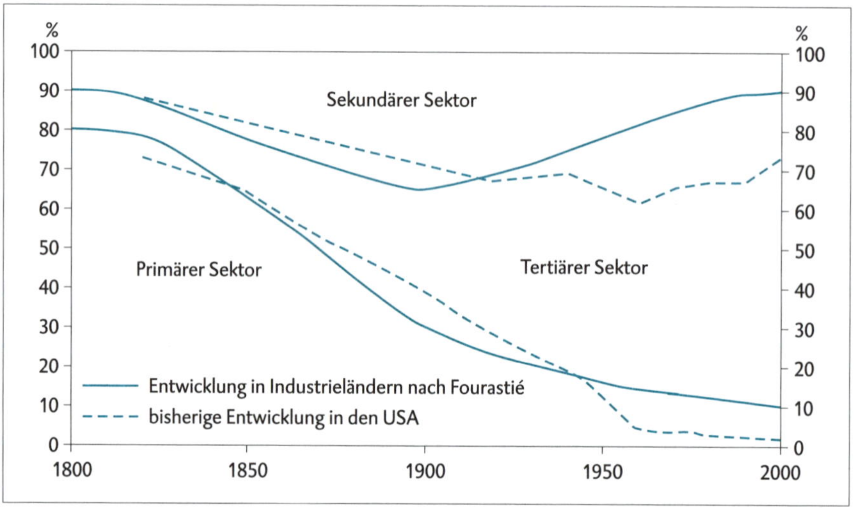

Das Modell von Fourastié

- **Phase 1:** In der vorindustriellen Zeit liegt der Anteil der Beschäftigten im primären Sektor bei ca. 80 %, was in etwa auch dem Anteil der sich weitgehend selbst versorgenden ländlichen Bevölkerung entspricht.
- **Phase 2:** Während der Industrialisierung geht der Anteil der Erwerbstätigen in der Landwirtschaft zurück und der Anteil der Industriebeschäftigten steigt. Damit ist eine zunehmende Konzentration der Bevölkerung in städtischen Räumen verbunden.
- **Phase 3:** Kennzeichnend ist der deutliche Rückgang der Beschäftigten im sekundären Sektor bei gleichzeitigem Zuwachs des tertiären Sektors (Tertiärisierung) und weiter abnehmendem Anteil der im primären Sektor Tätigen.

Inzwischen wurde dieses Modell erweitert zu einem „Vier-Sektoren-Modell“: Aus dem tertiären Sektor wurde der sogenannte **„quartäre Sektor“** ausgegliedert. Dieser umfasst anspruchsvolle Tätigkeiten aus dem Bereich der Informationsdienstleistungen oder auch aus den Bereichen Erziehung, Lehre, Forschung sowie Management. Diese Unterscheidung hat sich bisher aber nicht allgemein durchgesetzt.

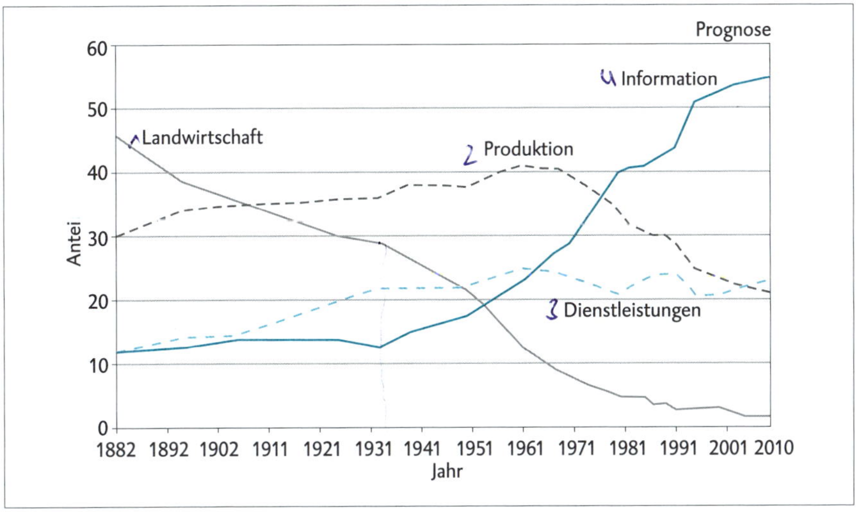

Das Vier-Sektoren-Modell: Anteil der „Sektoren" an der Gesamtzahl der Erwerbstätigen (in %)

Aufgabe 23 Beschreiben Sie die Entwicklung, die das „Vier-Sektoren-Modell" aufzeigt. Beziehen Sie dabei auch das Modell der Kondratieff-Zyklen mit ein.

2 Unternehmerische Standortwahl

Standortentscheidungen von Unternehmen wirken sich auf den Arbeitsmarkt und die Wirtschaftskraft einer Region entscheidend aus. Die Regionen haben deshalb ein Interesse an der Ansiedlung und Bestandspflege von Unternehmen.

2.1 Güter und Standorte der Produktion

Die Mittel zur Befriedigung menschlicher Bedürfnisse werden mit dem Begriff **Güter** bezeichnet. Will man Güter in einer Produktionsstätte herstellen, müssen folgende vier Faktoren sinnvoll zusammengeführt und kombiniert werden: Boden, Arbeit, Wissen und Kapital. In der Volkswirtschaft spricht man von den **Produktionsfaktoren**.

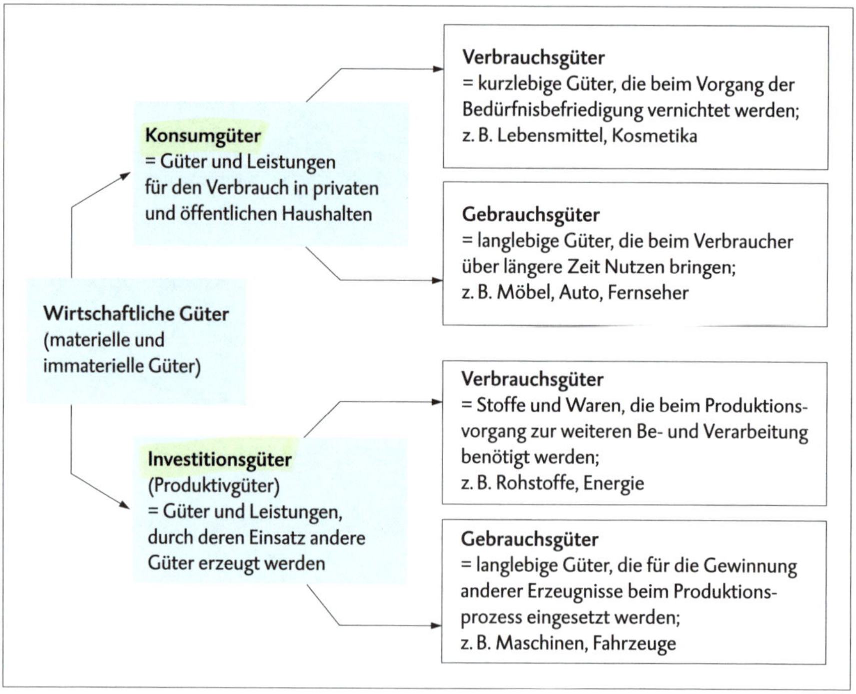

Volkswirtschaftliche Güter

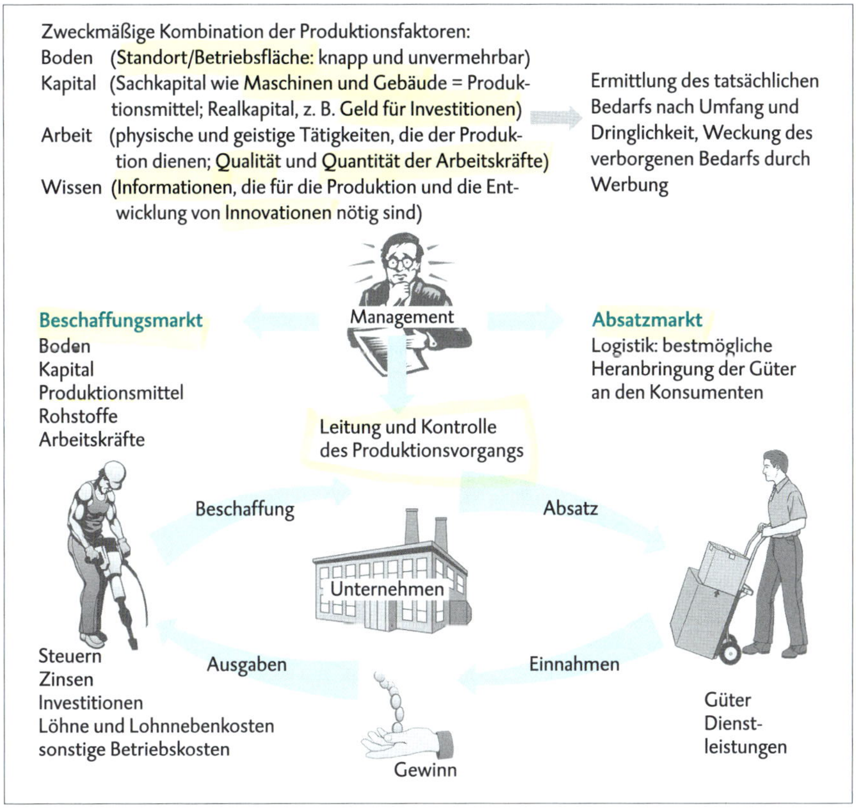

Produktionsfaktoren und Produktionsstätte

Die räumliche Verteilung der Industrie in einem Land ist nicht zufällig, sondern abhängig von den **Standortfaktoren** vor Ort. Nach heutiger Sicht sind nicht einzelne Produktionsfaktoren bei der Standortwahl eines Unternehmens entscheidend, sondern das Zusammenspiel zahlreicher Standortfaktoren. Die Bewertung dieser Faktoren erfolgt nach einer branchenspezifischen Prioritätenfolge. Man unterscheidet **harte Standortfaktoren**, die sich exakt messen lassen (z. B. Grundstückspreise und Lohnkosten), und **weiche Standortfaktoren**, die sich kaum quantifizieren lassen (z. B. Image eines Ortes). Beide Arten von Faktoren sind eng miteinander verknüpft und bedingen sich gegenseitig. So ist der harte Standortfaktor „Verfügbarkeit von qualifizierten Arbeitskräften“ oft eine Folge von Wohn- und Freizeitwert und dem Angebot von Schulen an einem Ort.

Standortfaktoren (Produktionsfaktoren)

Während früher die Unternehmen im Allgemeinen standortfest waren **(Persistenz)**, kommt es heute immer häufiger zu Standortverlagerungen. Für einen bestimmten Ort günstige Standortfaktoren können sich in wenigen Jahren so stark verändern, dass der Standort aufgegeben werden muss. Die möglichen Gründe sind vielfältig: Die Ansprüche des Marktes, das Konsumverhalten oder die wirtschaftspolitischen Rahmenbedingungen wandeln sich. Darauf muss dann die Produktion reagieren, z. B. mit Änderung der Fertigungsmethoden, was wiederum Auswirkungen auf verschiedene Standortfaktoren hat. Neue Kommunikationstechniken und neue Transportmöglichkeiten (z. B.

Containerisierung des Handels) haben die Kosten für Waren so stark gesenkt, dass Unternehmen unabhängig von einem bestimmten Standort werden. Es hat sich die sogenannte **Footloose Industry** entwickelt, für die es gleichgültig ist, wo sich ihre Produktionsanlagen befinden, und die vor allem mit angelernten Arbeitskräften auskommt. Dazu gehören Betriebe aus der Bekleidungs-, Elektro- oder Spielzeugbranche. Sie transportieren vorgefertigte Teile weltweit zu den Standorten mit den niedrigsten Lohn- und Lohnnebenkosten **(Billiglohnländer)** oder den geringsten Umweltauflagen. Oft werden die Güter als Halbfertigprodukte reimportiert oder an Drittländer exportiert.

Auch der **Produktlebenszyklus** kann Auswirkungen auf den Standort haben. Er lässt sich in vier Phasen gliedern, in denen die Relation zwischen den Kosten und den Erlösen stark differiert. Darüber hinaus ist ein deutlicher zeitlicher Unterschied bei der Übernahme einer Innovation in Abhängigkeit vom Entwicklungsstand eines Landes zu erkennen.

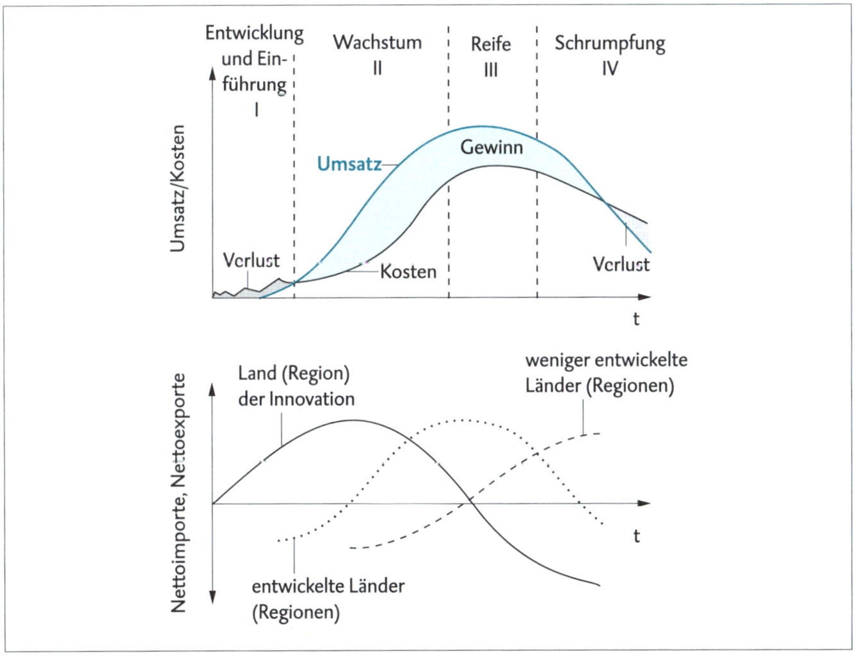

Produktlebenszyklus

- Die **erste Phase** ist geprägt von Verlusten infolge hoher Investitionen für die Entwicklung der Innovation, des Aufbaus einer Fertigung und der Erschließung eines Marktes. Die Produktionsmengen sind bis zur Etablierung des Produktes auf dem Markt gering.

- Die **zweite Phase** ist gekennzeichnet von Wachstum und Gewinn. Bei hohen Preisen wird das neue Produkt stark nachgefragt, was eine große Gewinnspanne garantiert. Die Produktion wächst bei hohen Exportüberschüssen.
- In der **dritten Phase** der Reife kommt es zur Absatzstagnation auf hohem Niveau. Die Produktionsanlagen sind ausgelastet, der Konkurrenzdruck nimmt zu, die Gewinnspanne wird geringer bei nachlassenden Preisen und Rationalisierungsinvestitionen.
- Die **vierte Phase** ist gekennzeichnet von der zunehmenden Sättigung des Marktes und einem Preisverfall. Die Produktion wird mehr und mehr unwirtschaftlich, weshalb eine Verlagerung in Billiglohnländer erfolgt. Technische Weiterentwicklungen oder Verbesserungsinnovationen können den Herstellungsprozess eines Produktes deutlich verlängern (vgl. Handy).

Hochwertige Produkte tolerieren höhere Lohnkosten und eine längere Produktionsphase in den entwickelten Regionen, bei niederwertigen Produkten erfolgt früher eine Verlagerung in Billiglohnländer.

2.2 Produktionskonzepte des modernen Unternehmensmanagements

Das zentrale Ziel eines jeden Unternehmens, die Gewinnmaximierung, zwingt große wie auch mittelständische Unternehmen zur ständigen Verbesserung ihrer Produktionsprozesse.

Zu Beginn der 1990er-Jahre verdrängten japanische Autokonzerne mit deutlich preiswerteren Fahrzeugen höchster Qualität ihre Mitbewerber aus den USA und besonders aus Europa von den Spitzenplätzen. Ein Vergleich der Autokonkurrenten zeigt, dass höhere Produktivität und Qualität bei effektiveren Produktionsabläufen zu diesem Erfolg führten. Die europäischen Konkurrenten begannen, ihre Produktion nach japanischem Vorbild umzustellen. Diese neue Produktionsstruktur setzte sich schnell in fast allen Industriebranchen durch: Zur **internen Flexibilisierung** gehören die Maßnahmen zur Produktivitätssteigerung und Kostensenkung, die innerhalb eines Unternehmens getroffen werden. Zur **externen Flexibilisierung** zählt man die Faktoren, die von außen kommen oder nach außen verlagert werden. Interne und externe Flexibilisierungsprozesse sind eng miteinander verzahnt.

Durchschnittswerte je Werk			
	Japan	USA	Westeuropa
Arbeitsstunden je Auto	16,8	25,1	36,2
Montagefehler je 100 Autos	60	82	92
Verbesserungs-vorschläge je Mitarbeiter	62	0,4	0,4
Abwesenheit aller Mitarbeiter in %	5,0	11,7	12,1
Mitarbeiter in Arbeitsgruppen in %	69,3	17,3	0,6
Einarbeitung neuer Mitarbeiter in Stunden	380	46	173

Autokonkurrenten zu Beginn der 1990er-Jahre

Um die Ziele der internen Flexibilisierung zu erreichen, werden neue Fertigungstechnologien eingesetzt wie Roboter und vollautomatische Fertigungsstraßen. Hinzu kommen neue Formen der betriebsinternen Arbeitsorganisation, z. B. **Lean Production**. Unter dieser „schlanken Produktion" versteht man die Optimierung und Verkürzung von Produktionsabläufen. Dazu gehört z. B. eine Verringerung der Fertigungstiefe, d. h. des Anteils der in einem Betrieb selbst entworfenen und produzierten Bauteile. In der Automobilindustrie hat sich die Fertigungstiefe von gut 80 % im Jahr 1970 auf unter 30 % im Jahr 2010 verringert. Das wurde erreicht, indem man große Teile der Produktion wie auch der innerbetrieblichen Dienstleistungen (Reinigung, Wachdienste, Buchhaltung etc.) auslagerte, wenn ein darauf spezialisiertes Unternehmen diese Aufgaben qualitativ besser und kostengünstiger erfüllen konnte. Dieses sogenannte **Outsourcing** setzt moderne, leistungsfähige Kommunikationsstrukturen voraus, um mit einem Netzwerk von Zulieferern kooperieren zu können. Zudem benötigt man eine minutiös abgestimmte Logistik, die Bauteile „just in time" oder „just in sequence" (vgl. unten) liefert. Früher musste ein Autohersteller Bauteile und Materialvorräte für eine Monatsproduktion auf seinem Betriebsgelände lagern. Da eine „Verschlankung" der Lagerhaltung zu einer Verringerung der Lagerkosten führt, werden heute die **Zulieferer** vertraglich verpflichtet, die notwendigen Teile ans Band zu liefern, wenn sie benötigt werden. Diese Aufgabe sowie Verpackung und Transport werden von speziellen Logistikfirmen übernommen.

Von den Zulieferfirmen werden aus Effektivitätsgründen nicht mehr einzelne Bauteile, sondern fertig montierte, komplexe Module an die Endmontage geliefert und so vorsortiert, dass sie jeweils zu den gerade über das Montageband laufenden Autos passen. Man nennt das **just in sequence** oder produktionssynchrone Lieferung. Dieses System spart dem Konzern nicht nur Lager- und Personalkosten, es verringert auch die Durchlaufzeiten und ermöglicht eine äußerst flexible Produktion – jeder Kundenwunsch kann berücksichtigt werden. Auf der anderen Seite führt es zu zusätzlichen Belastungen für die Zulieferer und erhöht das Verkehrsaufkommen, was erhebliche Folgekosten für den Straßenbau mit sich bringt und wegen der daraus resultierenden Umweltschäden zulasten der Allgemeinheit geht.

Die **Just-in-time-Produktion** (Zulieferung von Waren und Halbfertigprodukten exakt zum Zeitpunkt des Bedarfs) ist nur bei einer reibungslos funktionierenden Logistik sinnvoll. Da jedoch das erhöhte Verkehrsaufkommen zu ständigen Staus und verzögerten Lieferungen führt, haben bereits verschiedene Zulieferer Materiallager oder Produktionsstätten in unmittelbarer Nähe **(Re-Agglomeration)** oder auf dem Gelände des Autokonzerns **(territoriale Integration)** errichtet.

Anlieferung „just in time“ bzw. „just in sequence“

just in time: Die richtige Menge, zum richtigen Zeitpunkt, am richtigen Ort.

just in sequence: Die richtige Menge, in der richtigen Reihenfolge, zum richtigen Zeitpunkt, am richtigen Ort.

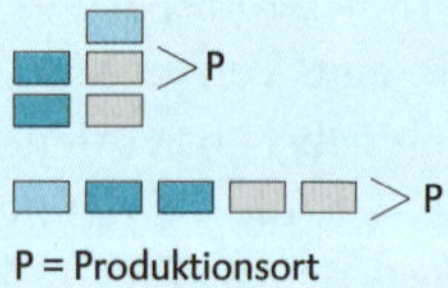

So wird z. B. bei der Produktion des Kleinwagens **Smart** in Hambach/Frankreich auf folgendes Fertigungskonzept gesetzt: Das Auto wird in der Endmontage aus wenigen vormontierten Modulen zusammengesetzt. Diese werden von den Systempartnern (Zulieferern) im Verfahren des **Simultaneous Engineering** entwickelt und direkt vor Ort auf dem Werksgelände produziert. Etwa 70 % der Smart-Komponenten werden nach diesem Prinzip geliefert, die übrigen Teile kommen „just in time“ ans Montageband. Durch eine perfekt durchkomponierte Lean Production dauert die Montage eines Smart nur noch acht Stunden (andere europäische Automobilbauer brauchen für einen Pkw im Schnitt 25 Stunden).

Beim **Simultaneous Engineering** wird ein Produkt arbeitsteilig, aber gemeinsam von einem Konzern und seinen Partnerfirmen/Zulieferern konzipiert, die dafür nötigen Werkzeuge und Produktionseinrichtungen entwickelt, der Einkauf, Materialfluss und das nötige Kapital organisiert sowie Personal geschult. Auch die Geschäftsbereiche Werbung, Marketing und Absatz werden einbezogen. Die Entwicklungskosten und Risiken werden gemeinsam getragen. Oft schließen sich für ein solches Projekt die wirtschaftlich selbstständigen Unternehmen mittels moderner Kommunikationssysteme zu einem Verbund zusammen: **virtuelles Unternehmen** (vgl. Abb. S. 122).

Bei der schlanken Produktion werden auch Managementhierarchien gestrafft und Verantwortung delegiert; der einzelne Mitarbeiter bekommt komplexere Aufgaben **(Job Enlargement)** und arbeitet in **Teams**. Diese regeln nicht nur den Arbeitsablauf in seinen Teilschritten, sondern auch z. B. Freischichten und Urlaub selbst. Der einzelne Mitarbeiter übernimmt nicht mehr nur die Rolle des ausführenden Organs; verlangt werden eigenverantwortliches Arbeiten und Mitdenken. Dabei werden hohe Anforderungen an die berufliche Qualifikation gestellt, denn damit ein Team reibungslos funktionieren kann, muss jedes Mitglied jede Tätigkeit beherrschen. Deshalb müssen neue Mitarbeiter ein strenges Auswahlverfahren in einem Assessment Center sowie eine mehrmonatige Probezeit durchlaufen, in der neben den praktischen Fähigkeiten auch die Kommunikations- und Teamfähigkeit getestet werden. Denn vom Team werden die Arbeitsschritte und die Logistik selbst organisiert und festgelegt – mit dem Ziel, einen absolut gleichmäßigen Produktionsfluss in hohem Arbeitstempo auf der Produktionsstraße zu erreichen **(Kanban-System)**, damit das Just-in-sequence-System nicht ins Stocken gerät. Wichtig ist dabei eine strenge Ordnung und Disziplin am Arbeitsplatz: Werkzeuge haben ihren festen Platz. So werden unnötige Handgriffe vermieden, die Zeit und Geld kosten. Zudem übernimmt das Team die Qualitätskontrolle, ist verantwortlich für die Beseitigung und künftige Vermeidung von Fehlern (Null-Fehler-Toleranz). Ein Prämiensystem bietet Anreize zu technischen und organisatorischen Verbesserungen **(Kaizen-System)**.

Besonders effektiv ist die Teamarbeit in sogenannten **Fertigungsinseln**. Darunter versteht man geschlossene, selbstständig operierende Einheiten innerhalb eines Betriebs, die mit dem notwendigen Personal und allen Betriebsmitteln ausgestattet sind, um komplexe Bauteile und Endprodukte herzustellen. In der konventionellen Produktion durchläuft ein Werkstück nacheinander verschiedene Abteilungen, das ist zeitaufwändiger und fehleranfälliger.

Traditionelle Arbeitsorganisation	Teamarbeit
Bestimmung der Arbeitszeit und Umorganisation bei Ausfallzeiten durch Vorgesetzte	Organisation der Arbeitszeit und der Ausfallzeiten durch das Team selbst
Festlegung der Auftragsfolge durch Fertigungssteuerung	Eigenverantwortliche Feinsteuerung durch das Team
Rationalisierung durch Fertigungsplaner	Kontinuierliche Verbesserung aus eigenem Antrieb (Erfolgsprämien)
Teileversorgung durch Logistik	Materialabruf nach Bedarf des Teams
Instandhaltung der Maschinen durch Reparaturabteilung	Vorbeugende Instandhaltung durch das Team aus eigenem Interesse
Qualitätssicherung durch Spezialisten (= Kontrolle)	Qualitätssicherung durch das Team selbst (= Eigenverantwortung und Integration)

Vorteile der Teamarbeit

Die abwechslungsreiche Teamarbeit führt, auch infolge des Gruppendrucks, zu geringeren Krankheitsraten und einer höheren Produktivität bei geringerer Personalstärke. Kritiker sprechen von einer „Optimierung der Selbstausbeutung".

Der Vorteil von Arbeitszeitmodellen wie Arbeitszeitkonten besteht darin, dass durch flexible Betriebszeiten die Produktion an eine schwankende Nachfrage angepasst werden kann.

Zur externen Flexibilisierung gehört auch, dass Firmen gegebenenfalls als **Global Player** agieren, die das weltweite Angebot auf dem Beschaffungsmarkt nutzen oder Teile der Produktion in **Niedriglohnländer** auslagern. Man spricht dann vom **Global Sourcing**. Die moderne Kommunikation via Internet ermöglicht weltweit einen Informationstransfer in Sekundenschnelle sowie eine globale Nutzung von Forschungen und Entwicklungen. Werden Niedriglohnländer zu „verlängerten Werkbänken" der Industriestaaten, geschieht das meist auf Kosten heimischer Arbeitsplätze.

2.3 Tertiärisierung der Wirtschaft

Die Umstrukturierungsprozesse in der Industrie führten auch zu einer Verschlankung der Personaldecke, denn mit dem Outsourcing bestimmter Arbeitsfelder wurden ebenfalls die damit verbundenen Arbeitsplätze an spezialisierte Dienstleistungsunternehmen ausgelagert. Mit dem Abbau von Arbeitsplätzen in der Industrie geht also teilweise die Schaffung neuer Arbeitsplätze im Dienstleistungssektor einher. So konnte sich der Bereich der **unternehmensorientierten Dienstleistungen** besonders stark entwickeln. Viele Arbeitsfelder, die früher von den Industrieunternehmen selbst abgedeckt wurden, wie Reparaturen, Gebäudereinigung, Kantinen und Transporte, werden inzwischen von hoch spezialisierten Dienstleistungsfirmen übernommen. Seit einigen Jahren nehmen Dienstleistungen auch in der Forschung, Entwicklung und beim Marketing stark zu. Das Outsourcing dieser Leistungen an Fremdfirmen spart Kosten, da von deren Mitarbeitern bestimmte Aufgaben kostengünstiger erledigt werden als von Angestellten im eigenen Betrieb. Es kommt zu einer **Tertiärisierung** der Industrie.

Folglich ist der tertiäre Sektor der Volkswirtschaft sowohl von der Zahl der Erwerbstätigen als auch von seinem Anteil am BIP her zum bedeutendsten Wirtschaftsbereich geworden. Denn zusätzlich hat sich mit steigendem Wohlstand die Nachfrage nach **personenbezogenen Dienstleistungen** vergrößert, die von Privatpersonen konsumiert werden. Vor allem der Tourismus profitierte von dieser Entwicklung.

Da aber auch im Dienstleistungssektor Technisierungs- und Rationalisierungsprozesse stattfinden, z. B. Selbstbedienung an Tankstellen, Bank- und Fahrkartenautomaten oder beim Onlineshopping, kommt es zum Verlust vieler einfacher Dienstleistungen. Deshalb können nicht alle in der Industrie freigesetzten Arbeitnehmer einen neuen Arbeitsplatz im Dienstleistungssektor finden, sodass die Arbeitslosigkeit insgesamt stark gestiegen ist. Arbeit ist in den Industrieländern zu einem knappen Gut geworden. Dies wird auch daran deutlich, dass sich viele Firmen auf ein fest angestelltes Stammpersonal beschränken, das für die durchschnittliche Produktion ausgelegt ist. Bei stärkerer Auslastung werden von Personaldienstleistern **Leiharbeiter** angefordert, deren Arbeitsverträge geringer dotiert und zeitlich befristet sind. In Krisenzeiten kann diesen Arbeitnehmern problemlos gekündigt werden. Trotzdem ist die Motivation der Leiharbeiter in der Regel hoch, da sie auf eine feste Anstellung bei den Firmen hoffen.

Das Internet ermöglicht einen schnellen Informationsaustausch in der Forschung und Entwicklung, sodass auf verschiedenen Kontinenten gleichzeitig an einem Projekt gearbeitet werden kann. Diese rasante Entwicklung der Informations- und Kommunikationstechnologie bringt einen umfassenden gesellschaftlichen und wirtschaftlichen Wandel zur **Informationsgesellschaft** mit sich. Hier werden neuartige Arbeitsplätze geschaffen: Bei der **Telearbeit** arbeiten die Beschäftigten nicht mehr im Betrieb, sondern sind via Telefon, Fax und Internet von einem ausgelagerten Büro oder häuslichen Arbeitszimmer aus mit ihrer Firma verbunden. Von der einfachen Büroarbeit bis zur Steuerung von Maschinen durch Spezialisten erfolgen die Arbeitsprozesse online.

Für immer mehr Firmen wird **Electronic Commerce/Electronic Business** zum Alltag. Diese Begriffe umfassen die gesamten Geschäftsprozesse von der Entwicklung über die Fertigung bis zum Vertrieb.

Virtuelle Fabriken

Eine **virtuelle Fabrik** basiert auf einem interdisziplinären stabilen Netzwerk ausgewählter Unternehmen. Fachleute erstellen in Kooperation Produkte und Dienstleistungen. Mit der Schnelligkeit der kleinen und den Möglichkeiten der großen Partner können in kürzester Zeit optimale Lösungen gefunden werden. Das enorme Potenzial der virtuellen Fabrik hilft, die Kapazitäts- oder Kompetenzengpässe eines Unternehmens zu überwinden, und gestattet das kurz-, mittel- oder langfristige Outsourcing von Produkten und Dienstleistungen. Die folgende Abb. verdeutlicht dies am Beispiel der „Virtuellen Fabrik Bodensee".

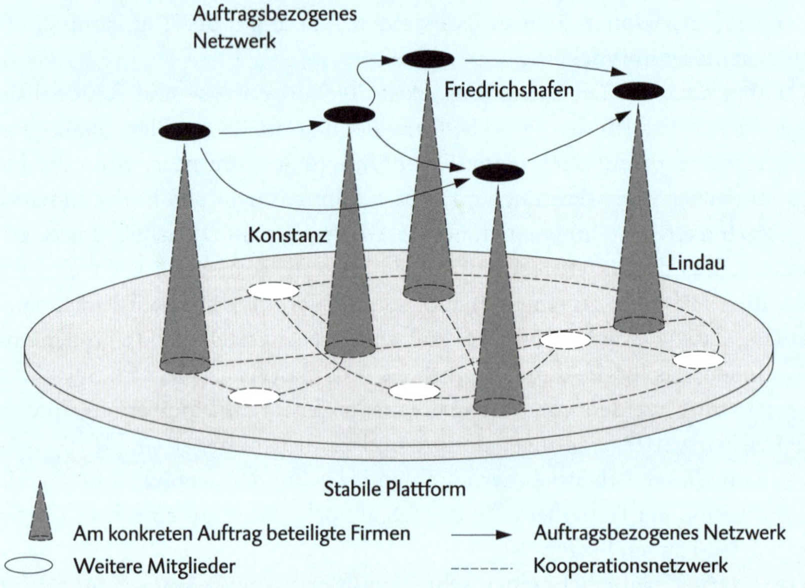

Virtuelle Fabriken

Zahlreiche wirtschaftlich eigenständige mittelständische Unternehmen haben sich zu Verbundnetzen und **virtuellen Unternehmen** zusammengeschlossen, um einzelne Geschäfts- und Produktionsprozesse wie Entwicklung, Fertigung, Finanzierung, Werbung und Marketing effektiver nutzen zu können. Der private Verbraucher nutzt vor allem das Onlineshopping und Onlinebanking.

Räumliche Nähe spielt dabei aufgrund der digitalen Informationsübertragung keine Rolle. Prozesse können rund um den Globus verteilt und ununterbrochen koordiniert werden.

2.4 Standorte des tertiären Sektors

Grundsätzlich gelten für den Dienstleistungssektor die gleichen Standortfaktoren wie für industrielle Unternehmen. Ihre Gewichtung ist jedoch stark von der Art der Dienstleistung abhängig.

Der Dienstleistungssektor konzentrierte sich in den Städten bzw. Ballungsgebieten. Nach traditionellem Grundmuster verteilten sich die Versorgungseinrichtungen für den täglichen und kurzfristigen Bedarf, also die konsumorientierten Dienstleistungen, über das gesamte städtische Gebiet, während sich hochrangige öffentliche, kommerzielle und kulturelle Dienstleister wie Verwaltungen, Versicherungen, Banken, Arzt- und Anwaltspraxen sowie der spezialisierte Einzelhandel in der Innenstadt/City konzentrierten.

Diese ursprüngliche Struktur hat sich durch Raumenge, verbunden mit gestiegenen Grundstückspreisen und der Mobilität der Bevölkerung, deutlich verändert: Der **Einzelhandel** sowie Groß- und Fachmärkte konzentrieren sich heute in verkehrsgünstiger Lage am Stadtrand. Oft wurden die neuen **Einkaufs- und Freizeitzentren** auf altindustrialisierten Flächen angesiedelt.

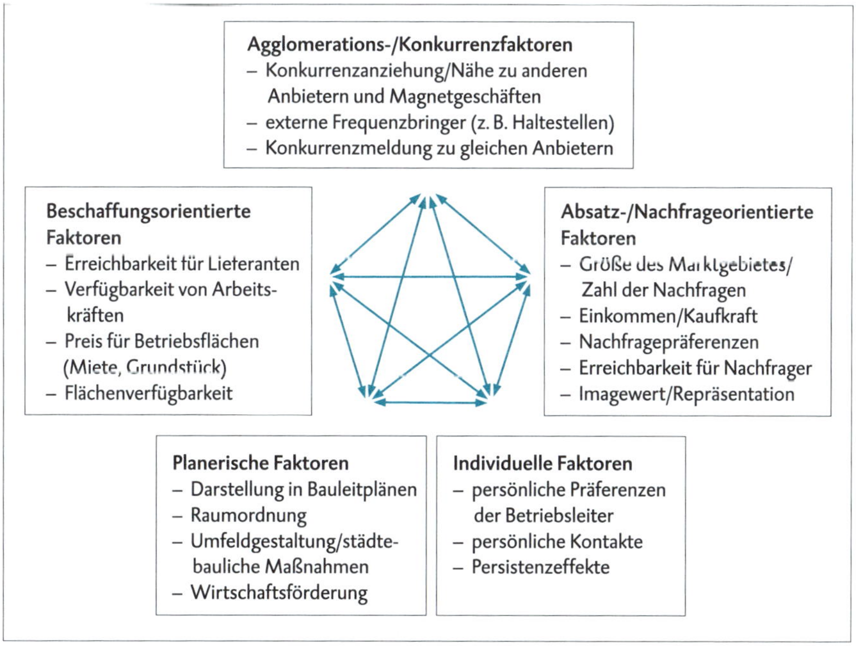

Standortfaktoren der konsumorientierten Dienstleister

Während konsumorientierte Dienstleistungsunternehmen in der Regel einen Standort mit deutlicher Absatzorientierung, Verkehrsgunst und Kundennähe wählen, suchen die unternehmensorientierten Dienstleister **Agglomerationsvorteile** in der Nähe wichtiger Kunden in den Gewerbe- und Industrieparks bzw. Bürovorstädten am Stadtrand. Bedeutende Standortfaktoren sind besonders ausgeprägte Verkehrsanbindungen und Kommunikationsstrukturen sowie ein großes Reservoir an qualifiziertem Personal. Wichtig ist zudem das **Image des Standortes**. So konnte sich z. B. Freiburg zum Zentrum für Umwelttechnologien mit entsprechend spezialisierten Dienstleistern entwickeln.

2.5 Neue Organisationsformen der Wirtschaft

Moderne Unternehmenskonzepte erfordern enge Kontakte zu spezialisierten Klein- und Mittelbetrieben und Instituten, die Technologien, Vorprodukte oder Dienstleistungen bereitstellen. Sie haben sich in geographischer Nähe zueinander angesiedelt und bilden branchenspezifische **Unternehmensnetzwerke**, die als **Cluster** (engl. Traube, Gruppe) bezeichnet werden (vgl. folgende Abbildung). Typisch für solche Cluster ist, dass innovative wissenschaftliche oder technische Institute und Großunternehmen Zentren bilden, um die sich kleine und mittelständische Unternehmen scharen. So können wissenschaftliche, technische und wirtschaftliche Kompetenzen vernetzt werden.

Die verbesserte Arbeitsteilung, der Know-how-Austausch unter den Partnern und der intensive Wettbewerb sind Gründe für die gesteigerte Innovationskraft der Cluster. Infolge der **Synergieeffekte**, d. h. der positiven Wirkungen, die sich aus dem Zusammenschluss bzw. der Zusammenarbeit von Unternehmen ergeben, gründen Ingenieure und Wissenschaftler häufig sogenannte **Spin-off-Betriebe**. In diesen entwickeln sie ihre Erfindungen zur Produktreife. Damit können einerseits Funktionen und Know-how aus den Stammunternehmen übernommen werden. Andererseits profitieren diese wiederum von den Errungenschaften der Spin-off-Betriebe. Oft ziehen die Spin-off-Firmen wieder neue, innovative Jungunternehmer an.

Cluster: Begriffsdefinition und Beispiel

Als **Cluster** bezeichnet man ein branchenspezifisches Netzwerk von

- innovativen wissenschaftlichen oder technischen Großunternehmen,
- deren Zulieferern (einschließlich Klein- und Handwerksbetrieben),
- Forschungs- und politischen Einrichtungen wie Hochschulen und Handelskammern,
- zugehörigen Dienstleistern (Ingenieurbüros, Designer, Spediteure, ...),

die in räumlicher Nähe zueinander und entlang einer **Wertschöpfungskette** angeordnet sind. Sie wurden erstmals von dem amerikanischen Ökonomen Michael E. Porter (* 1947) untersucht.

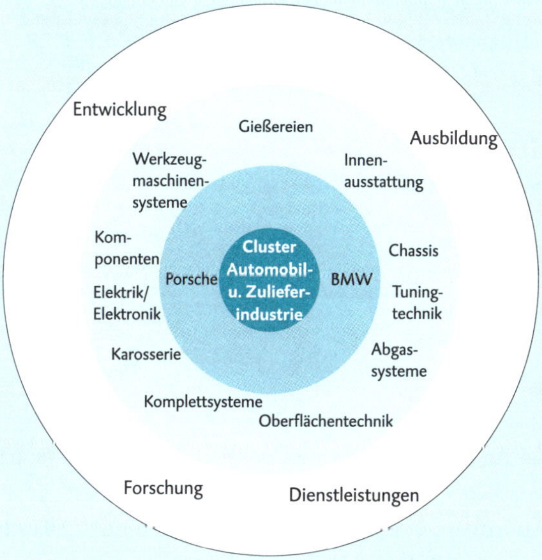

Nach Porter sind die Stufen der Produktion eines Gutes als geordnete Tätigkeiten (Entwurf, Herstellung, Vertrieb, Auslieferung, Wartung/Reparatur) zu verstehen. Diese Tätigkeiten verbrauchen Ressourcen, schaffen Werte und sind prozessual miteinander verbunden.

Beispiel für einen Cluster: Automobil- und Zulieferindustrie

2.6 Industrie und Umwelt

Grundsätzlich belasten industrielle Prozesse die Umwelt. Das reicht von der Gewinnung von Rohstoffen und Transporten über die eigentliche Produktion mit ihren Emissionen bis zur Entsorgung der Produkte. Bei der Verminderung industriell bedingter Umweltbelastungen entstehen Kosten für die Unternehmen. Trotzdem müssen sich Prosperität und nachhaltige Umweltpolitik nicht ausschließen. Die deutsche Umwelttechnologie ist weltweit führend.

Ökobilanzen sind systematische Analysen der Umweltwirkung eines Produkts während seines gesamten Lebenswegs, z. B. zur Ermittlung des **ökologischen Rucksacks**. Darunter versteht man die Mengen an Ressourcen, die bei

Herstellung, Gebrauch und Entsorgung verbraucht werden. Nur wenn man die Ökobilanz kennt, kann man wirksame Verbesserungsmaßnahmen vornehmen, die Ressourcen und Geld sparen. So ist heute die Kreislaufwirtschaft, bei der Rohstoffe wiederverwendet werden, selbstverständlich geworden. Das **Recycling** spart nicht nur Rohstoffe, es vermindert Eingriffe in den Naturhaushalt, entlastet Deponien und führt auch zur effizienteren Nutzung von Energie.

Ökologischer Rucksack: Begriffsdefinitionen

Der ökologische Rucksack eines Produkts ist definiert als die Summe aller in und aus der Natur bewegten Massen (= Materialinput/Materialinput inkl. Energie) bis zum verkaufsfertigen Produkt, vermindert um das Gewicht/die Eigenmasse des Produkts selbst (Einheit: kg oder t).

Der ökologische Rucksack von Dienstleistungen, die mithilfe der Nutzung von Gütern erbracht werden, ist die Summe der anteiligen Rucksäcke der eingesetzten technischen Mittel (z. B. Geräte, Fahrzeuge und Gebäude) vermehrt um die Summe des Verbrauchs an Material und Energie während der Nutzung.

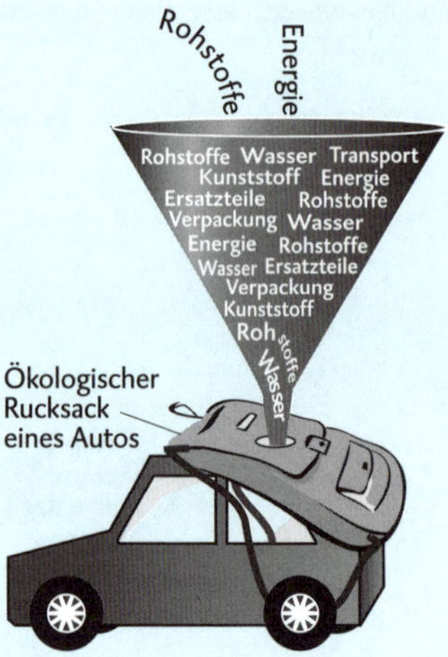

Industrie, Energiewirtschaft und Verkehr sind maßgeblich für die Freisetzung von Treibhausgasen verantwortlich. Das **Kyoto-Protokoll** von 1997 ist ein Instrument zur Senkung des Ausstoßes von Treibhausgasen. Die Industrieländer haben sich darin verpflichtet, von 2008 bis 2012 ihre Emissionen um durchschnittlich 5 % gegenüber dem Stand von 1990 zu verringern. Im Zeitraum 2013 bis 2020 beigetretene Parteien sagen zu, ihre Emissionen um durchschnittlich 18 % im Vergleich zu 1990 zu senken. Allerdings haben viele große Emittenten das Protokoll nicht unterzeichnet. Die **Europäische Union** hat sich bis 2020 folgende **Ziele** gesetzt:

- die Treibhausgas-Emissionen um 20 % gegenüber 1990 zu verringern,
- den Gesamtenergieverbrauch zu 20 % aus erneuerbaren Energiequellen zu decken
- und die Energieeffizienz um 20 % zu erhöhen.

Erreicht werden sollen diese Ziele v. a. durch folgende **Maßnahmen**:
- Die EU-Länder sind verpflichtet, erneuerbare Energiequellen zu fördern.
- Die Automobilindustrie muss die CO_2-Emissionen neuer Pkw und leichter Nutzfahrzeuge verringern.
- Die Industrie muss die Energieeffizienz von Maschinen und Haushaltsgeräten verbessern.
- Der Emissionshandel ist das zentrale Instrument für die Verringerung der industriellen Treibhausgasemissionen.

Beim **Emissionshandel** legen Zertifikate fest, wie viele Tonnen CO_2 ein Unternehmen emittieren darf. Firmen, die ihr Limit nicht ausnutzen, können nicht gebrauchte Zertifikate an Firmen verkaufen, die zu viel CO_2 ausstoßen. Der Preis richtet sich nach Angebot und Nachfrage. Wer ohne Lizenz emittiert, muss hohe Geldstrafen zahlen. So sollen Anreize geschaffen werden, in umweltverträgliche Technologien zu investieren und fossile Energieträger sparsam einzusetzen.

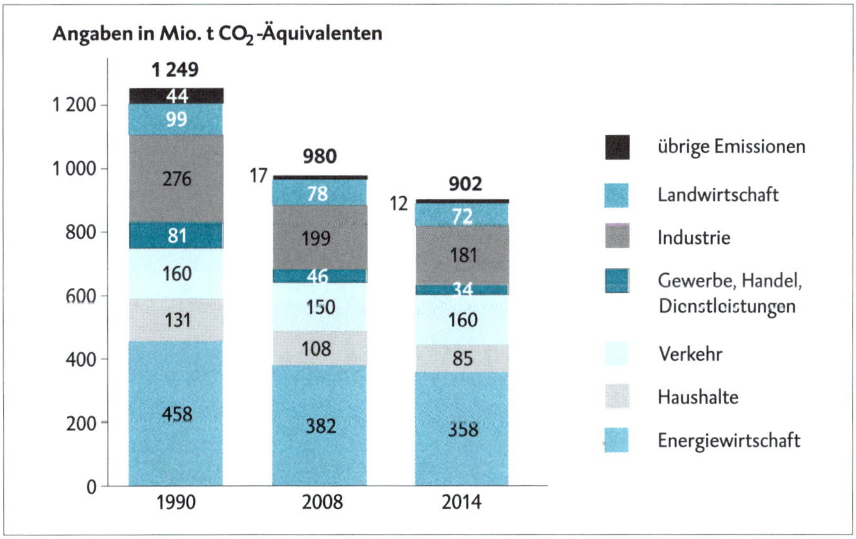

Entwicklung der Treibhausgasemissionen in Deutschland

Auf der **Pariser Klimaschutzkonferenz** im Dezember 2015 beschlossen 195 Länder das erste rechtsverbindliche weltweite Klimaschutzübereinkommen, das 2020 in Kraft treten soll. Die Länder einigten sich darauf, die CO_2-Emissionen deutlich zu senken (siehe S. 45, S. 61).

2.7 Verkehr – Voraussetzung für den Warenaustausch

Europa ist wie kein anderer Kontinent von einem überaus dichten **Verkehrsnetz** auf dem Land, zu Wasser und in der Luft durchzogen. Ein leistungsfähiges Verkehrsnetz ist eine wichtige Voraussetzung für den weltweiten Handel und die damit verbundene Globalisierung, neben einem engmaschigen Kommunikationsnetz und der Liberalisierung der Märkte.

Die Schaffung eines gemeinsamen Wirtschaftsraums mit ungehindertem Austausch von Waren und Dienstleistungen sowie die Osterweiterung der EU erforderten beispielsweise eine Harmonisierung der Verkehrssysteme sowie ein Schließen bestehender Lücken im Verkehrsnetz.

Die starke **Zunahme des Warenaustauschs** zwischen den europäischen Aktivräumen führte zu großen **Überlastungen der Verkehrsträger**. Zudem verteilten sich die enormen Verkehrszuwächse der letzten 20 Jahre sehr ungleich auf die verschiedenen **Verkehrsträger**.

	Binnenschiff	Eisenbahn	Lkw
Primärenergiebedarf im Güterverkehr (l Diesel je 100 tkm)	1,3	1,7	4,1
Emissionen (g/tkm)	33,4	48,1	164
Transportweiten (km/t bei gleichem Energieaufwand)	370	300	100
Transporteinheit (Massengut)	1 Schiffseinheit à 2 000 t	50 Waggons à 40 t	67 Lkw à 30 t
Personalbedarf (für gleiche Transportmenge)	1	6	20
Lebensdauer (in Jahren)	50	30	10

Verkehrsträger im Vergleich

Ein besonderer Schwerpunkt liegt auf dem **Straßenverkehr**. Die Vorteile individueller Freiheiten im Personenverkehr und das durch das Just-in-time-Liefersystem enorm gestiegene Transportvolumen führten in Europa zu einem gewaltigen Anwachsen des Fahrzeugbestandes. Deutschland leidet als **Transitland** in der Mitte Europas besonders unter der Verkehrsflut. Die Überlastung des Straßennetzes führt zu regelmäßigen Staus sowie zu wachsenden Umweltschäden durch Emissionen, Lärm und Landschaftsverbrauch. Die Situation erfordert dringend eine stärkere Verlagerung des **Güterverkehrs** von der Straße auf die umweltschonenderen und billigeren Verkehrsträger Bahn und Binnenschifffahrt. Die Rückverlagerung des Güterverkehrs auf die Schiene erweist sich jedoch als schwierig, denn „just in time" erfordert zeitgerechte Lieferung auch kleinerer Partien. Hier ist die Bahn besonders auf kurzen und mittleren Strecken zu langsam und unflexibel, im Nahverkehr ist sie oft nicht präsent.

Lange war das staatliche deutsche Autobahnnetz für jeden kostenfrei nutzbar. Um auch die ausländischen Spediteure an den Straßenerhaltungskosten zu beteiligen, wurde für die Benutzung von Autobahnen eine **Lkw-Maut** eingeführt. Die elektronisch erhobene Maut wird für den Straßenbau verwendet. So konnte auch die Benachteiligung des Schienenverkehrs, der seine Trasse selbst finanzieren muss, abgebaut werden. Eine Pkw-Maut ist im Gespräch.

CO_2-Emissionen im Nahverkehr

	Fahr-/Flugbetrieb	Bau/Unterhalt Fahrzeuge	Bau/Betrieb Infrastruktur	Gesamt
Pkw	146,6	10,4	8,9	165,9
Bahn	82,3	1,7	26,9	110,9
Linienbus	76,3	5,4	7,1	88,8

CO_2-Emissionen im Fernverkehr

	Fahr-/Flugbetrieb	Bau/Unterhalt Fahrzeuge	Bau/Betrieb Infrastruktur	Gesamt
Flüge (national)	233,7	< 0,1	26,8	260,5
Pkw	146,6	10,4	8,9	165,9
Bahn	50,1	0,5	20,0	70,6
Reisebus	31,1	1,9	5,0	38,0

CO_2-Emissionen pro beförderte Person und Kilometer in Deutschland in Gramm

Die EU-Leitlinien für ein transeuropäisches Verkehrsnetz zielen auf kompatible bzw. einheitliche Verkehrssysteme, die Straße, Schiene, Wasserwege und Luftfahrt optimal verknüpfen und regionale Disparitäten ausgleichen. Der **Containerverkehr** wurde im Zuge der Globalisierung unverzichtbar. Akzente liegen auch auf der Verkehrssicherheit und dem Umweltschutz. Heute spielt die Transportgeschwindigkeit eine entscheidende Rolle. Das erklärt die höchsten Wachstumsraten beim **Luftfrachtverkehr**, der bei hochwertigen, gewichtsarmen und verderblichen Gütern dominiert.

Verschiedene Ursachen führten zur Steigerung im **Personenverkehr**: Die Suburbanisierung und die Flexibilität des Individualverkehrs durch den Pkw verstärkten den Berufs- und Ausbildungsverkehr. Den größten Teil des Individualverkehrs macht allerdings der **Freizeitverkehr** aus, bedingt durch zunehmende Freizeit und einen gestiegenen Lebensstandard. Dazu gehört auch der stark gewachsene Urlaubsverkehr. Hier haben größere und leistungsfähigere Flugzeuge Flugreisen deutlich verbilligt, auch bei Fernreisen.

Die Entwicklungen im **Nachrichtenverkehr** von der Post zur Telekommunikation haben zu weitreichenden Veränderungen im Austausch von Informationen geführt und Geschäftsreisen oft überflüssig gemacht. Elektronische Informationssysteme ermöglichten leistungsfähige Transportketten und eine bessere Auslastung von Transportsystemen.

Aufgabe 24 Arbeiten Sie heraus, welche Standortfaktoren für die folgenden Betriebe jeweils von besonderer Wichtigkeit sind, und überprüfen Sie, ob Ihr Schulort ein geeigneter Standort für eines dieser Unternehmen wäre.

Ⓐ FIT & WELL ist ein globaler Dienstleister und Ausrüster für den Fitness- und Wellness-Bereich und sucht neue Standorte in Deutschland.

Ⓑ ELEMOBIL, Tochter eines indischen Autokonzerns, will ihr erstes Werk für umweltschonende Kleinwagen in der EU errichten.

Ⓒ ROBOMED, ein Unternehmen der Hightechmedizin, plant eine neue Produktionsstätte für 500 Mitarbeiter.

Aufgabe 25 Erläutern Sie anhand der Abbildung „Produktionsfaktoren und Produktionsstätte“ auf S. 113 die Überlegenheit japanischer Automobilhersteller zu Beginn der 1990er-Jahre.

Aufgabe 26 Begründen Sie kurz, weshalb die Industrie von den Schulen die Erziehung zur Team- und Kommunikationsfähigkeit fordert.

Aufgabe 27 Erklären Sie, weshalb sich der Bereich der unternehmensorientierten Dienstleistungen in den letzten Jahren so stark entwickelt hat.

Aufgabe 28 Der Computerhersteller Dell beschäftigt weltweit über 100 000 Mitarbeiter an Standorten auf verschiedenen Kontinenten. Darüber hinaus gibt es weltweit Kundenservicezentren für Beratung und technische Produktunterstützung.
Beschreiben Sie die Funktionsweise des Electronic Commerce anhand des Konzepts der Firma Dell.

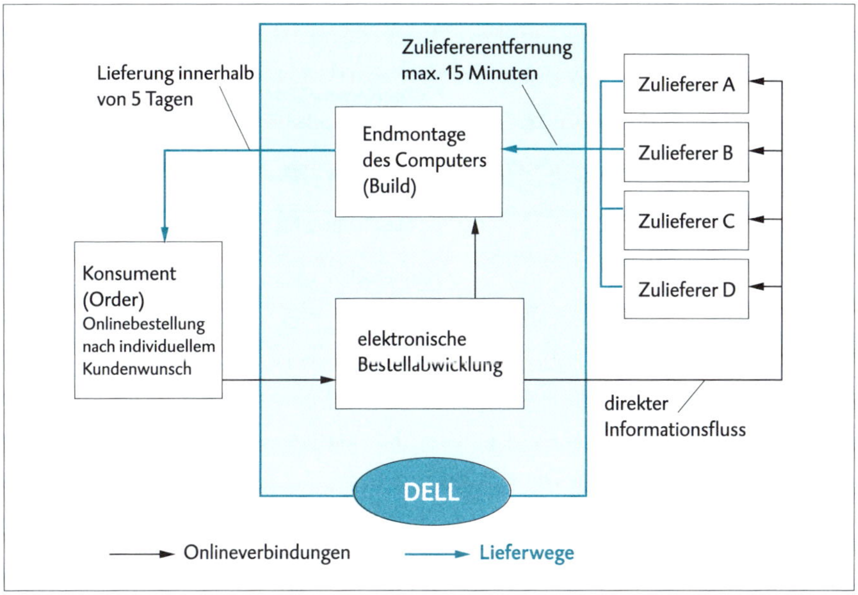

Das Electronic-Commerce-Konzept des Computerherstellers Dell

abe 29 **a** Untersuchen Sie anhand der folgenden Tabellen die Verkehrsentwicklung in Deutschland von 1995 bis 2013/2014.

Verkehrsträger	Personenverkehr (Mrd. Personenkilometer)	Verkehrsträger	Güterverkehr (Mrd. Tonnenkilometer)
Pkw	740	Lkw	245
ÖPNV	82	Bahn	72
Bahn	59	Binnenschiff	65
Flugzeug	25	Pipeline	16
		Flugzeug	1
Gesamt	906	Gesamt	399

Verkehrsaufkommen und Verkehrsträger in Deutschland 1995

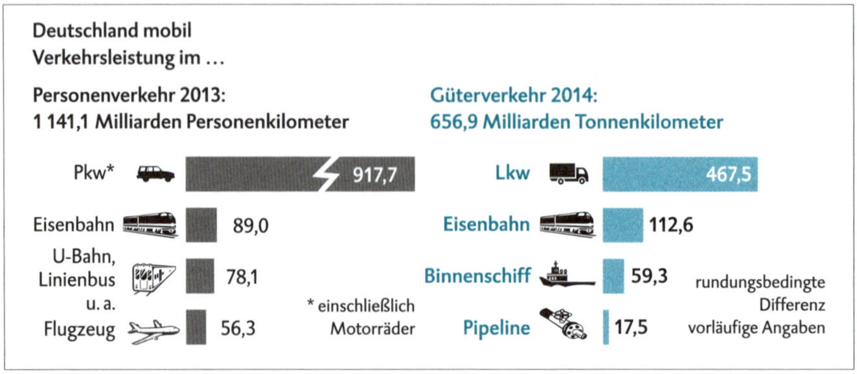

Verkehrsleistung nach Verkehrsträgern in Deutschland 2013/2014

b Erläutern Sie Ursachen und Folgen des verstärkten Verkehrsaufkommens für diesen Zeitraum in Deutschland.

Aufgabe 30 Busse befördern sowohl im Nah- als auch im Fernverkehr am umweltfreundlichsten. Erklären Sie, weshalb trotzdem der Pkw bevorzugt wird.

Wirtschaftsstrukturen und -prozesse auf regionaler und globaler Ebene

1 Wirtschaftsregionen in Deutschland

1.1 Wirtschaftsräumliche Disparitäten

Die Ermittlung wirtschaftsräumlicher Disparitäten erfolgt über den Vergleich der Wirtschaftsstärke der einzelnen Regionen bzw. Staaten. Als zentrale Kenngrößen dienen hierbei das **Bruttoinlandsprodukt (BIP)** bzw. das **Bruttonationaleinkommen (BNE)**, die **Arbeitslosenquote** oder das **verfügbare Haushaltseinkommen**.

Wichtige wirtschaftsstatistische Kenngrößen

- **Bruttoinlandsprodukt (BIP):**
  Wert aller Güter und Dienstleistungen (Bruttowertschöpfung), die über eine bestimmte Periode (meist ein Jahr) innerhalb der Landesgrenzen von einer Volkswirtschaft erwirtschaftet werden (Inlandsprinzip). Das BIP kann auch für bestimmte Regionen berechnet werden. Das BIP pro Kopf setzt die Werte zur Einwohnerzahl in Beziehung.
- **Bruttonationaleinkommen (BNE) – früher Bruttosozialprodukt (BSP):**
  Wert aller Güter und Dienstleistungen (Bruttowertschöpfung), die die Staatsbürger (ständiger Wohnsitz im Inland) einer Volkswirtschaft über eine bestimmte Periode (meist ein Jahr) erwirtschaftet haben. Dabei spielt es keine Rolle, ob die Einkommen im In- oder Ausland erwirtschaftet wurden (Inländerprinzip).
  Das BIP und das BNE werden oft nach **Kaufkraftparitäten** angegeben. Dabei wird berücksichtigt, wie viel die Bewohner eines Landes für eine bestimmte Warenmenge in ihrer jeweiligen Währung bezahlen müssen. Die statistischen Kenngrößen werden so international vergleichbarer.
- **Arbeitslosenquote:**
  Prozentualer Anteil der registrierten Arbeitslosen an der Gesamtzahl aller zivilen Erwerbspersonen (Summe aus allen Erwerbstätigen und Arbeitslosen).
- **Verfügbares (Haushalts-)Einkommen:**
  Betrag, der dem privaten Haushalt nach Abzug der direkten Steuern und Sozialversicherungsbeiträge vom Bruttoeinkommen für den Konsum zur Verfügung steht.

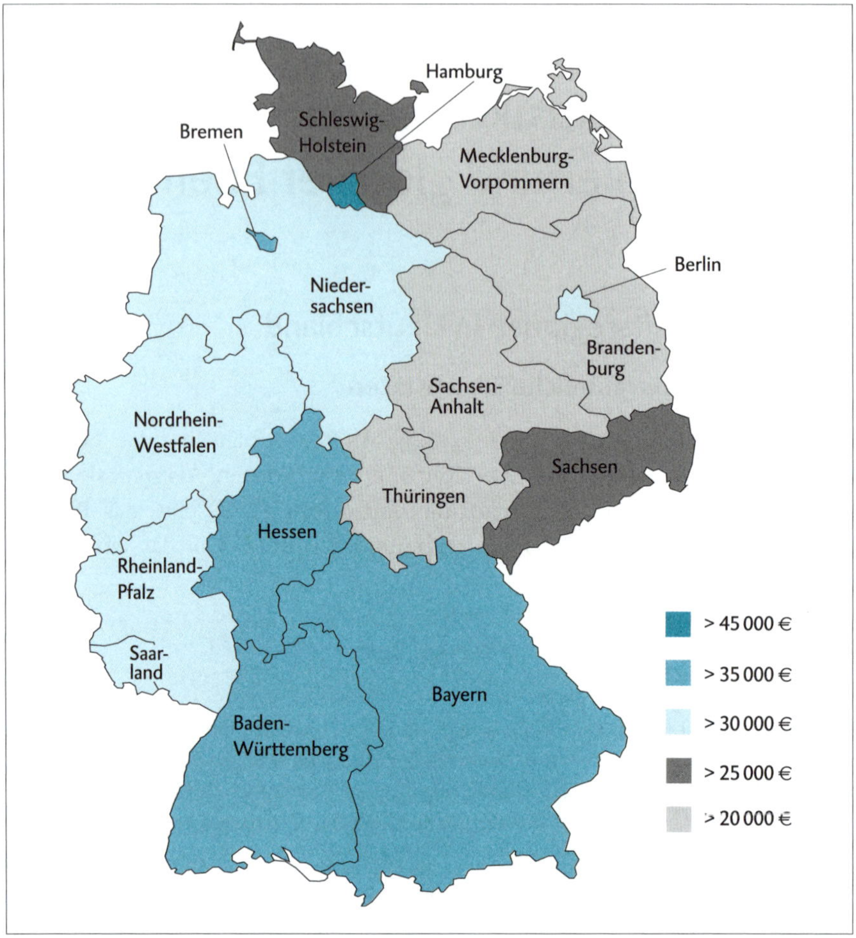

BIP pro Kopf (2014)

Im großräumigen Vergleich ist innerhalb der alten Bundesländer ein **Süd-Nord-Gefälle** sowie zwischen den alten und neuen Bundesländern ein **West-Ost-Gefälle** zu erkennen.

Die Wirtschaftsstärke der südlichen Bundesländer ist vor allem durch deren hohe Industriedichte (vgl. Kap. 1.2, S. 142) zu erklären, die für entsprechende Einnahmen und eine hohe Beschäftigungsquote sorgt.

Obwohl seit der Wende insgesamt ein Aufschwung erkennbar ist, weisen die neuen Bundesländer immer noch deutlich schlechtere Wirtschaftsdaten als die alten Bundesländer auf.

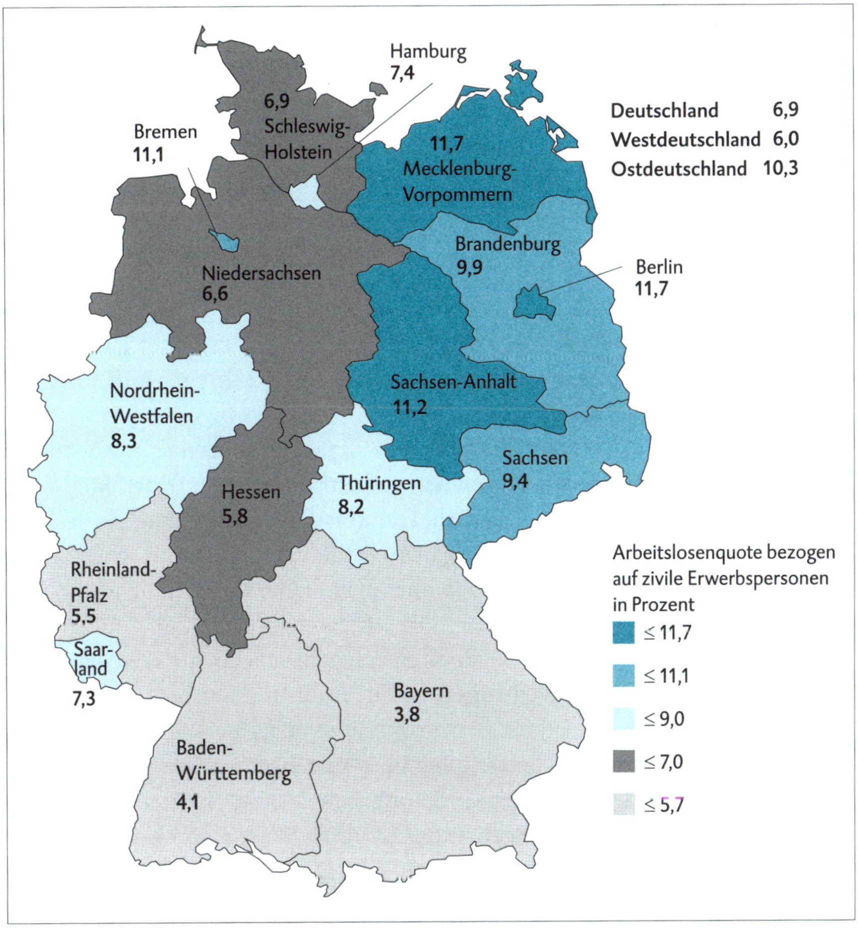

Arbeitslosenquote der Bundesländer (2013)

Der **Rückstand der neuen Bundesländer** wirkt bis heute als Erbe des ehemaligen DDR-Staates nach. Zum Zeitpunkt der Wende 1990 stand die DDR kurz vor dem Staatsbankrott und hinterließ einen international nicht konkurrenzfähigen Wirtschaftsraum. Die im planwirtschaftlichen System verstaatlichten Unternehmen konnten nur teilweise durch die Übernahme von westdeutschen Konzernen in die Privatwirtschaft überführt werden. Viele mussten aufgegeben werden. Arbeitslosigkeit und Abwanderung, vor allem junger und qualifizierter Arbeitskräfte, sind bis heute große Probleme vieler Regionen Ostdeutschlands.

	BIP pro Kopf in Euro		Arbeitslose in %	
	Alte Bundesländer	Neue Bundesländer	Alte Bundesländer	Neue Bundesländer
2000	27 677	18 348	7,6	17,1
2007	32 572	22 370	7,4	15,0
2013	36 280	25 895	6,0	10,3

BIP pro Kopf in Euro und Arbeitslosenquote in den alten und neuen Bundesländern

Neben den großräumigen Süd-Nord- bzw. West-Ost-Gegensätzen bestehen kleinräumige Disparitäten, z. B. zwischen Großstädten und eher ländlich geprägten Regionen oder generell zwischen Städten und ihrem Umland **(Zentrum-Peripherie-Gefälle)**.

Insgesamt sind die wirtschaftsstärksten Regionen an zentrale **städtische Agglomerationen** mit herausragendem Industrie- (z. B. Stuttgart, München) oder Dienstleistungssektor (z. B. Berlin, Frankfurt) gebunden; manche besitzen sogar beides (z. B. Dresden, Leipzig). Die struktur- und damit wirtschaftsschwachen Regionen befinden sich in eher peripheren und ländlich geprägten Räumen.

Die wirtschaftsräumlichen Disparitäten spiegeln sich ebenfalls in den großräumigen **Wanderungsbewegungen** wider. Aufgrund der besseren Arbeits- und Lebensbedingungen ist für die prosperierenden Regionen ein positives Wanderungssaldo und für die peripheren, strukturschwachen Regionen ein Wanderungsdefizit kennzeichnend. So ergeben sich in Deutschland großräumige Wanderungsbewegungen von Ost nach West und von Nord nach Süd. Das Abwandern von meist jungen und qualifizierten Arbeitskräften führt in den entsprechenden Räumen zu einer weiteren Schwächung der regionalen Wirtschaft.

1.2 Gliederung des deutschen Wirtschaftsraumes nach Sektoren

Landwirtschaft

Die geographische Lage in den **Mittelbreiten** schafft in Deutschland günstige Voraussetzungen für die agrarische Nutzung. Das Klima ist, von regionalen Ausnahmen abgesehen (z. B. höhere Lagen der Mittelgebirge), durch milde bis mäßig kalte Winter und mäßig warme bis warme Sommer gekennzeichnet. Außerdem fallen über das Jahr hinweg ausreichend Niederschläge für eine rentable Landwirtschaft.

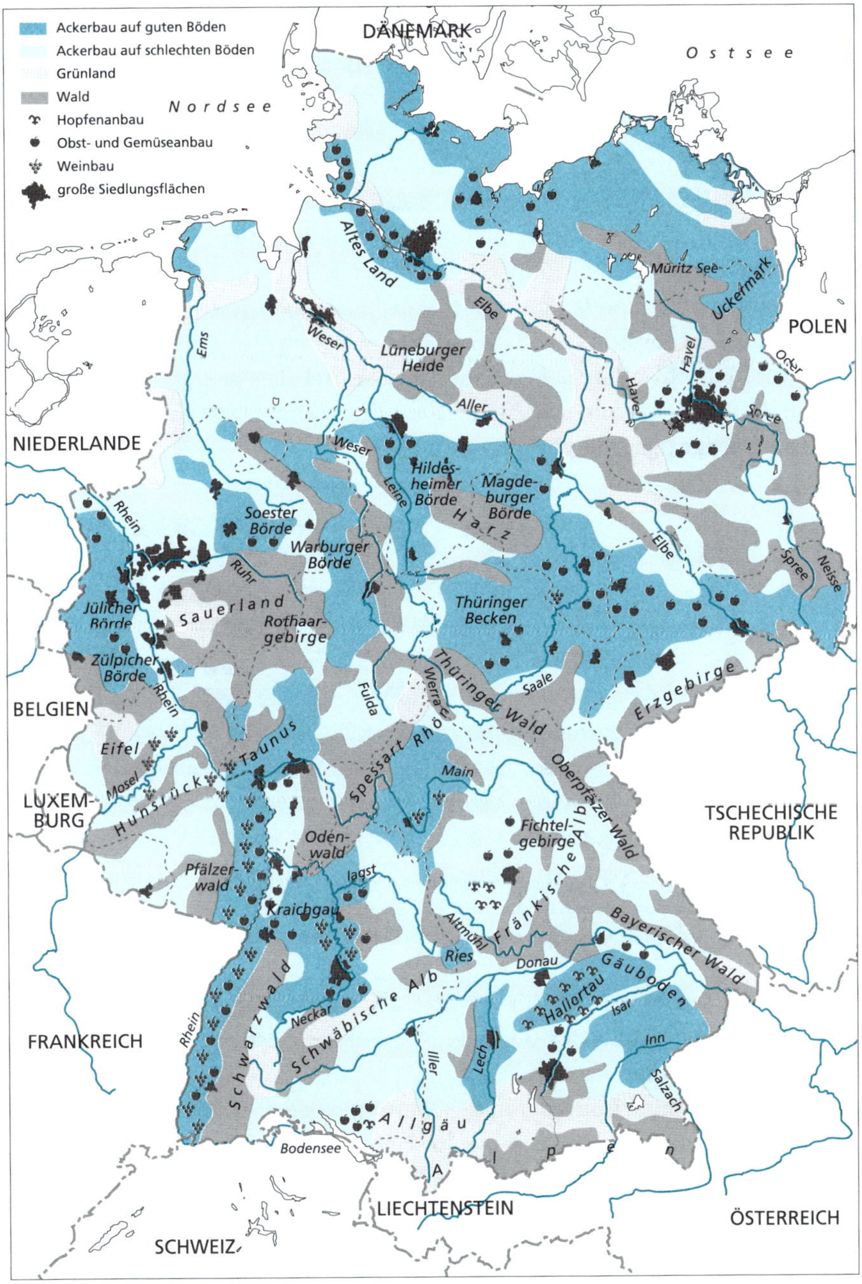

Landwirtschaft in Deutschland

Neben den klimatischen Bedingungen entscheidet die Qualität der Böden über die Art der landwirtschaftlichen Nutzung. Beispiele für die Anpassung der landwirtschaftlichen Nutzung an die natürlichen Voraussetzungen sind die Sonderkulturen (Obst und Gemüse) im klimabegünstigten Südwesten, der Anbau anspruchsvoller Kulturen (z. B. Zuckerrüben oder Weizen) in den fruchtbaren Bördegebieten oder die Grünlandwirtschaft auf den geringmächtigen Böden der niederschlagsreichen Mittelgebirgsregionen.

Obwohl die deutsche Landwirtschaft nur noch knapp 1 % zur Bruttowertschöpfung beiträgt und lediglich noch knapp 2 % der Erwerbstätigen stellt, ist sie eine der leistungsstärksten Europas und macht knapp 50 % der Flächennutzung in Deutschland aus. Mehr als vier Fünftel des deutschen Bedarfs an Lebensmitteln kommen aus heimischer Erzeugung. Das entspricht einem **Selbstversorgungsgrad von rund 85 %**.

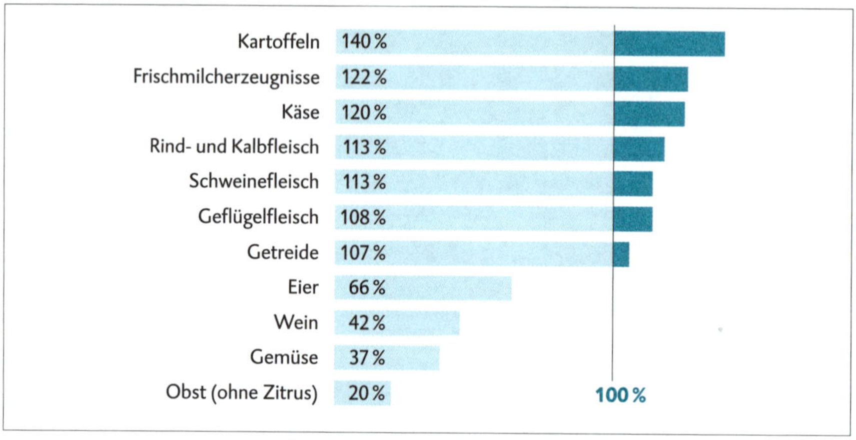

Durchschnittlicher Selbstversorgungsgrad Deutschlands bei ausgewählten Produkten (2010 – 2012)

Die deutsche Landwirtschaft nimmt im EU-Vergleich vor allem im Bereich der Tierhaltung eine Spitzenposition ein. Nirgendwo sonst in Europa wird mehr Milch und Schweinefleisch hergestellt. Dies hat zur Folge, dass 60 % der landwirtschaftlichen Flächen für den Futtermittelanbau (z. B. Mais) genutzt werden. Für den menschlichen Verzehr werden, neben den tierischen Produkten, vor allem Brotgetreide, Kartoffeln, Zuckerrüben sowie Obst und Gemüse produziert.

Durch den technischen Fortschritt und den gestiegenen internationalen Konkurrenzdruck sowie die damit verbundenen weitreichenden **Modernisierungs-, Rationalisierungs- und Spezialisierungsmaßnahmen** haben sich die Strukturen der deutschen Landwirtschaft in den letzten Jahrzehnten grundlegend verändert. Insgesamt nimmt die Zahl der Betriebe und Beschäftigten ab, gleichzeitig ist die Menge der erzeugten Produkte aber stark gestiegen. Dies ist damit zu erklären, dass die verbliebenen Betriebe größer und leistungsfähiger geworden sind. Vor allem kleinere landwirtschaftliche Betriebe können mit der kapitalintensiven Entwicklung nicht mithalten. Viele Landwirte sind daher auf eine zusätzliche Einnahmequelle, oft außerhalb der Landwirtschaft, angewiesen oder müssen ihre Betriebe sogar ganz aufgeben. Mittlerweile bewirtschaften knapp 50 % der deutschen Landwirte ihren Betrieb im **Nebenerwerb**.

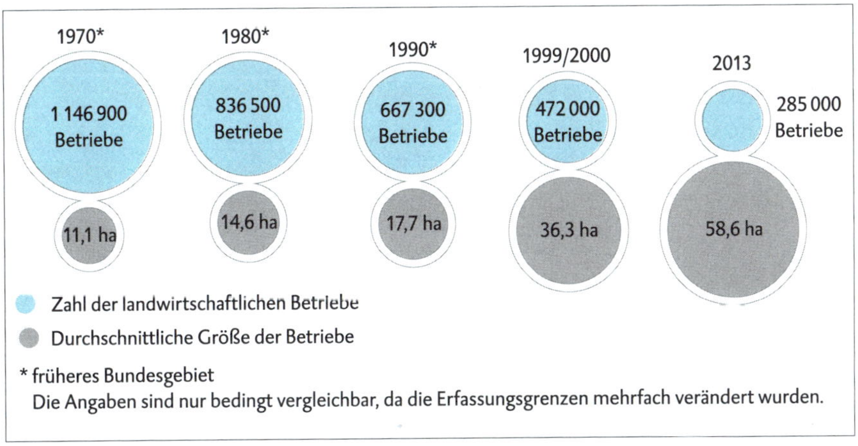

Veränderung der Betriebsgrößen und landwirtschaftlichen Nutzflächen von 1970 bis 2013

Wenngleich die obenstehende Abbildung insgesamt eine Zunahme der landwirtschaftlichen Großbetriebe dokumentiert, muss regional stark differenziert werden: Landwirtschaftliche Großbetriebe mit entsprechender Flächenausstattung und höherem Viehbesatz sind vor allem in Ostdeutschland anzutreffen. Weiterhin nehmen die Betriebsgrößen von Nord nach Süd ab. Diese regionalen Unterschiede haben historische Gründe. Die **Dominanz der Großbetriebe in den neuen Bundesländern** ist auf die DDR-Zeit zurückzuführen. Der sozialistische Staat fasste seine Agrarbetriebe in sogenannten **Landwirtschaftlichen Produktionsgenossenschaften (LPGs)** zusammen. Diese Kollektivwirtschaften waren Staatsbetriebe mit großer Flächenausstattung. Nach der Wende im Jahr 1990 wurden diese zwar umstrukturiert und in eine neue Rechtsform überführt, blieben aber als Großbetriebe erhalten. Das **Nord-Süd-Gefälle der Betriebsgrößen** kann durch die traditionellen Erbgewohnheiten erklärt werden. Während in Norddeutschland in der Regel die Betriebe ungeteilt in den Besitz des ältesten Sohnes übergingen **(Anerbenrecht)**, wurde in den meisten Regionen Südwestdeutschlands (ausgenommen z. B. der Hochschwarzwald als „Anerbengebiet") der Agrarbesitz unter den Erben aufgeteilt **(Realteilung)**. Dazu kommt, dass in vielen Regionen Südwestdeutschlands aufgrund der Klimagunst Sonderkulturen mit geringerem Flächenbedarf angebaut werden können.

In jüngerer Vergangenheit waren im deutschen Agrarsektor vor allem zwei grundlegende Entwicklungen zu beobachten. Zum einen die gestiegene Bedeutung des Anbaus von **Energie- und Industriepflanzen** und zum anderen das stetige Wachstum des **ökologischen Landbaus**:

- Die Energiepflanzen nehmen mittlerweile rund ein Achtel der Anbauflächen in Anspruch. Biomasse findet zunehmend als Energieträger Verwendung und deckt rund 8 % des deutschen Primärenergiebedarfs. Neben der Herstellung von Biokraftstoffen und Biogas wird die industrielle Nutzung von Pflanzen immer wichtiger. Diese dienen als Ausgangsstoffe für biologische Werk-, Bau- oder Schmierstoffe (z. B. Biokunststoffe).
- Der ökologische Landbau befriedigt die gestiegene Verbrauchernachfrage nach ökologisch hergestellten landwirtschaftlichen Produkten. Im Jahr 2014 arbeiteten rund 8 % der Betriebe nach den Regeln des ökologischen Landbaus und bewirtschafteten gemeinsam eine Fläche von ca. 1 Mio. ha (ca. 6 % der landwirtschaftlichen Nutzfläche).

Grundsätze des ökologischen Landbaus:

- möglichst geschlossene Nährstoffkreisläufe
- vielseitige Fruchtfolge, keine Monokulturen
- Ausschluss von Gentechnik
- kein Einsatz von Mineraldüngern und chemischen Pflanzenschutzmitteln
- Pflege und Gesunderhaltung des Bodens, z. B. durch schonende Bodenbearbeitung
- sparsamer Umgang mit natürlichen Ressourcen
- Vermeidung von Umweltbelastungen
- ein an die Betriebsfläche angepasster Viehbesatz und eine artgerechte Tierhaltung
- Vermeidung von importierten Futtermitteln

Produzierendes bzw. verarbeitendes Gewerbe

Obwohl in Deutschland, ähnlich wie in anderen Industrieländern, der **Tertiärisierungsprozess** bereits deutlich vorangeschritten ist, hat der sekundäre Sektor noch eine verhältnismäßig große Bedeutung. Das produzierende Gewerbe trägt gut 30 % zur Bruttowertschöpfung bei und beschäftigt ca. 25 % der Erwerbstätigen.

Die Herausbildung der industriellen Raumstrukturen erfolgte primär seit Beginn der Industrialisierung Mitte des 19. Jh. Sie unterliegen bis heute einem dynamischen Wandel. Im **Ruhrgebiet** bildete sich die flächenmäßig größte Industrieregion Deutschlands mit den Schwerpunkten Kohleförderung und Schwerindustrie heraus. Seit Beginn der Kohle- und Stahlkrise in den 1970er-Jahren zeichnen sich ein flächenhafter Deindustrialisierungsprozess und ein tiefgreifender Strukturwandel ab. In **Sachsen** entwickelte sich eine weitere dynamische Industrieregion. Auf der Grundlage eines bereits weit verzweigten Manufakturgewerbes und einer verbreiteten Hausindustrie entstand eine produktionsstarke Textilindustrie. Weiterhin entwickelten sich eine vielseitige Metallindustrie und wenig später auch die Fahrzeugindustrie mit ihren Zulieferern.

Obwohl die ostdeutschen Industrieregionen im Zuge des **Transformationsprozesses** nach der Wende einen Bedeutungsverlust erfuhren, haben sich in jüngerer Vergangenheit wieder **neue Industriezentren** herausgebildet. In Sachsen ist beispielsweise die Automobilindustrie zurückgekehrt (z. B. VW in Zwickau, Chemnitz und Dresden oder Porsche in Leipzig). Zudem haben sich Unternehmen der Computerbranche in der Region zwischen Freiberg, Chemnitz und Dresden angesiedelt. Der sächsische Hochtechnologiecluster wird als Silicon Saxony bezeichnet und gilt als größter Mikroelektronikstandort Europas (vgl. Kap. 1.4).

Bei der aktuellen räumlichen Verteilung der Industriestandorte ist sowohl für den Westen als auch für den Osten Deutschlands ein ausgeprägtes **Süd-Nord-Gefälle** erkennbar. Die Bundesländer mit der geringsten Industriedichte befinden sich jeweils im Norden (Schleswig-Holstein, Hamburg, Mecklenburg-Vorpommern, Brandenburg, Berlin), die mit der höchsten jeweils im Süden (Baden-Württemberg, Bayern, Sachsen, Thüringen).

Im gesamtdeutschen Vergleich hat die Industrie in den Bundesländern Nordrhein-Westfalen, Bayern und Baden-Württemberg die größte Bedeutung. Die Industrialisierung setzte in den südlichsten Bundesländern allerdings aufgrund von Rohstoff-, Kapital- und Energiemangel vergleichsweise spät ein. Das Königreich Württemberg galt im 19. Jh. sogar als Notstandsgebiet mit erheblichen Auswanderungsraten. Anders als im Ruhrgebiet war die Entwicklung der Wirtschaftsstruktur Baden-Württembergs und Bayerns kein Ergebnis spezifischer Rohstoffvorkommen. Es entstanden schon früh **wissensintensive Industriezweige** (Maschinen- und Automobilbau, Elektronikindustrie). Gerade nach dem Zweiten Weltkrieg waren eine jahrzehntelange mittelstandsfreundliche Wirtschaftspolitik, große Anstrengungen in der Bildungs-

und Forschungspolitik, ein großes Potenzial an gut ausgebildeten Arbeitskräften sowie eine in der Bevölkerung breit verankerte Kultur des Unternehmertums entscheidende Grundvoraussetzungen für eine rasante industrielle Entwicklung.

Die geringe räumliche Rohstoffbindung erklärt auch die **dezentrale Wirtschaftsstruktur in Baden-Württemberg**. Neben den großen Zentren wie Mannheim, Karlsruhe oder Stuttgart bestehen wichtige Standorte in eher peripheren Regionen, im Bereich der Schwäbischen Alb (z. B. Textilindustrie in Burladingen oder Medizintechnik im Raum Tuttlingen). Die meisten Arbeitnehmer sind im Maschinenbau (ca. 25 %), in der Automobilindustrie (ca. 18 %), in der Metallverarbeitung (ca. 12 %) und in der Elektroindustrie (ca. 8 %) tätig. Die Beschäftigtenanteile in Bayern sind ähnlich verteilt: Hier sind die Hauptarbeitgeber des Industriesektors der Maschinenbau (ca. 18 %), die Automobil- (ca. 15 %) und die Elektroindustrie (ca. 8 %). Bayern verfügt mit der Region München über einen relativ jungen Standort der Hightech-Industrie.

Bundesland	Betriebe (mit mind. 50 Beschäftigten)	Tätige Personen (in Betrieben mit mind. 50 Beschäftigten)	Umsatz (in 1 000 €)
Baden-Württemberg	4 302	1 108 841	332 789 219
Bayern	3 911	1 134 432	326 519 059
Berlin	324	81 576	23 318 215
Brandenburg	434	78 926	23 105 886
Bremen	146	47 495	23 751 813
Hamburg	216	78 868	69 368 661
Hessen	1 406	361 815	104 781 348
Mecklenburg-Vorpommern	305	46 327	13 120 717
Niedersachsen	1 884	479 234	193 387 945
Nordrhein-Westfalen	5 106	1 063 025	306 318 293
Rheinland-Pfalz	1 000	253 186	86 898 823
Saarland	235	82 361	27 021 453
Sachsen	1 328	224 666	58 024 763
Sachsen-Anhalt	686	110 292	36 300 333
Schleswig-Holstein	528	101 993	32 910 428
Thüringen	844	140 403	29 225 057

Übersicht zur deutschen Industrie nach Bundesländern (2015)

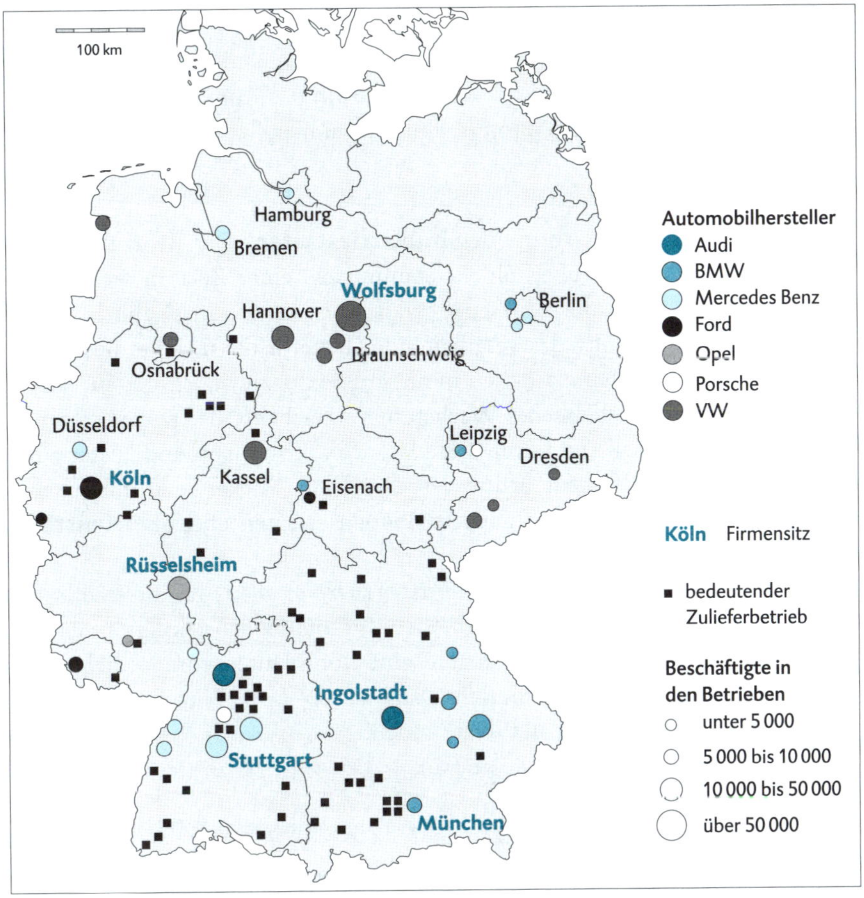

Standorte der Automobilindustrie in Deutschland

Als eine **Schlüsselbranche Deutschlands** gilt nach wie vor die **Automobilindustrie**. Nach China, den USA und Japan ist Deutschland weltweit der viertgrößte Automobilhersteller. Mit ca. 800 000 Beschäftigten ist sie nach dem Maschinenbau der wichtigste Arbeitgeber des verarbeitenden Gewerbes. Die größte Nachfrage kommt aus dem Ausland. Rund drei Viertel aller in Deutschland produzierten Pkws werden exportiert. Wichtige Absatzmärkte sind die USA, Großbritannien, China und Frankreich. Die Automobilindustrie hat mit 19 % den größten Anteil an den deutschen Exporten. Das entspricht einem Warenwert von ca. 225 Mrd. Euro. Von der Automobilbranche hängen zahlreiche Unternehmen ab, zu denen direkte oder indirekte Beziehungen bestehen. Zu der chemischen Industrie, der Textilindustrie, dem Maschinenbau, der elektronischen Industrie sowie zur Stahl- und Aluminiumindustrie bestehen Zulieferbeziehungen. Ingenieurbüros, Autohändler, Werkstätten und Tankstellen sowie weitere Dienstleister rund um das Auto sind ebenfalls von den Konjunkturphasen der Automobilbranche abhängig.

Dienstleistungen

Deutschland zählt zur Gruppe der **Industriestaaten**. Der Begriff ist heutzutage allerdings etwas überholt. Er stammt aus einer Zeit, in welcher der industrielle Sektor für die Wirtschaftskraft eines Landes maßgeblich war. In den 1970er-Jahren zählte das verarbeitende Gewerbe die meisten Beschäftigten in Deutschland. Heute arbeiten in diesem Sektor nur noch gut ein Viertel der Erwerbstätigen. Erhebliches Wachstum verzeichnete der Dienstleistungssektor. Er stellt aktuell rund drei Viertel der Erwerbstätigen und leistet einen Anteil von knapp 70 % zur Bruttowertschöpfung. Mittlerweile müsste man Deutschland und die meisten anderen Industriestaaten eher als **Dienstleistungsstaaten** bezeichnen.

Der Tertiärisierungsprozess konzentriert sich vor allem auf die städtischen Zentren und Agglomerationen, wo die unternehmensorientierten Dienstleister (z. B. Unternehmensberatungen) eine hohe Unternehmensdichte vorfinden und die konsumorientierten Dienstleister (z. B. Einzelhandel) einen entsprechend großen Markt an Privatkunden.

Sony-Center in Berlin

Ein Paradebeispiel für den Wandel vom Industrie- zu Dienstleistungsraum stellt neben dem Ruhrgebiet die Metropolregion Berlin dar. Der Großraum Berlin zählte ebenfalls zu den früh industrialisierten Räumen Deutschlands. Neben der Textilindustrie spielte die Eisenproduktion und -verarbeitung eine große Rolle. Nach dem Zweiten Weltkrieg setzte durch den Wegzug großer Firmen vor allem aus Ost-Berlin (z. B. Siemens, AEG) ein Deindustrialisierungsprozess ein. Heute weist die Metropolregion Berlin eine der geringsten Industriedichten Deutschlands auf. Die Betriebe des verarbeitenden Gewerbes machen, gemessen an der Gesamtzahl aller im Handelsregister eingetragenen Unternehmen, nur noch einen Anteil von unter 5 % aus. Der Anteil der Dienstleistungsunternehmen liegt dagegen bei über 90 %.

1.3 Raumbeispiel Emsland – eine wachstumsstarke, ländlich-periphere Region

Die beiden Attribute „ländlich-peripher“ und „wachstumsstark“ scheinen zunächst einen Widerspruch darzustellen. Tatsächlich trifft aber beides auf das Emsland zu. Die **positive sozioökonomische Entwicklung** des Landkreises in den letzten Jahrzehnten hat mittlerweile Vorbildcharakter für andere ländlich-periphere Regionen.

Der Landkreis Emsland liegt im äußersten Westen Niedersachsens und erstreckt sich von der nordrhein-westfälischen Landesgrenze bis zur Grenze Ostfrieslands bei Papenburg. Mit einer Fläche von 2 880 km^2 ist er der größte Landkreis Niedersachsens und einer der größten des gesamten Bundesgebietes. Er übertrifft flächenmäßig sogar das Saarland.

Der **ländliche Charakter** des Emslandes zeigt sich im räumlichen Erscheinungsbild: Mit einer Einwohnerdichte von 110 Einw./km^2 gehört die Region zu den am dünnsten besiedelten in Deutschland. Außerdem verfügt sie über kein Oberzentrum. Die größten Städte sind die an der Ems gelegenen Mittelzentren Papenburg, Meppen und Lingen. In Meppen befindet sich der Sitz der Kreisverwaltung, Lingen ist mit 50 000 Einwohnern die größte Stadt und Papenburg verfügt mit der Meyer-Werft über den bedeutendsten Arbeitgeber der Region.

Die historische Entwicklung des Wirtschaftsraumes

Jahrhundertelang galt das Emsland als Armenhaus Deutschlands. Die extreme sozioökonomische Rückständigkeit ließ sich an folgenden Parametern festmachen:

- einer **peripheren Lage**, die durch die **unterentwickelte Infrastruktur** zusätzlich verstärkt wurde, viele Gemeinden waren nur durch Sand- und Moorwege miteinander verbunden, die bei Regen und im Winter oft unpassierbar waren, hinzu kam eine unzureichende Trinkwasserversorgung und Abwasserbeseitigung sowie eine nicht flächendeckende Stromversorgung;
- einem **schwach ausgebildeten verarbeitenden Gewerbe**, Industriebetriebe waren kaum vorhanden;
- einer **wirtschaftlichen Dominanz des landwirtschaftlichen Sektors**; weit über 50 % der Erwerbstätigen war in der Landwirtschaft beschäftigt, die aber durch die geringe Technisierung, die kleinen Betriebsflächen sowie die schlechten Böden der Altmoränengebiete ertragsarm und unrentabel war;
- **hohen Abwanderungsraten**, die die sowieso schon niedrige Bevölkerungsdichte weiter reduzierten;
- **geringe Steuereinnahmen** und damit wenig eigenständige Entwicklungsmöglichkeiten.

Erst nach dem Zweiten Weltkrieg fasste die Bundesregierung den Entschluss, in einem umfassenden, über Jahrzehnte angelegten Modernisierungsprogramm die sozioökonomischen Bedingungen im Emsland grundlegend zu verbessern. Die endgültige Entscheidung hierfür wurde durch drei wesentliche Faktoren beeinflusst: Erstens musste für über **40 000 Flüchtlinge** aus den ehemals deutschen Ostgebieten (Schlesien, Ostpreußen und Pommern) eine Grundversorgung (u. a. Wohnraum und Beschäftigung) sichergestellt werden. Zweitens sollten durch einen verstärkten Raumzugriff der Bundesrepublik die

Annexionspläne der Niederlande nach dem Zweiten Weltkrieg abgewehrt werden. Drittens war man bestrebt, die seit 1942 im Emsland durchgeführte **Erdölförderung** auszubauen und für den wirtschaftlichen Wiederaufbau nutzbar zu machen.

Der **Emsland-Plan** wurde 1950 durch den deutschen Bundestag verabschiedet und von Beginn an als bundesstaatliche Aufgabe verstanden. Deshalb beteiligte sich der Bund an der Finanzierung. Zur Umsetzung gründete der Bund gemeinsam mit dem Land Niedersachsen und den im Erschließungsgebiet gelegenen westniedersächsischen Landkreisen die **„Emsland GmbH"**. Sie war aufgrund ihres privatrechtlichen Status nicht an die traditionellen Verwaltungsstrukturen gebunden und damit flexibler und schneller handlungsfähig. Der Emsland-Plan lässt sich in unterschiedliche Erschließungsphasen gliedern:

Der Emsland-Plan – Erschließungsphasen und entsprechende Maßnahmen

Erste Erschließungsphase (1951–1962):
- Schaffung landwirtschaftlicher Nutzflächen (z. B. Kultivierung von Moor- und Ödlandflächen), um die Nahrungsmittelproduktion zu steigern;
- Infrastrukturverbesserungen im Bereich des Verkehrswesens, der Stromversorgung und der Wasserwirtschaft (Trink- und Abwasser);
- Bereitstellung von Wohnraum und Arbeitsplätzen für die Flüchtlinge.

Zweite Erschließungsphase (1963–1972):
- Modernisierung der Landwirtschaft und Schaffung von größeren Betrieben durch Flurbereinigung und Zusammenlegung von Flächen;
- Unterstützung der Ansiedelung von Industrie- und Gewerbebetrieben in Schwerpunkträumen (z.B. Gründung einer Erdölraffinerie, eines Elektrostahlwerkes und eines Bleichemiewerks in Lingen und einer Papierfabrik in Dörpen);
- Sicherstellung der Energieversorgung (z. B. Bau zweier Atomkraftwerke in Lingen und eines Gaskraftwerkes in Meppen).

Dritte Erschließungsphase (1973–1989):
- Erschließung von Gewerbe- und Industriegebieten (z. B. Bau der Versuchsstrecke der Hochgeschwindigkeitsschwebebahn „Transrapid");
- Verbesserung der Agrarstruktur, z. B. durch Aussiedlung von Höfen aus den Dorfzentren;
- Ausbau der Verkehrsinfrastruktur.

Die Arbeit der Emsland GmbH wurde ab den 1980er-Jahren durch eine gezielte Wirtschaftsförderung und regionale Raumordnungsprogramme nach und nach abgelöst und schließlich 1989 endgültig eingestellt.

Die Raumentwicklung durch den Emsland-Plan kann insgesamt als gelungen bezeichnet werden. Dies äußert sich z. B. in regional überdurchschnittlichen Werten in den Bereichen BIP pro Kopf, Bevölkerungs- und Beschäftigungsentwicklung.

Die aktuelle Wirtschaftsstruktur

Nach einer jahrzehntelangen Gewerbe- und Industrieförderung durch den Emsland-Plan stellt der industrielle Sektor heute mit 43 % einen erheblichen Anteil der Beschäftigten und steuert ungefähr genauso viel zur Bruttowertschöpfung bei. Einer der wichtigsten Arbeitgeber der Region ist die **Meyer-Werft in Papenburg**. Die Werft beschäftigt zurzeit ca. 3 300 Arbeiter direkt. Sie hat sich durch die Spezialisierung auf den Bau bestimmter Schiffstypen, vor allem großer Kreuzfahrtschiffe, eine Marktnische geschaffen. Dies macht sie weniger krisenanfällig und garantiert dem Unternehmen ein anhaltendes Wachstum.

Meyer-Werft in Papenburg

Neben der Meyer-Werft ist die **UPM Nordland-Papier** ein zweiter wichtiger Arbeitgeber. Die Tochterfirma eines finnischen Konzerns beschäftigt am Standort in Dörpen ca. 1 300 Mitarbeiter. Mit einem Produktionsvolumen von 1,4 Mio. Tonnen pro Jahr gehört das Unternehmen zu den größten Feinpapierproduzenten in Europa.

Im Emsland befinden sich zudem zwei **Teststrecken**, eine für Pkws und eine andere für die Hochgeschwindigkeitsschwebebahn Transrapid. Während die im Süden Papenburgs für nationale und internationale Autohersteller offene Pkw- und Nutzfahrzeug-Testanlage ständig erweitert wird, wurde der Betrieb der Transrapid-Teststrecke 2011 eingestellt. Die Nachfrage nach dem kostenintensiven Hochgeschwindigkeitszug war zu gering. Die Transrapid-

Trasse zwischen der chinesischen Millionenstadt Shanghai und dem Flughafen Pudong ist bis heute das einzige abgeschlossene Projekt. So steht die Versuchsanlage, die sich zwischen den Städten Papenburg und Meppen befindet, kurz vor dem Rückbau.

Der Dienstleistungsbereich macht mittlerweile über 50 % an der Bruttowertschöpfung aus und beschäftigt knapp vor dem verarbeitenden Gewerbe die meisten Erwerbstätigen. Eine Schlüsselstellung nimmt hier die **Tourismusbranche** ein. Die gestiegenen Übernachtungszahlen der letzten zehn Jahre zeigen einen positiven Trend. Neben dem ausgedehnten Netz an Rad-, Reit- und Wanderwegen ist der 2006 gegründete Internationale Naturpark Bourtanger Moor-Bargerveen von Bedeutung.

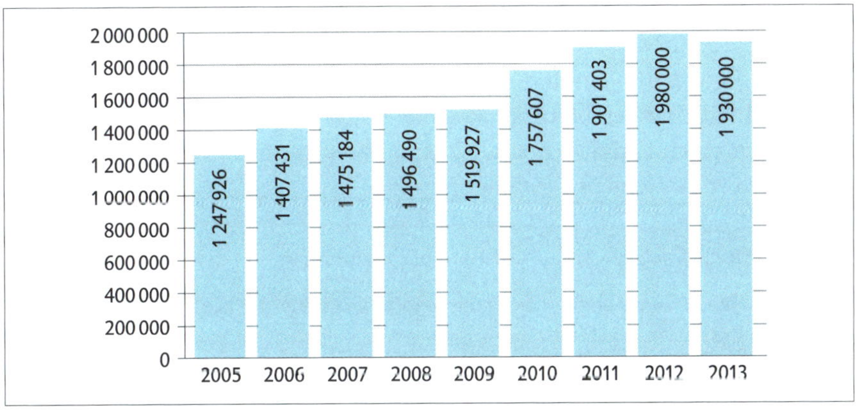

Gästeübernachtungen im Emsland

Die einst dominierende Landwirtschaft spielt im Emsland aus ökonomischer Sicht heutzutage nur noch eine untergeordnete Rolle. Sie macht noch ca. 2 % der Bruttowertschöpfung aus.

Zur weiteren Entwicklung des Wirtschaftsraumes trägt die mittlerweile sehr gut **ausgebaute Verkehrsinfrastruktur** bei, die auch in Zukunft ein wichtiger Standortfaktor für die Ansiedlung von Unternehmen darstellt: Der Flächenlandkreis ist zu einem wichtigen internationalen Transitraum geworden. Er verbindet die Niederlande mit den großen Seehäfen in Bremen und Hamburg über die Europastraße E233 und verfügt mit der Autobahn A31 über eine wichtige Nord-Süd-Achse, die von Emden bis in das Ruhrgebiet führt. Weiterhin existiert in der Region ein **weitverzweigtes Binnenwasserstraßennetz**. Eine besondere Bedeutung hat der 2008 in Betrieb genommene Eurohafen Emsland zwischen Haren und Meppen. Diesen erreichen Gütertransporte über die E233, die A31 und die niederländische A37. Ein hafeneigenes Schienennetz ist an die Bahnstrecke Münster-Emden angeschlossen. Außerdem liegt er direkt am Dortmund-Ems-Kanal. Dieser stellt die Binnenwasserverbindung zum Ruhrgebiet her. Somit ist ein **trimodaler Güterumschlag** (Straße, Schiene, Wasser) gewährleistet, der im Hafen für das Jahr 2015 bei ca. 600 000 t lag (Güterumschlag 2015 im Hafen Duisburg, dem größten Binnenhafen Europas: 54,1 Mio. t).

1.4 Raumbeispiel Dresden – eine führende Hightech-Region

Dresden ist neben München der wichtigste und größte Standort der Hightech-Branche in Deutschland. In Anlehnung an das kalifornische „Silicon Valley" wird die Region um Dresden als **„Silicon Saxony"** bezeichnet. Der **Hochtechnologiecluster** steht in den Bereichen Mikroelektronik und Informationstechnologie (IKT) in Europa mit mehr als 2 000 Unternehmen, die knapp 60 000 Mitarbeiter beschäftigen, an erster Stelle. Im Jahr 2015 erwirtschaftete der Cluster einen Umsatz von ca. 13 Mrd. Euro. Das entspricht etwa 13 % des gesamten verarbeitenden Gewerbes.

Der Hightech-Sektor – eine Branchenbeschreibung

- Der Hightech-Sektor umfasst die Bereiche forschungsintensive Industrie und technologieorientierte Dienstleistungen.
- Zur **forschungsintensiven Industrie** werden Unternehmen gezählt, bei denen die internen Aufwendungen am Umsatz für Forschung und Entwicklung mindestens 3,5 % ausmachen. Hierzu zählen die Segmente Spitzentechnologie und hochwertige Technik (z. B. Bereiche der Pharma- und Elektroindustrie oder der Medizintechnik).
- Die **technologieorientierten Dienstleistungen** werden von Unternehmen repräsentiert, deren Angebot wissensintensive und technologisch anspruchsvolle Dienste beinhaltet (z. B. Architektur- und Ingenieurstätigkeiten, Forschungs- und Entwicklungsleistungen, Arbeiten in technischen Laboren, Datenverarbeitungsdienste).

Die historische Entwicklung des Wirtschaftsraumes

Die Grundlagen für die Entwicklung der **wissens- und forschungsintensiven Industrie** im Großraum Dresden wurden bereits Ende des 19. Jh. gelegt. Dresden gehörte in der Hochphase der Industrialisierung zu den führenden deutschen Wirtschaftsregionen. Schon damals war eine Vernetzung von produzierendem Gewerbe und Wissenschaft für den Standort kennzeichnend. Durch die Zerstörungen im Zweiten Weltkrieg und den Aufbau einer Planwirtschaft durch den DDR-Staat erfolgte ein wirtschaftlicher Neubeginn. In der DDR war Dresden ein Bestandteil eines **ersten Clusters der Halbleiterindustrie**. Während sich an den Standorten Frankfurt/Oder und Erfurt die Produktion konzentrierte, etablierte sich in Dresden der Bereich Forschung und Entwicklung.

Eine weitere wichtige Etappe ist in der Gründung des **Zentrums für Forschung und Technologie der Mikroelektronik** (ZFTM, später ZMD: Zentrum für Mikroelektronik Dresden) im Jahr 1980 zu sehen. Hier wurde 1988 der erste 1-Megabit-Speicherchip der DDR produziert, was dem Forschungszentrum den Nationalpreis einbrachte.

Nach dem Zusammenbruch der DDR und des planwirtschaftlichen Systems war auch der Wirtschaftsstandort Dresden vom flächendeckenden **Deindustrialisierungsprozess** und den damit verbundenen Unternehmensschließungen und Massenentlassungen betroffen. In den ersten fünf Jahren nach der Wende sank der Anteil der in der Industrie Beschäftigten von ca. 35 % auf ca. 15 %. Auf die Halbleiterindustrie in Dresden kamen mehrere Herausforderungen gleichzeitig zu. Neben der **Umstellung auf die Marktwirtschaft** musste die Produktivität erhöht werden und die **Integration in die globalen Märkte** gelingen.

Erste Schritte zur Wiederbelebung des Mikroelektronikstandorts waren die Förderung des ZMD durch die sächsische Landesregierung, die Errichtung eines Halbleiterwerkes der Siemens AG im Jahr 1993 und die Ansiedlung des amerikanischen Branchenführers AMD (heute: Globalfoundries) im Jahr 1996. Die Entscheidungen zugunsten des Standorts Dresden fielen aufgrund des großen Potenzials an qualifizierten Arbeitskräften, staatlicher Subventionen für die Ansiedlung neuer Betriebe, einer entsprechenden Flächenverfügbarkeit und einer aus DDR-Zeiten zwar noch ausbaufähigen, aber schon vorhandenen Infrastruktur an Zulieferern und Forschungseinrichtungen. Bis heute wurde der Mikroelektronikcluster stetig um weitere multinationale Unternehmen und Zulieferer ergänzt (z. B. Infineon und Intel).

Die aktuelle Wirtschaftsstruktur

Auch in der jüngeren Vergangenheit kann der Hochtechnologiestandort Dresden ein kontinuierliches Wirtschaftswachstum verzeichnen. Dresden erwirtschaftet etwa ein Sechstel des Bruttoinlandsprodukts Sachsens und nimmt damit nicht nur im Freistaat die Spitzenposition ein, sondern auch innerhalb Ostdeutschlands. Die BIP-pro-Kopf-Werte entsprechen nahezu dem westdeutschen Durchschnitt.

	BIP in Mio. Euro	BIP pro Einwohner in Euro
Dresden	15 270	28 694
Sachsen	97 225	23 533
Deutschland	2 666 400	32 550

Bruttoinlandsprodukt (BIP) im Jahr 2012

Das gut ausgebaute **Netz an Forschungs- und Entwicklungseinrichtungen** ist für das weitere Wachstum des **Wissensstandorts Dresden** zentral: Die Technische Universität Dresden ist mit rund 37 000 Studenten und 5 000 Wissenschaftlern aus 70 Ländern die größte Universität Sachsens und eine der größten Technischen Universitäten im Bundesgebiet. Seit 2012 hat sie den Status einer Exzellenz-Universität. Eine weitere wichtige Ausbildungsfunktion erfüllt die 1992 gegründete Hochschule für Technik und Wirtschaft (HTW Dresden). An der Fachhochschule sind derzeit etwa 5 000 Studenten immatrikuliert. Eine zentrale Rolle innerhalb des Dresdner Wissenschafts- und Forschungsnetzwerkes nimmt die Fraunhofer-Gesellschaft ein. Der Forschungs- und Entwicklungsdienstleister beschäftigt 1 300 Mitarbeiter und erwirtschaftet jährlich einen Umsatz von über 130 Mio. Euro. Die Einrichtungen kooperieren eng mit der TU Dresden. Während die Grundlagenforschung an der Universität stattfindet, erfolgt die industrielle Umsetzung an den Fraunhofer-Instituten.

Hochschulpersonal (wissenschaftliches und künstlerisches Personal) pro 1 000 Beschäftigte (2011)

1. Dresden	32,62
2. Nürnberg	32,21
3. München	28,19
4. Leipzig	26,70
5. Hannover	26,16
6. Essen	25,26
7. Berlin	20,06
8. Dortmund	19,46

10 000

Hochschulpersonal in Dresden (2012*)

*Hochschulpersonal im Dresden 2012: Statistisches Landesamt des Freistaates Sachsen

Forscherdichte in deutschen Städten im Vergleich

Insgesamt weist Dresden die höchste Konzentration an Forschungseinrichtungen und wissenschaftlichem Personal innerhalb der Bundesrepublik auf. Ausgehend von der Mikroelektronikbranche haben sich im letzten Jahrzehnt vermehrt Unternehmen aus anderen wissens- und forschungsintensiven Bereichen angesiedelt. Wichtige Wirtschaftzweige sind aktuell die **Nanotechnologie**, die **Biotechnologie** und vor allem auch die **Werkstoffforschung**. Im Jahr 2001 hat zudem die Volkswagen AG den ehemaligen Automobilstandort Dresden mit dem Bau der **„Gläsernen Manufaktur"** wiederbelebt. Bis zum März 2016 wurde hier das Oberklassemodell Phaeton gefertigt. Nach dem Umbau im Jahr 2017 sollen weiterhin Luxusmodelle sowie elektronisch angetriebene Fahrzeuge montiert werden. Am Standort werden ca. 550 Mitarbeiter beschäftigt.

Der Mikroelektronikmarkt ist international hart umkämpft. Der Standort Dresden muss mit den großen Konkurrenten aus den USA und Asien mithalten. Schon kleinste Entwicklungsnachteile oder Investitionsfehler könnten den gesamten Mikroelektronikstandort in eine Krise stürzen. Eine weitere Diversifizierung der Wirtschaftsstruktur ist deshalb für die Zukunftsfähigkeit der Region essentiell.

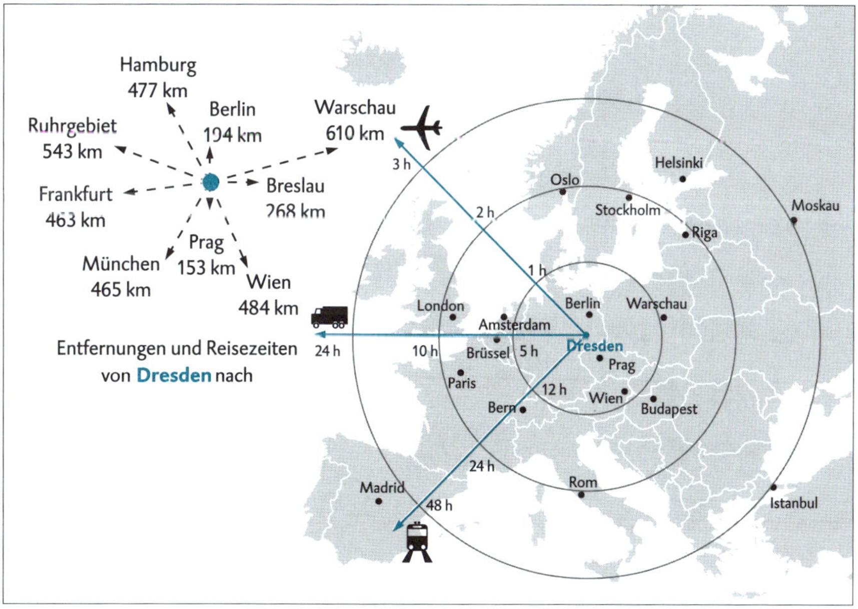

Entfernungen und Reisezeiten ab Dresden

Neben der Ausdifferenzierung des industriellen Sektors hat sich in den letzten Jahren der Dienstleistungssektor weiterentwickelt. Neben den traditionellen **wissens- und forschungsintensiven Dienstleistungen** sind vor allem die Bereiche **Gastgewerbe sowie Verkehr und Logistik** wichtig geworden.

Die **Verkehrsinfrastruktur** stellt einen wichtigen Standortfaktor für den Wirtschaftsraum dar: Drei Autobahnen (A4, A13, A17) bieten Anschlüsse in alle Richtungen. Im Norden der Stadt liegt der Flughafen Dresden mit nationalen und internationalen Zielen. Außerdem bestehen über den Schienenverkehr Tagesverbindungen zu allen größeren deutschen und europäischen Städten.

Aufgabe 31 Erläutern Sie auf Grundlage der Abb. „Veränderung der Betriebsgrößen und landwirtschaftlichen Nutzflächen von 1970 bis 2013“ auf S. 139 sowie der beiden folgenden Abbildungen den Strukturwandel in der deutschen Landwirtschaft.

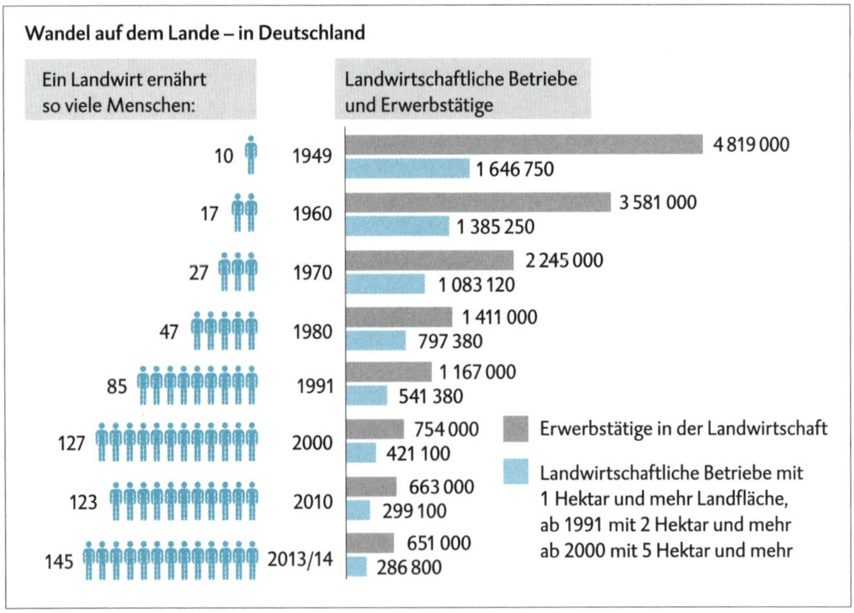

Veränderungen in der deutschen Landwirtschaft seit 1949

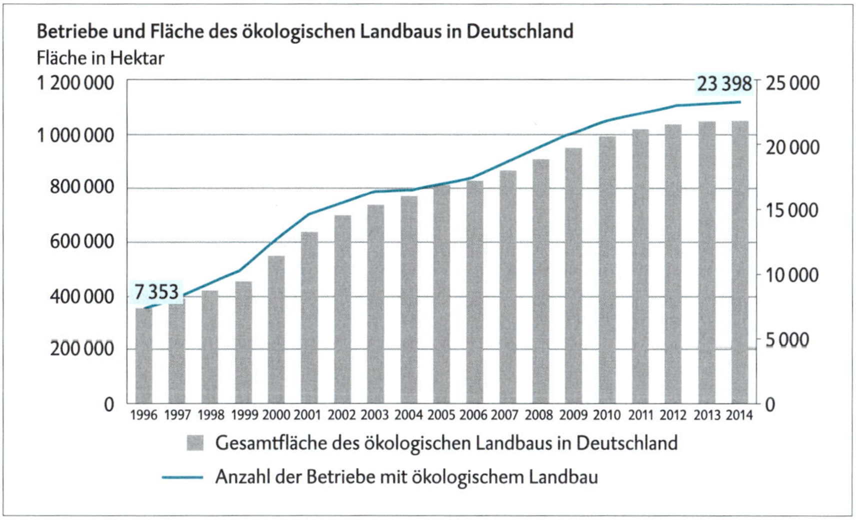

Entwicklung des ökologischen Landbaus in Deutschland von 1996–2014

fgabe 32 Beurteilen Sie die Entwicklungspotenziale der „Wirtschaftsregion Emsland".

fgabe 33 Erklären Sie die Wirtschaftsstruktur Dresdens.

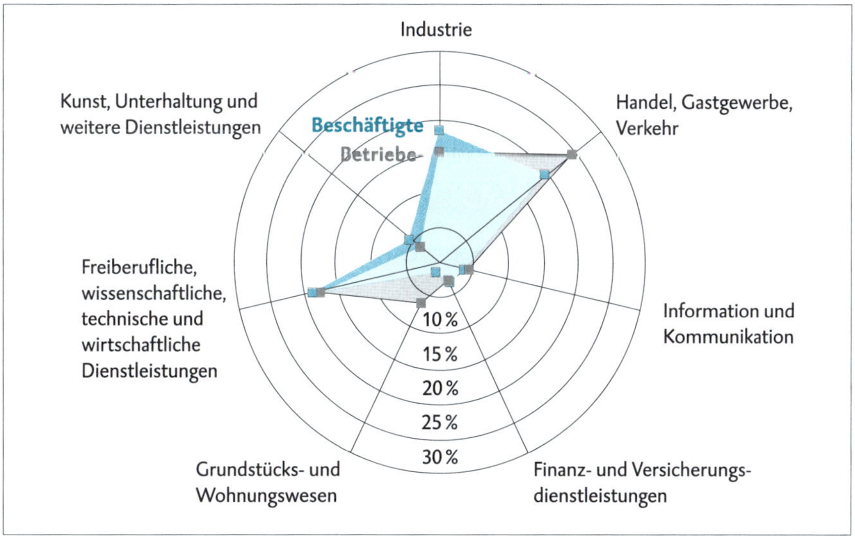

Wirtschaftsstruktur Dresdens

2 Wirtschaftsregionen in Europa

Die sozioökonomischen Strukturen und Prozesse auf dem zweitkleinsten Kontinent werden durch die naturräumlichen, kulturellen und politischen Rahmenbedingungen grundlegend beeinflusst.

Der Naturraum zeichnet sich durch eine Vielzahl unterschiedlicher Landschaftstypen wie Inseln, Halbinseln, (Hoch-)Gebirgs- oder Beckenländer aus, sodass dieser auch als „zergliedert“ oder „kleingekammert“ beschrieben wird.

Klimatisch lässt sich Europa von Nord nach Süd in die **subpolare Zone, die Mittelbreiten und die Subtropen** untergliedern. Diese Zonen können wiederum in weitere Klimaregionen differenziert werden. Die unterschiedlichen Klimate tragen ihrerseits maßgeblich zur Ausbildung verschiedener Vegetationszonen bei, die die **Tundra** und den **borealen Nadelwald** im Norden ebenso einschließen wie den **sommergrünen Laub- und Mischwald** in den Mittelbreiten oder die **Hartlaubvegetation** im Mittelmeerraum. In den einzelnen Vegetationszonen bildete sich eine dem jeweiligen Naturraum angepasste forst- bzw. landwirtschaftliche Nutzung heraus.

Des Weiteren wird wirtschaftliches Handeln auch durch das **natürliche Vorkommen von Bodenschätzen**, z. B. die Erdöl- und Erdgasfelder der Nordsee, die bis zum Ende des 20. Jh. abbauwürdigen Steinkohlevorkommen des Ruhrgebiets oder die Eisenerzlagerstätten des Krywbass (Zentrum der Ukraine), beeinflusst.

Den kulturellen Rahmen bildet die **gemeinsame europäische Identität**, die ihren Ursprung in der römisch-griechischen Antike hat. Über die Jahrhunderte hinweg haben sich im modernen Europa demokratische Strukturen etabliert. Außerdem hat sich die Idee von einem einheitlichen Wirtschafts- und Verwaltungsraum durchgesetzt.

Sowohl auf politischer als auch auf wirtschaftlicher Ebene übt die **EU als zentrales Steuerorgan** einen großen Einfluss aus. Heute gehören 28 europäische Länder diesem Staatenverbund an (das Vereinigte Königreich eingerechnet) und verfügen mit dem EU-Binnenmarkt über den größten gemeinsamen Wirtschaftsraum der Welt.

2.1 Die EU als institutioneller Rahmen

Nach den leidvollen Erfahrungen der beiden Weltkriege erkannten die führenden Staatsmänner, dass der Frieden in Europa dann dauerhaft gesichert werden kann, wenn die einzelnen Staaten stärker miteinander verbunden sind und enger zusammenarbeiten. Beim europäischen Integrationsprozess spielten von

Beginn an vor allem wirtschaftliche Überlegungen eine entscheidende Rolle. Man war der Ansicht, dass nur in einem wirtschaftlich prosperierenden Europa kriegerische Konflikte auf Dauer ausbleiben.

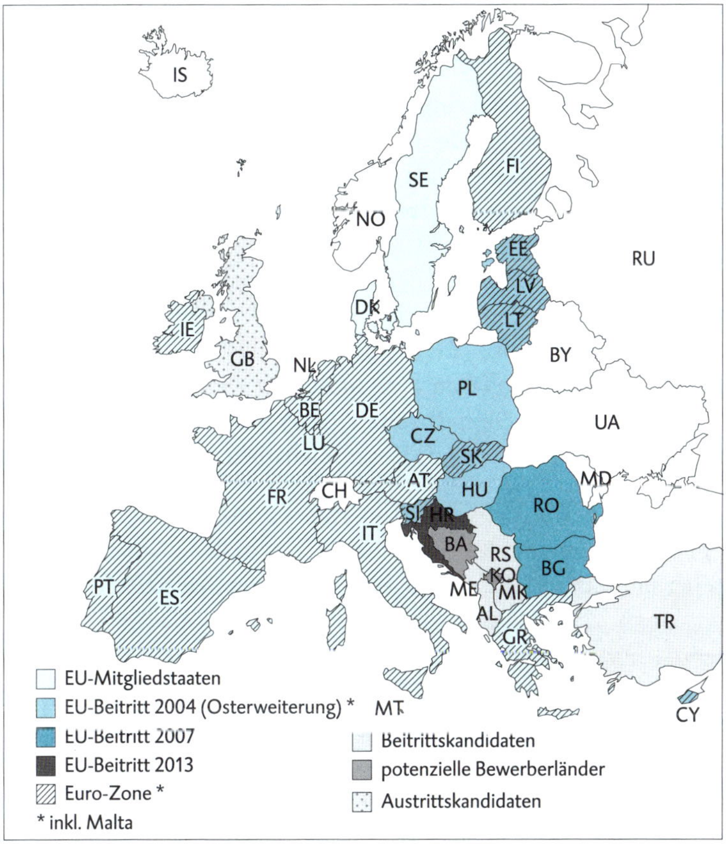

EU-Mitgliedsstaaten

Ein erster Schritt erfolgte bereits 1949 mit dem Zusammenschluss zehn westeuropäischer Staaten (Belgien, Dänemark, Irland, Italien, Frankreich, Luxemburg, Niederlande, Norwegen, Schweden, Vereinigtes Königreich) zum Europarat. Auf Bestreben des französischen Außenministers Robert Schumann wurde 1951 (Inkrafttreten: 1952) die **Europäische Gemeinschaft für Kohle und Stahl (EGKS)** gegründet. Neben Deutschland und Frankreich schlossen sich der EGKS, auch **Montanunion** genannt, Italien und die Beneluxländer an. Die Mitgliedsstaaten schufen durch unterschiedliche Absprachen zur Preisfestsetzung, Quoten zu Produktionsmengen, Investitionshilfen oder das Verbot zwischenstaatlicher Zölle einen gemeinsamen Markt für Kohle, Eisenerz und Stahl.

Die wirtschaftliche und politische Zusammenarbeit intensivierte sich in den folgenden Jahren und mit der Gründung der **Europäischen Wirtschaftsgemeinschaft (EWG)** in den Römischen Verträgen von 1957 (Inkrafttreten: 1958) schlossen sich die sechs Volkswirtschaften zu einem einheitlichen Wirtschaftsgebiet zusammen. Man einigte sich auf eine Zollunion (Beseitigung der Binnenzölle und anderer Handelshemmnisse, gemeinsamer Außenzoll) und formulierte schon damals eine Währungsunion als wichtiges Ziel. Zusätzlich entstand die **Europäische Atomgemeinschaft (EURATOM)** zur friedlichen Nutzung der Kernenergie. Die EGKS, EWG und EURATOM fusionierten 1965 (Inkrafttreten: 1967) unter dem Dachverband **„Europäische Gemeinschaften"**. Mit dem Vertrag von Maastricht wurde 1992 (Inkrafttreten: 1993) die **Europäische Union (EU)** gegründet. Die drei Körperschaften EGKS, EWG und EURATOM blieben auch in der EU weiterhin erhalten; die EWG wurde in **Europäische Gemeinschaft (EG)** umbenannt, um die weit über das Wirtschaftliche hinausgehende Zusammenarbeit deutlich zu machen.

Neue gemeinsame Verantwortungsbereiche waren u. a. die Außen- und Sicherheitspolitik, Justiz, Bildung und Kultur sowie das Gesundheitswesen. Der EU-Binnenmarkt beruht seit 1993 auf den sogenannten **„vier Freiheiten"**.

Die „vier Freiheiten" des EU-Binnenmarkts

- **Freiheit des Personenverkehrs:** Dieser garantiert die Freizügigkeit im Binnenmarkt und schließt u. a. die freie Einreise, die Freiheit der Arbeitsplatzwahl oder das freie Wohnrecht ein.
- **Freier Dienstleistungsverkehr:** Die Märkte für Dienstleistungen werden EU-weit geöffnet (z. B. für Banken, Versicherungen oder Telekommunikationsunternehmen).
- **Freier Warenverkehr:** Jedes Produkt (z. B. Lebensmittel), das in einem EU-Staat hergestellt wurde, darf im gesamten EU-Binnenmarkt angeboten und verkauft werden.
- **Freier Kapitalverkehr:** Kapital darf innerhalb der EU-Grenzen frei fließen, sodass z. B. die Bürger Konten in jedem EU-Staat nutzen können.

Mit dem Auslaufen des EGKS-Vertrages im Jahr 2002 sowie den seit 1973 erfolgten Beitritten verschiedener europäischer Staaten gingen durch den **Vertrag von Lissabon** 2007 (Inkrafttreten: 2009) die Europäischen Gemeinschaften vollständig in der EU auf. Damit war die EU nun nicht mehr nur Dachverband, sondern verfügte über einen eigenen Rechtsstatus. Das heißt, die EU kann im Rahmen der in den Verträgen übertragenen Souveränitätsrechte für die Mitgliedsstaaten politisch handeln und z. B. Gesetze erlassen, außenpolitisch agieren oder Recht sprechen.

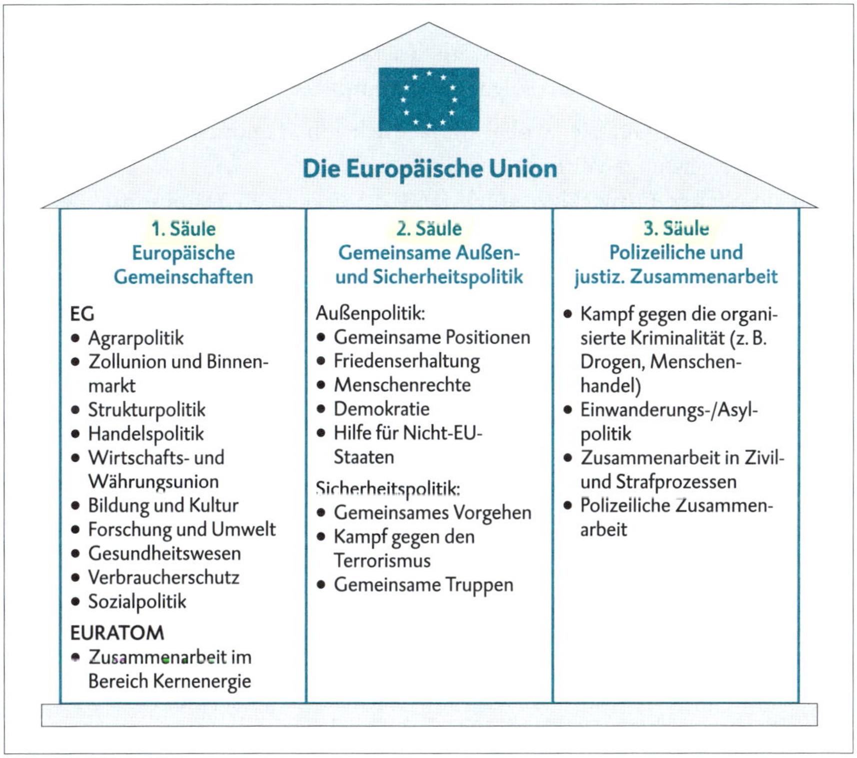

Das Drei-Säulen-Modell der EU

Ein weiterer wichtiger Meilenstein bei der Schaffung eines einheitlichen und international konkurrenzfähigen Wirtschaftsraumes war im Jahr 2002 die Einführung des Euro als Zahlungsmittel in einem Teil der Mitgliedsstaaten **(Eurozone)**. Ebenso wie ein Staat für den EU-Beitritt grundlegende Bedingungen **(Kopenhagener Kriterien)** erfüllen muss (z. B. demokratische und rechtsstaatliche Ordnung, Einhaltung der Menschenrechte, funktionierende Marktwirtschaft), sind für die Aufnahme in die Eurozone die **EU-Konvergenzkriterien** bindend. Dazu gehört, dass die Inflationsrate in einem Mitgliedsstaat einen festgelegten Wert nicht überschreiten darf, die Haushaltsneuverschuldung maximal 3 % des BIP betragen soll und die Wechselkursschwankungen gegenüber dem Euro innerhalb von zwei Jahren in einem vorgeschriebenen Rahmen bleiben müssen.

2.2 Regionale Disparitäten im Wirtschaftsraum Europa

Die Wirtschaftskraft der verschiedenen europäischen Staaten und Regionen kann mittels entsprechender Kenngrößen wie dem Bruttoinlandsprodukt pro Kopf oder der Arbeitslosenquote verglichen werden (vgl. Kapitel 1.1). Dabei wird deutlich, dass sowohl innerstaatlich als auch interstaatlich zum Teil deutliche Unterschiede bestehen. Folgende Raummuster sind erkennbar:

- ein **Nord-Süd-Gefälle**, wobei die südlichsten Regionen der Mittelmeerländer die geringste Wirtschaftskraft aufweisen;
- ein deutlicher Entwicklungsrückstand der Regionen Osteuropas **(West-Ost-Gefälle)**;
- die Abnahme der Wirtschaftskraft in Richtung der Peripherie **(Zentrum-Peripherie-Gefälle)**;
- bisweilen große **regionale Unterschiede innerhalb einzelner Staaten**, z. B. Italien (Norditalien und „Mezzogiorno“), Spanien (weite Teile des Nordens gegenüber dem Süden) oder Deutschland (alte und neue Bundesländer);
- teilweise größere Diskrepanzen **zwischen den Metropolregionen**, oft die Hauptstädte eines Staates, **und den übrigen Landesteilen** (z. B. Greater London, Île de France, Metropolitana de Madrid).

Die Ursachen für die divergierenden wirtschaftlichen Entwicklungen der einzelnen Staaten und Regionen sowie die damit verbundene Differenzierung in strukturstarke **Wachstums- bzw. Aktivräume** und strukturschwache **Schrumpfungs- bzw. Passivräume** sind vielfältig.

Neben entsprechenden Standortfaktoren (z. B. naturräumliche Ausstattung, verkehrsgeographische Lage) sind historische und politische Faktoren maßgeblich: Einen entscheidenden Impuls lieferte die **Industrialisierung**. In den verschiedenen Phasen der industriellen Entwicklung bildeten sich infolge der spezifischen Standortgunst dynamische Wirtschaftsregionen heraus. Die Industrialisierung dieser Räume ging mit dem Ausbau der Infrastruktur einher und führte aufgrund des hohen Arbeitskräftebedarfs zu einem positiven Wanderungssaldo. Es entwickelten sich **städtische Zentren und Agglomerationen**, die gegenüber peripher gelegenen Regionen einen deutlichen Entwicklungsvorsprung aufbauten.

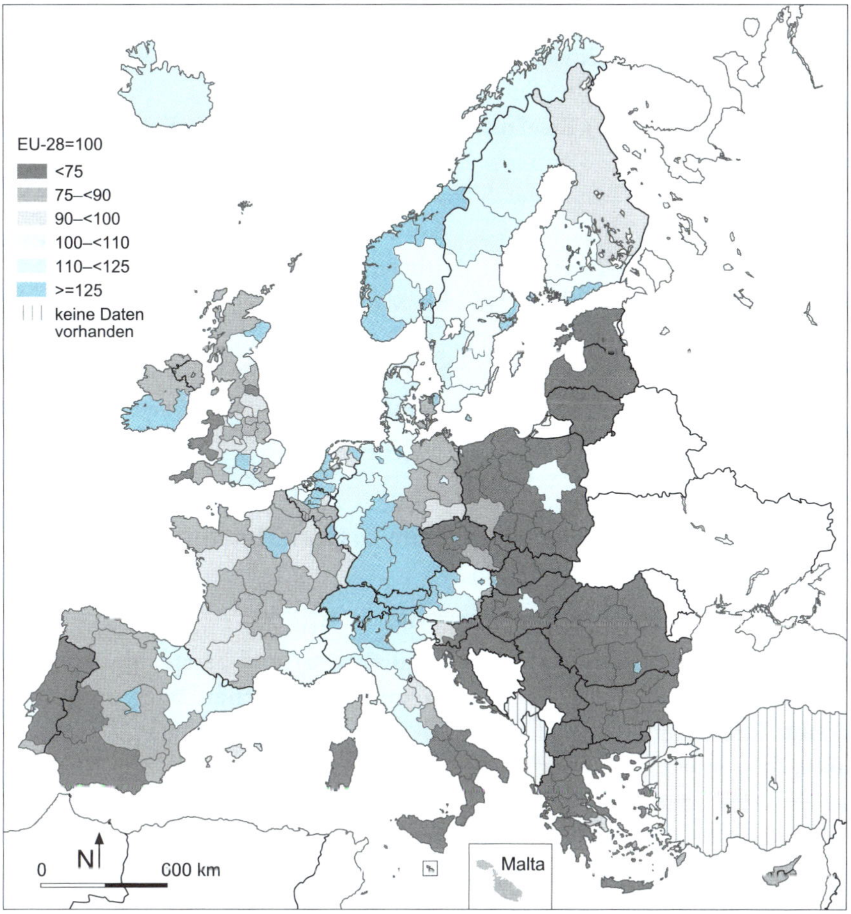

Wirtschaftskraft einzelner Regionen Europas gemessen am BIP pro Kopf (2013)

Im Laufe der Zeit kann sich auch die Bedeutung eines Standorts verändern, sodass bisherige Wachstumsregionen plötzlich von Schrumpfungsprozessen betroffen sind. Ein Beispiel hierfür stellen die sogenannten **Altindustriegebiete** wie das Ruhrgebiet, Nord-Pas-de-Calais in Frankreich oder die englischen Midlands dar. Diese frühindustrialisierten Räume waren Standorte mit entsprechender Rohstoffverfügbarkeit (z. B. Steinkohle), einer guten Verkehrsanbindung und einem ausreichenden Arbeitskräftepotenzial. Die technische Entwicklung und der fortschreitende **Globalisierungsprozess** führten ab Mitte des 20. Jh. zu einer Umbewertung der Standortfaktoren, sodass die einstige Standortgunst weitgehend verlorenging. Aufgrund ihrer monostrukturellen Ausrichtung auf die Montanindustrie gerieten diese Regionen in tiefgreifende

Krisen und vollziehen einen bis heute andauernden **Strukturwandel**. Dieser äußert sich in einer weitreichenden Deindustrialisierung und einer Branchenverlagerung in Richtung des Dienstleistungssektors.

Mit der **Öffnung des Eisernen Vorhangs** veränderten sich die politischen Rahmenbedingungen, was mit weitreichenden Folgen für den europäischen Wirtschaftsraum verbunden war. Die verzögerte wirtschaftliche Entwicklung der osteuropäischen Staaten ist auf den langwierigen **Transformationsprozess** von einer international nicht wettbewerbsfähigen sozialistischen Zentralverwaltungs- in eine konkurrenzfähige Marktwirtschaft zurückzuführen (vgl. Kap. 2.5). Trotzdem zeigen gerade die in den europäischen Integrationsprozess eingebundenen Staaten wie Polen, Bulgarien oder Rumänien in bestimmten Regionen eine beachtliche Wachstumsdynamik. Diese fußt sowohl auf europäischen Strukturhilfen als auch auf ausländischen Direktinvestitionen.

2.3 Die Darstellung der räumlichen Disparitäten mithilfe von Raumordnungsmodellen

Geoökonomische Raumordnungsmodelle stellen den europäischen Wirtschaftsraum kartographisch stark generalisiert dar und beschränken sich auf zentrale Aussagen. Sie können einen **raumanalytischen** oder **prognostischen Charakter** bzw. beides besitzen. Das heißt, sie versuchen sowohl die aktuellen wirtschaftsräumlichen Strukturen als auch mögliche Zukunftsprognosen abzubilden. Teilweise werden auch zukünftig gewünschte Raumentwicklungen berücksichtigt **(normativer Charakter)**.

Wenngleich Aussagen über allgemeine Tendenzen möglich sind, erweist sich das Zusammenfassen von mehreren Wirtschaftsräumen zu wirtschaftsstarken oder wirtschaftsschwachen Korridoren bisweilen als problematisch. Der europäische Wirtschaftsraum ist ein in sich differenziertes und dynamisches Gebilde, in dem Altindustriegebiete neben neuen Industrieregionen liegen, Aktivräume eine periphere Lage haben können oder strukturstarke Zentren von strukturschwachem Umland umgeben werden. Deshalb wird in diesem Zusammenhang auch das Bild vom **fragmentierten Wirtschaftsraum** bzw. vom **Mosaik der heterogenen Wirtschaftsregionen** verwendet.

Prinzipiell muss davon ausgegangen werden, dass sich auch in Zukunft die wirtschaftlichen Aktivitäten auf die verstädterten Kernräume mit ihren günstigen Standortfaktoren konzentrieren werden und ländliche, periphere Regionen eher benachteiligt bleiben. Die zunehmende Globalisierung scheint diesen Trend weiter zu verstärken.

Die wichtigsten Raumordnungsmodelle und Raumvorstellungen zum europäischen Wirtschaftsraum

- **Blaue Banane** (nach BRUNET, 1989):
  - umfasst in Form einer Banane einen wirtschaftlichen Kernraum, der von den englischen Midlands über Südengland und Teile der Benelux-Staaten, der Rheinachse folgend, bis nach Mittelitalien reicht;
  - zeichnet sich durch eine starke Wirtschaftsdynamik, eine hohe Bevölkerungsdichte und eine hervorragend ausgebaute Infrastruktur aus;
  - umfasst im Strukturwandel begriffene Altindustriegebiete (z. B. englische Midlands, Ruhrgebiet), Metropolregionen mit hoher und differenzierter Wirtschaftskraft (z. B. Rhein-Main-Gebiet) und Global Cities als wichtige Knotenpunkte der Weltwirtschaft (z. B. London, Frankfurt am Main).
- **Gelbe Banane** (nach WIENEN, 1994):
  - erstreckt sich von Paris im Westen bis Berlin im Osten und schneidet die Blaue Banane im Bereich Luxemburg, Brüssel und Amsterdam;
  - ergänzt damit den Kernraum um wichtige, in der Blauen Banane noch nicht berücksichtigte Zentren (z. B. Berlin nach dem Fall des „Eisernen Vorhangs“).
- **Europäischer Sunbelt** bzw. **Goldene Banane**:
  - spannt sich im nordwestlichen Mittelmeerraum von Katalonien über die Provence und die Côte d'Azur bis nach Rom auf;
  - kennzeichnend sind wachstumsstarke Branchen, zumeist aus dem Hightech-Bereich (z. B. Mikroelektronik, Luft- und Raumfahrttechnik); hieraus ergibt sich die Analogie zum US-amerikanischen Sunbelt (Silicon Valley).
- **Europäische Peripherie** und **Problemregionen**:
  - Regionen in europäischen Randlagen, außerhalb der Kern- und Wachstumsräume, mit entsprechend schwacher Wirtschaftsleistung, geringerer Bevölkerungsdichte und daher schlechteren wirtschaftlichen Entwicklungsperspektiven (z. B. große Teile Südspaniens und Süditaliens);
  - in der Vorstellung eines fragmentierten europäischen Wirtschafsraumes können Problemregionen auch innerhalb des Kernraumes auftauchen (z. B. deindustrialisierte, wachstumsschwache Regionen im Ruhrgebiet oder strukturschwache, ländliche Räume im weiteren Umland von Berlin).

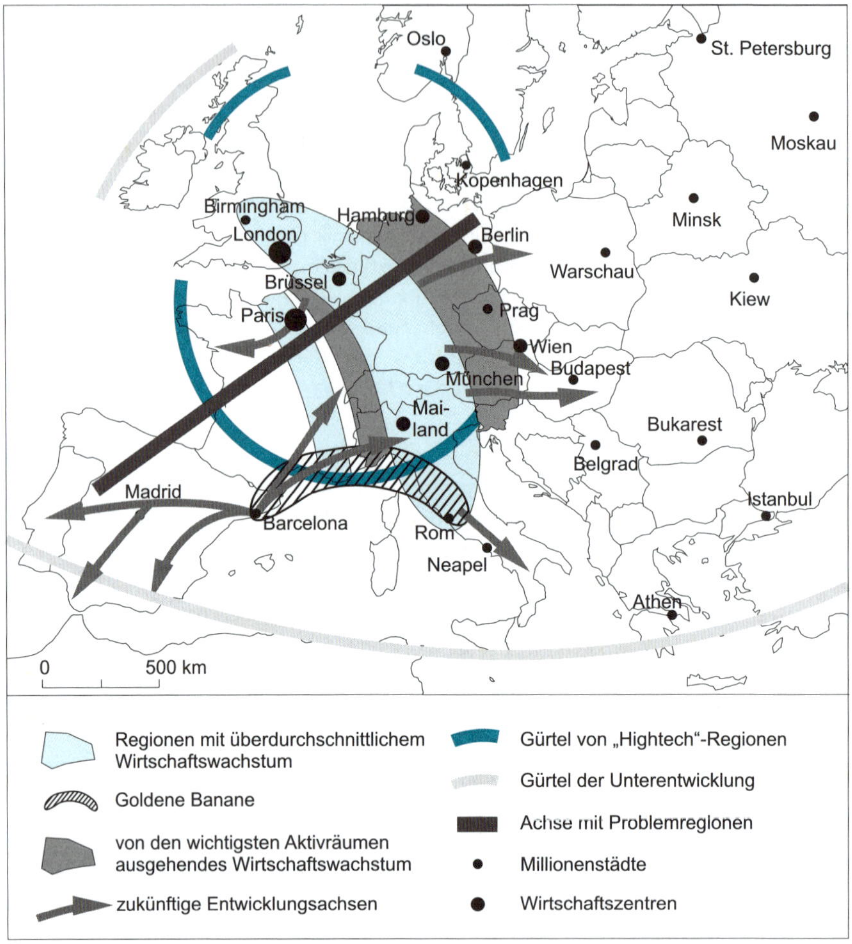

Zentrum-Peripherie-Modelle zum Wirtschaftsraum Europa

Das **Modell der „europäischen Trauben"** (siehe folgende Abb.) beschränkt diese Prognose auf die großen städtischen Metropolen. Es besagt, dass künftig nicht geschlossene Großregionen die strukturbestimmenden Räume sind, sondern wirtschaftlich starke, untereinander gut vernetzte Einzelmetropolen. Diese reichen vom Süden Italiens (z. B. Neapel) bis nach Skandinavien (z. B. Stockholm) und von Portugal (z. B. Lissabon) bis nach Russland (z. B. St. Petersburg). Das Metropolennetz deckt somit den gesamten europäischen Wirtschaftsraum ab. Es bildet aufgrund seiner polyzentralen Raumstruktur ein Gegenstück zu den **Zentrum-Peripherie-Modellen**.

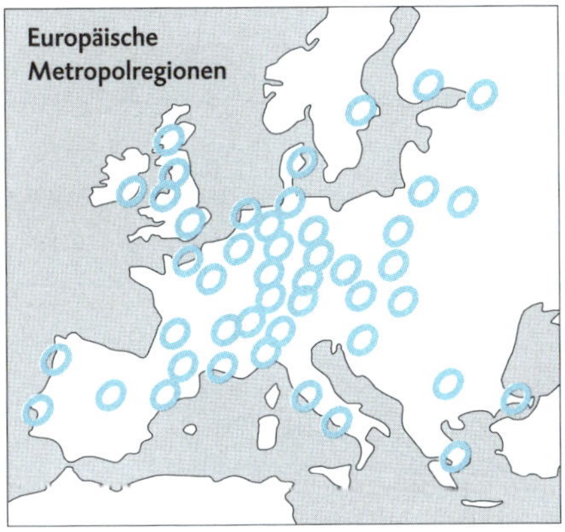

Das Modell der „europäischen Trauben"

2.4 Die EU-Strukturpolitik als Antwort auf regionale Unterschiede

In den Gründungsverträgen der EWG wurde festgeschrieben, dass die Lebensverhältnisse in den einzelnen Staaten stetig verbessert und die regionalen Unterschiede verringert werden sollen. Dieses Vorhaben scheint mit Fortschreiten des europäischen Integrationsprozesses eine immer größere Herausforderung zu werden. Betrug 1960 bei den sechs EWG-Staaten das Verhältnis zwischen dem Staat mit dem niedrigsten und dem Staat mit dem höchsten BNE pro Kopf noch ca. 1:3, so belief es sich im Jahr 2013 innerhalb der EU-Staaten auf ca. 1:11. Auf regionaler Ebene fallen die Unterschiede noch weitaus deutlicher aus (bis zu 1:100).

Um diese Unterschiede abzumildern, verfolgt die EU eine gemeinsame Regional- und Strukturpolitik. Diese wird auch als **Kohäsionspolitik** bezeichnet, weil sie die Festigung des wirtschaftlichen, sozialen und territorialen Zusammenhalts (= Kohäsion) in der Union fördert. Sie steht für die Solidarität zwischen den einzelnen Mitgliedsstaaten.

Für die neue Förderperiode, die für den Zeitraum 2014–2020 ausgeschrieben ist, orientiert sich die EU-Regionalpolitik an den Zielen der Entwicklungsstrategie „Europa 2020". Als Grobziele sind für die zu fördernden Regionen die Schaffung von Arbeitsplätzen, Wirtschaftswachstum, die Steigerung der Wettbewerbsfähigkeit, die Verbesserung der Lebensqualität sowie eine umweltverträgliche Entwicklung formuliert. Zur Erreichung dieser Ziele flossen im Jahr 2014 knapp die Hälfte (ca. 62,3 Mrd. Euro) der EU-Haushaltsmittel in unterschiedliche **Struktur- und Investitionsfonds** (z. B. Europäischer Fonds für Regionale Entwicklung – EFRE).

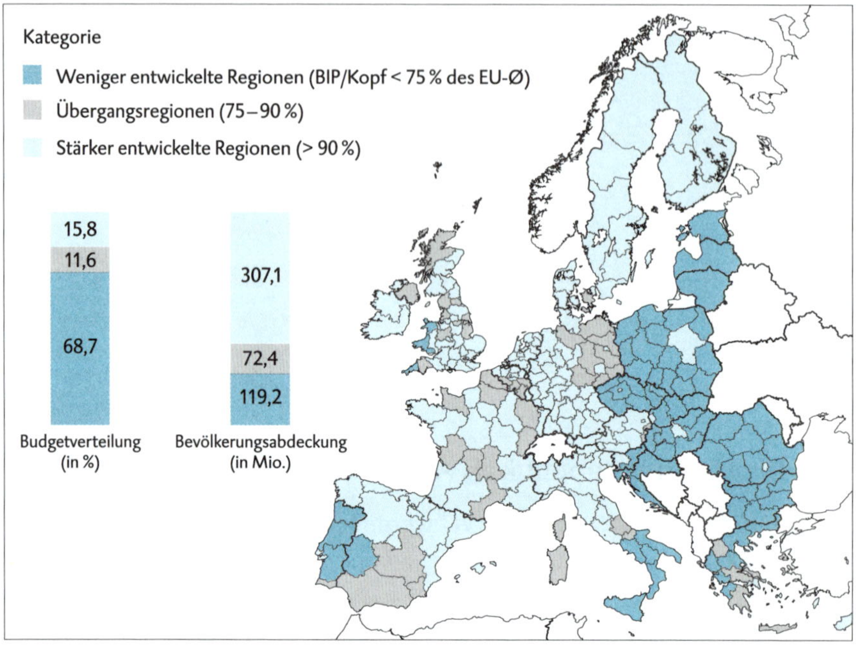

Kohäsionspolitik der EU 2014–2020

Grundsätzlich haben alle Regionen der EU Anspruch auf eine Strukturförderung. Die EU differenziert bei ihren Maßnahmen, indem sie die zu fördernden Regionen in unterschiedliche Kategorien einteilt (vgl. Abb. oben).

Um die regionale Vergleichbarkeit der Wirtschaftsdaten zu erhöhen und eine gerechtere Verteilung der EU-Gelder zu erreichen, wurden verschiedene regionale Bezugseinheiten, die sogenannten **„NUTS-Regionen“** (= Nomenclature des Unités Territoriales Statistiques), festgelegt. Die Mitgliedsstaaten werden dabei in unterschiedlich große Gebietseinheiten eingeteilt, die in den einzelnen Staaten ungefähr miteinander vergleichbar sind.

NUTS-Regionen

- **NUTS-1-Regionen:** die größeren Bundesländer in Deutschland, die Raumplanungsgebiete in Frankreich oder die Regionen in Belgien;
- **NUTS-2-Regionen:** z. B. die Bezirke und kleineren Bundesländer in Deutschland, die Regionen in Frankreich oder die Comunidades autónomas in Spanien;
- **NUTS-3-Regionen:** u. a. die Landkreise und kreisfreien Städte in Deutschland, die Départments in Frankreich oder die Nomoi in Griechenland.

Die meisten Fördermittel erhalten die strukturschwachen Regionen mit Entwicklungsrückstand. Um den Erfolg der Strukturmaßnahmen zu verbessern, müssen sich die einzelnen Regionen und Staaten an den entsprechenden Planungs- und Förderkonzepten beteiligen sowie eine Kofinanzierung leisten.

Die gemeinsame Agrarpolitik der EU (GAP)

Lange bevor die EU-Regionalpolitik im Jahr 1987 in der Gemeinsamen Europäischen Akte festgeschrieben wurde, einigten sich bereits 1957 die damaligen EWG-Staaten auf wirtschaftspolitische Absprachen im Agrarsektor. Die Zusammenarbeit hält bis heute an und verschlingt immerhin knapp die Hälfte des EU-Budgets.

Bis heute haben sich die Ziele und die damit verbundenen Maßnahmen immer wieder verändert und sich den entsprechenden Rahmenbedingungen angepasst: Gerade nach dem Zweiten Weltkrieg war die Ernährungssicherung ein primäres Ziel. Deshalb sollten die gemeinsamen Interventionen und Förderungen eine Steigerung der Nahrungsmittelproduktion erreichen sowie ein Grundeinkommen der Landwirte sicherstellen. Im Zuge dessen wurde der EWG-Agrarmarkt über Einfuhrzölle und Ausfuhrsubventionen geschützt. Die EWG setzte die Preise für die eigenen agrarischen Erzeugnisse fest und sicherte eine Abnahmegarantie zu. So wurden Waren, die von den Landwirten nicht abgesetzt werden konnten, zu einem festen Preis aufgekauft und gelagert oder vernichtet. Mit fortschreitender agrotechnischer Entwicklung und damit verbundener Produktivitätssteigerung kam es in den 1970er-Jahren dadurch zu einer Überproduktion (sogenannte „Fleisch- und Butterberge“ oder „Milch- und Weinseen“).

Die GAP unterlag seit Inkrafttreten mehrfach einer grundlegenden Reformierung. Die Preisgarantien sind mittlerweile weitgehend abgeschafft. Stattdessen werden flächenbezogene, direkte Beihilfen an Landwirte gezahlt und Prämienausschüttungen von der Einhaltung bestimmter Kriterien im Bereich Natur- und Tierschutz abhängig gemacht.

2.5 Raumbeispiel Oberschlesisches Revier – ein Altindustriegebiet im Wandel

Mit einer Flächenausdehnung von rund 2 700 km^2 und einer Bevölkerungszahl von knapp 3 Mio. ist das Oberschlesische Revier (polnische Abkürzung: GOP) nach Warschau der zweitgrößte Ballungsraum in Polen. Innerhalb der polnischen Staatsgrenzen lässt sich das Industrierevier durch die Städte

Tarnowitz im Norden, Tichau im Süden, Gleiwitz im Westen und schließlich Dombrowa im Osten begrenzen. Im äußersten Südwesten werden die Standorte Rybnik und Sohrau noch mit eingerechnet. Die Industrieregion nimmt den größten Teil der Wojewodschaft Slask („Verwaltungsbezirk Schlesien") ein und beinhaltet die großen Zentren Kattowitz und Gleiwitz.

Die historische Entwicklung des Wirtschaftsraumes

Die wirtschaftliche Entwicklung als bedeutendes **europäisches Zentrum der Schwerindustrie** gründete auf der günstigen naturräumlichen Ressourcenausstattung. Nahezu die gesamten Steinkohlevorkommen Polens sowie eine Vielzahl an Erzlagerstätten, die heute zum größten Teil erschöpft sind, waren hier in räumlicher Konzentration vorhanden.

Obwohl der Abbau von Silber- und Bleierzen bereits im 12. Jh. begann, erfolgte die Herausbildung zu einem der größten kontinentaleuropäischen Montanreviere erst im Zuge der Industrialisierung ab Mitte des 19. Jh. Eine weitere Voraussetzung für die Entstehung von Kohlegruben und Stahlwerken war das in der Region bereits vorhandene Kapital, das durch die leistungsstarke Landwirtschaft auf den fruchtbaren Lössböden in vorindustrieller Zeit erwirtschaftet wurde.

Die für andere Montanreviere Europas kennzeichnende **Kohle- und Stahlkrise** ab der zweiten Hälfte des 20. Jh. (z. B. Ruhrgebiet, Nord-Pas-de-Calais, Midlands) setzte in Oberschlesien verzögert, aber dafür umso heftiger ein.

Bis zum Fall des Eisernen Vorhangs im Jahr 1989 war die oberschlesische Montanindustrie aufgrund des planwirtschaftlichen Systems und der ökonomischen Abschottung der Ostblockstaaten vor der internationalen Konkurrenz geschützt. Erst mit dem Zusammenbruch des Ostblocks und der damit beginnenden Umstellung auf die Marktwirtschaft sah sich das Revier mit einer Vielzahl von Problemen und Herausforderungen konfrontiert.

Der **wirtschaftliche Transformationsprozess** wurde durch die vom Staat nur zögerlich vorangetriebene Privatisierung der Kohle- und Stahlbetriebe sowie die anfänglich kaum vorhandenen Investoren zusätzlich erschwert. Zechenschließungen und Massenarbeitslosigkeit waren die Folge. Dies betraf vor allem kleinere und mittlere Betriebe. Insgesamt setzte ein gewaltiger **Strukturwandel** ein, der mit einem Bedeutungsverlust der Montanindustrie einherging und gleichzeitig zu einer Neuorientierung und Umstrukturierung der vorhandenen Betriebe führte.

Die aktuelle Wirtschaftsstruktur

Voraussetzung für neue Impulse durch ausländische Direktinvestitionen war ab 1996 die Ausweisung der **Sonderwirtschaftszone Kattowitz (SWZ Kattowitz)**, die vier räumlich voneinander getrennte Unterzonen innerhalb der Oberschlesischen Industrieregion umfasst: Gleiwitz im Westen, Bad Jastrzemb-Sohrau im Südwesten, Tichau im Süden und Sosnowitz-Dambrowa im Osten. Übergeordnete Ziele waren die Förderung der regionalen Wirtschaft, die Schaffung neuer Arbeitsplätze und die Umstrukturierung der bereits bestehenden Industrie. Um stetig neue Investoren zu gewinnen, wirbt die Sonderwirtschaftszone mit folgenden Vorzügen:

- **Nähe zu sechs europäischen Hauptstädten** in einem Radius von 500 km (Wien, Bratislava, Prag, Budapest, Berlin, Warschau);
- hervorragend **ausgebaute Infrastruktur** (die Autobahnen A 1 und A 4 stellen die Verbindungen nach Lodz und Warschau im Norden sowie nach Tschechien im Süden bzw. nach Breslau und Deutschland im Westen sowie nach Krakau und der Ukraine im Osten her; der internationale Flughafen Kattowitz sowie der nationale Flughafen Gleiwitz gewährleisten die Anbindung an den Flugverkehr);
- beträchtliches **Humankapital** von ca. 4,6 Mio. Einwohnern in der Wojewodschaft Schlesien und von sogar 10 Mio. Einwohnern in einem Radius von 100 km um Kattowitz;
- hohe Dichte an **Universitäten** (44 Universitäten mit ca. 200 000 Studenten), die die Region mit qualifizierten Arbeitskräften versorgen;
- **Steuerbefreiung auf Basis der Investitionskosten** (für große Unternehmen bis 25 %, für kleine und mittlere Unternehmen sogar zwischen 35 und 45 %);
- **Steuerbefreiung auf Basis der neu geschaffenen Arbeitsplätze** (große Unternehmen können für einen Zeitraum von zwei Jahren bei den anfallenden Personalkosten bis zu 25 % einsparen, kleine und mittlere Unternehmen bis zu 45 %).

Oberstes Ziel der SWZ Kattowitz besteht darin, eine nachhaltige regionale Wirtschaftsförderung zu erreichen. Deshalb ist die Nutzung der SWZ mit entsprechenden Auflagen für die Unternehmer verknüpft. Hierzu gehören u. a. die Schaffung einer festgelegten Anzahl neuer Arbeitsplätze, die Einbringung einer festgeschriebenen Investitionssumme sowie die Fortführung der Wirtschaftstätigkeit und die Aufrechterhaltung der zuvor festgelegten Anzahl an Arbeitsplätzen für die Dauer von mindestens fünf Jahren bzw. bei kleinen und mittleren Unternehmen für die Dauer von drei Jahren.

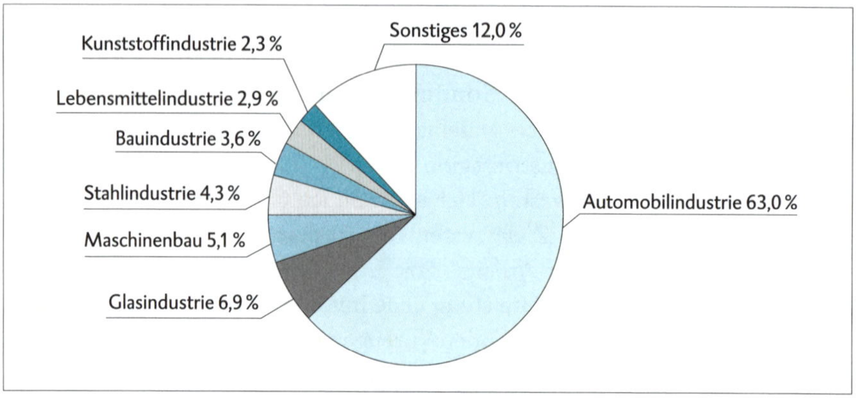

Investitionen in die SWZ Kattowitz nach Branchen (Stand 2015)

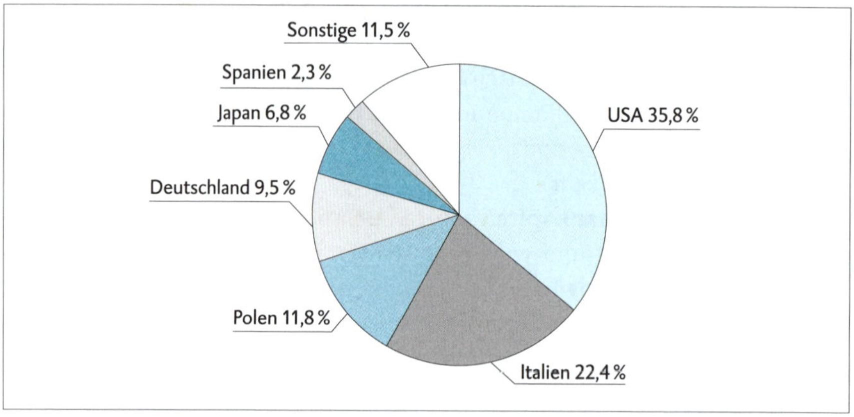

Investoren der SWZ Kattowitz nach Nationalität (Stand 2015)

Die SWZ Kattowitz gilt als wirtschaftlich stärkste der 14 Sonderwirtschaftszonen Polens. Mittlerweile haben sich über 250 Firmen angesiedelt, die bereits über 5 Mrd. Euro investiert und ca. 55 000 neue Arbeitsplätze geschaffen haben. Der Löwenanteil der Investitionen mit über 60 % entfällt auf die Automobilbranche, die in der Region traditionell stark vertreten ist. Wichtige Standorte sind das 1998 in Gleiwitz errichtete Opelwerk oder das 1992 von Fiat aufgekaufte Werk in Tichau. Im Verbund mit einer Vielzahl von Zulieferbetrieben (z. B. die deutsche Firma Kirchhoff Automotive) hat sich in der Region ein gut vernetzter **Automobilcluster** gebildet.

In jüngerer Vergangenheit hat die **Diversifizierung der regionalen Wirtschaftsstruktur** zugenommen. Insbesondere aus dem Dienstleistungssektor sind neue Unternehmen (z. B. in den Bereichen IT, Transport und Logistik) hinzugekommen, was auf die steigende Nachfrage der schon vorhandenen bzw. neu angesiedelten Betriebe zurückzuführen ist.

Ursprünglich war das Laufzeitende der polnischen Sonderwirtschaftszonen für 2020 vorgesehen. Als man jedoch feststellte, dass die bevorstehende Frist die ausländischen Investoren hemmte, verlängerte die Regierung die Laufzeiten vorerst bis 2026. Die positive wirtschaftliche Entwicklung der Region Schlesien ist zum Großteil auf den Erfolg der SWZ Kattowitz zurückzuführen. Diese wurde im Jahr 2015 von der Financial Times als beste Freihandelszone Europas ausgezeichnet.

Für die nächsten Jahre wird weiteres Wachstum prognostiziert. Im Sinne einer stabilen und dauerhaften wirtschaftlichen Entwicklung ist die Fortführung der Diversifizierungsmaßnahmen von entscheidender Bedeutung. Die Region wird sich mittel- und langfristig von der Automobilbranche weiter unabhängiger machen müssen, um das Wirtschaftswachstum durch unterschiedliche Branchen zu garantieren und damit weniger krisenanfällig zu sein.

	Schlesien	Polen	Baden-Württemberg
BIP pro Kopf (2013)	10 267 €	9 868 €	38 716 €
Anteil der einzelnen Sektoren an der Gesamtwertschöpfung (2013)			
• Primärer Sektor	0,8 %	3,1 %	0,6 %
• Sekundärer Sektor	42,0 %	33,6 %	39,2 %
• Tertiärer Sektor	57,2 %	63,3 %	60,2 %
Arbeitslosenquote in % (2014)	9,6 %	11,4 %	4,0 %

Wirtschaftsdaten der Region Schlesien im Vergleich

2.6 Raumbeispiel Lombardei – das wirtschaftliche Rückgrat Italiens

Die Lombardei erstreckt sich im zentralen Norden Italiens von den italienischen Alpen bis in die Poebene im Süden. Gemeinsame Grenzen bestehen mit den Schweizer Kantonen Tessin und Graubünden im Norden sowie den norditalienischen Provinzen Piemont im Westen, Trentino-Südtirol und Venetien im Osten, und der Emilia-Romagna im Süden. Sie umfasst auf einer Fläche von ca. 24 000 km^2 zwölf Provinzen, die insgesamt ca. 10 Mio. Einwohner zählen. Somit ist sie die bevölkerungsreichste Region Italiens. Auch ökonomisch gesehen hält die Lombardei die nationale Spitzenstellung. Sie wird als wirtschaftliches Rückgrat des Landes bezeichnet und gehört zu den **wirtschafts-**

stärksten Regionen Europas. Dies lässt sich an folgenden ökonomischen Daten verdeutlichen:

- Die Lombardei steuert fast ein Viertel zum Bruttoinlandsprodukt Italiens bei (2014: ca. 22 %).
- Die Krisenjahre zwischen 2008 und 2014 konnten weitaus besser kompensiert werden als in anderen Regionen; das italienische BIP lag Ende 2014 um 8,7 % unter dem Vorkrisenniveau, die Lombardei verzeichnete einen weitaus geringeren Rückgang von nur 3,6 %.
- Weiterhin weist die Region verglichen mit den nationalen Wirtschaftsdaten überdurchschnittliche Werte auf, z. B. im Bereich BIP pro Kopf (2014: 34 900 € zu 26 500 €) und bei der Beschäftigungsrate (2014: 70,7 % zu 63,9 %).
- Knapp die Hälfte aller multinationalen Unternehmen mit Niederlassungen in Italien sind in der Lombardei angesiedelt (u. a. Adidas, SAP, BMW, Bayer).
- Mit der Metropole Mailand, die der gleichnamigen Provinz angehört, verfügt die Lombardei über ein Wirtschaftszentrum mit herausragender nationaler und supranationaler Bedeutung (s. u.).
- Keine andere Region verfügt über stärkere außenwirtschaftliche Verflechtungen; 2014 entfielen auf die Lombardei ca. 28 % aller Exporte und ca. 31 % aller Importe Italiens.

Die historische Entwicklung des Wirtschaftsraumes

Die Lombardei wird in geoökonomischen Raumordnungsmodellen dem europäischen Kernraum, der Blauen Banane, zugerechnet (vgl. S. 163 f.). Entscheidend für die heutige Wirtschaftskraft und den Entwicklungsvorsprung, vor allem gegenüber den strukturschwachen Regionen Süditaliens, war eine frühere und ausgeprägtere Industrialisierung (ab ca. 1850), wie sie für den gesamten Norden Italiens kennzeichnend war. Diese wiederum kann auf mehrere Faktoren zurückgeführt werden:

- Die **naturräumliche Nähe zu den Alpen** erwies sich als günstig, weil die für die Industrialisierung erforderliche Elektrizität in den Wasserkraftwerken der Alpentäler erzeugt werden konnte.
- Die Lombardei und gerade ihre Landeshauptstadt Mailand stellten bereits in vorindustrieller Zeit einen **wichtigen Verkehrsknotenpunkt** dar; dies bot eine gute Voraussetzung für den Ausbau und die Modernisierung der schon vorhandenen Verkehrsinfrastruktur.
- Durch das **flache Relief im Vorland der Alpen** waren ausreichend Flächen verfügbar, um große Industriebetriebe ansiedeln zu können.

- Die bereits im Mittelalter schon weitreichend **vernetzten Strukturen des produzierenden Gewerbes** boten Grundmuster für das Entstehen von Manufakturen in der Frühen Neuzeit (ca. 16.–18. Jh.) und schließlich eines weit verzweigten Fabriksystems ab der zweiten Hälfte des 19. Jh.
- Mit den vorindustriellen Wirtschaftsstrukturen entwickelte sich ein Unternehmertum mit entsprechendem **betriebswirtschaftlichen Know-how**.
- Die seit der Renaissance zunehmende wirtschaftliche Tätigkeit in den großen Städten Norditaliens führte zur **Finanzakkumulation** und zur Bildung einer **Bevölkerung mit hoher Kaufkraft**.
- Die **kapitalistisch organisierte Landwirtschaft** Norditaliens mit vorwiegend selbstständigen Landwirten auf Eigenbesitz war der auf Pacht ausgerichteten Latifundienwirtschaft Süditaliens marktwirtschaftlich überlegen. Zu diesen sozioökonomischen Vorteilen kamen günstige naturgeographische Bedingungen in der Poebene (Klima mit ausreichend Sonnenstunden und Niederschlägen sowie fruchtbare Schwemmlandböden), sodass Kapitalüberschüsse erwirtschaftet werden konnten, die wiederum die regionale industrielle Entwicklung im 19. Jh. stützten; zudem erleichterten diese Standortvorteile die Umstellung der norditalienischen Landwirtschaft auf eine industrielle Massenproduktion.
- Die **eigenständige Nahrungsmittelerzeugung** ermöglichte dem Norden eine adäquate Versorgung der Bevölkerung und machte die Region von Nahrungsmittelimporten weitgehend unabhängig.

Die lombardische Industrie entwickelte sich ausgehend vom **Textilgewerbe**, das auch heute noch einen hohen Stellenwert besitzt und mit der **Modebranche** in Mailand eng verknüpft ist. Die Herstellung von Textilien reicht zurück bis in die Antike. Früher verwendete man Wolle als Ausgangsstoff, später spielten importierte Baumwolle sowie Kunstfasern eine größere Rolle. Die Textilindustrie sorgte mit Beginn der Industrialisierung für die Ansiedlung von Branchen, zu denen unterschiedliche Zulieferbeziehungen bestanden: Für die Herstellung der Textilien wurden vermehrt Maschinen benötigt, sodass sich die **Maschinenbauindustrie** und die **Metallverarbeitung** in räumlicher Nähe ansiedelten (z. B. Varese). Den Rohstoff für diese lieferte die eisenschaffende Industrie, die sich ebenfalls in der Lombardei, wegen der Nähe zu den Erzgruben (z. B. Insel Elba) und der möglichen Nutzung der Wasserkraft, niederließ; so sind in der Umgebung von Brescia noch heute Kleinstahlwerke in Betrieb. Für die unterschiedlichen chemischen Prozesse bei der Lederherstellung bzw. -verarbeitung sowie für das Bleichen und Färben der Textilien war zudem das Vorhandensein der **chemischen Industrie** notwendig. Eine weitere Zulieferbeziehung bestand mit dem **Kraftfahrzeugbau**, der wiederum auf den Maschinenbau und die metallverarbeitende Industrie angewiesen war. Mit Alfa Romeo ist seit 1910 ein bekannter Automobilhersteller in Mailand vertreten.

Die aktuelle Wirtschaftsstruktur

In der Lombardei besitzt der sekundäre Sektor noch heute einen überdurchschnittlich hohen Anteil an der regionalen Wertschöpfung (ca. 27 %). Die Branchenstruktur ist breit gefächert: Sie umfasst u. a. die Automobilindustrie mit ihren Zulieferbetrieben um Mailand und Bergamo, die Seidenweber in Como, die Möbelindustrie in der Brianza, die Metallverarbeitung und den Maschinenbau in Brescia sowie die chemische Industrie um Mailand.

Region	Branche	Firmenanzahl	Beschäftigte
Bergamo	Maschinenbau	68 876	330 422
Busto Arsizio	Textilien und Bekleidung	50 883	229 100
Como	Textilien und Bekleidung	45 177	195 289
Brescia	Maschinenbau	43 465	204 989
Lecco	Maschinenbau	27 048	122 730
Vigevano	Leder, Schuhe	12 556	47 931
Cremona	Nahrungsmittel	11 377	52 352

Die größten Industriecluster der Lombardei (2015)

Obwohl die Lombardei die höchste Zahl an Großunternehmen aller italienischen Regionen aufweist, dominieren heute klein- und mittelständische Betriebe die regionale Wirtschaftsstruktur – im Jahr 2013 beschäftigte ein Betrieb durchschnittlich 4,8 Mitarbeiter. Die Verbreitung der klein- und mittelständischen Unternehmen setzte sich ab den 1970er-Jahren durch. Die Betriebe organisieren sich bis heute in sogenannten Industriedistrikten bzw. Industrieclustern. Das bedeutet, dass sich Unternehmen gleicher Branche bzw. mit denselben Zulieferbeziehungen in räumlicher Nähe ansiedeln. Die Produktionen der einzelnen Betriebe sind dabei arbeitsteilig verflochten. In der Regel spezialisieren sie sich auf die Herstellung eines bestimmten Produktes. Die Produktionsnetzwerke bieten dabei unterschiedliche Vorteile, die die internationale Wettbewerbsfähigkeit der kleinen und mittelständischen Betriebe sichern: Durch die räumliche Nähe und die arbeitsteilige Produktion kann eine gleichbleibend hohe Qualität bei geringeren Produktionskosten erreicht werden. Gleichzeitig ist es möglich, schneller und flexibler auf die sich stetig verändernden Nachfragebedürfnisse zu reagieren. Weitere Synergieeffekte ergeben sich durch Kooperationen im Bereich Aus- und Weiterbildung sowie den Austausch von Wissen oder Arbeitskräften. Ausgehend von der Lombardei breiteten sich diese industriellen, innovativen Milieus, fern von den großen Ballungszentren, im Nordosten (u. a. Venetien, Friaul) und in Mittelitalien (u. a. Emilia-Romagna, Toskana, Umbrien) aus.

Diese Regionen werden in Abgrenzung zu den früh industrialisierten Gebieten des **Triangolo Industriale** (Turin-Genua-Mailand) und dem wenig industrialisierten Süden Italiens **(Mezzogiorno)** als **Drittes Italien** bezeichnet.

Triangolo Industriale

- Raumordnungsmodell, das die großen Wirtschaftszentren Nordwestitaliens in Form eines Dreiecks miteinander verbindet und sich v. a. in der industriellen Entwicklung nach dem Zweiten Weltkrieg herausgebildet hat:
  - **Mailand:** v. a. Automobilindustrie (Alfa Romeo), Maschinenbau, Metallverarbeitung, chemische Industrie, Textilien und Bekleidung;
  - **Turin:** v. a. Automobilindustrie (Fiat), Maschinenbau, Metallverarbeitung, Luft- und Raumfahrttechnik;
  - **Genua:** v. a. Schwerindustrie, Erdölindustrie, Hafenanlagen mit Containerterminal und Mineralölhafen.
- Obwohl sich ein Band hoher bis höchster Dichte von Industriestandorten über die gesamte nördliche Poebene zieht, bestehen ausgeprägte wirtschaftliche Verflechtungen innerhalb des Industriedreiecks, die über entsprechende Zulieferbeziehungen oder eine gute infrastrukturelle Verbindung deutlich werden.

Trotz des starken industriellen Sektors befindet sich auch die Lombardei in einem fortschreitenden Tertiärisierungsprozess. Der Dienstleistungsbereich trägt ca. 72 % zum regionalen BIP bei. Wichtige Branchen sind der Groß- und Einzelhandel sowie die Finanz- und Immobiliendienstleistungen. Der **Tourismus** nimmt im regionalen Vergleich ebenfalls eine bedeutende Stellung ein. Beliebte Destinationen sind neben der Metropole Mailand die großen Seen (Lago Maggiore, Comersee, Gardasee, Luganersee, Iseosee) und die Alpenregionen. Was die absoluten Touristenzahlen betrifft, belegt die Lombardei mit ca. 13,5 Mio. Touristenankünften im Jahr, hinter Venetien (ca. 16 Mio.), aber noch vor der Toskana (ca. 12 Mio.), landesweit den zweiten Platz. Legt man die Anzahl der Touristenübernachtungen zugrunde, rutscht die Lombardei auf den fünften Rang ab. Dies lässt sich durch die verhältnismäßig hohe Zahl an Tagesgästen, u. a. auch Geschäftsleuten, in Mailand erklären.

Die Bedeutung der lombardischen Landwirtschaft an der regionalen Wertschöpfung ist mit aktuell ca. 1 % sehr gering, trotzdem bestimmen gerade in der Poebene die landwirtschaftlichen Flächen das Landschaftsbild. Unter anderem werden Weizen, Mais, Reis, Zuckerrüben und auch Wein angebaut.

Mailand – ein Wirtschaftszentrum mit (inter)nationaler Strahlkraft

Mailand stellt nicht nur den Knotenpunkt der italienischen Wirtschaft dar, sondern rangiert auch im europäischen Vergleich direkt hinter den **Global Cities** ersten Ranges: London und Paris. Als Sitz der italienischen Börse und der Großbank Unicredit gilt Mailand als **Finanzzentrum** Italiens. Die Metropole trägt zur Hälfte zum regionalen BIP der Lombardei und zu einem Zehntel zur nationalen Wertschöpfung bei. Eine Vielzahl der erfolgreichsten italienischen Firmen ist dort angesiedelt. Dazu zählen der Automobilzulieferer Pirelli, der Baukonzern Italmobiliare oder der Finanzdienstleister Mediobanca.

Die regionale Wirtschaftsstruktur wird neben dem noch heute stark vertretenen **industriellen Sektor** (Textilindustrie und Fahrzeugbau) von hochrangigen Dienstleistungen bestimmt. Neben der **Finanzwirtschaft** und der Immobilienbranche spielen mittlerweile auch **Forschung und Entwicklung**, vor allem in den Bereichen Biotechnologie, Informationstechnik und Umwelttechnologie, eine große Rolle. Mailand ist außerdem Hauptsitz der **italienischen Bekleidungsindustrie**. Bekannte Marken sind Gucci, Valentino, Armani, Versace oder Dolce & Gabbana. Zweimal jährlich rückt Mailand durch seine Modewoche in den Fokus der internationalen Modeszene.

Neben dem hohen Binnenkonsum, der durch die hohe Kaufkraft der Einwohner bedingt ist, erwirtschaftet die Metropolregion den höchsten Exporterlös aller italienischen Provinzen. Im Jahr 2014 schulterte die Provinz Mailand 9,4 % der italienischen Ausfuhren, das entspricht einem Warenwert von ca. 37,4 Mrd. Euro.

Mit seinen zahlreichen Bildungseinrichtungen (u. a. Universität Mailand, Technische Hochschule Politecnico di Milano, Wirtschaftsuniversität Luigi Bocconi) gilt Mailand auch als **hochrangiger Wissenschaftsstandort**.

Einen nicht unwesentlichen Beitrag zur Wertschöpfung des tertiären Sektors trägt die **Tourismusbranche** bei. Mailand stellt vor allem für Tagestouristen ein beliebtes Ausflugsziel dar. Bekannte Sehenswürdigkeiten sind der Mailänder Dom, das Kloster Santa Maria della Grazie (UNESCO-Welterbe) oder der Museumskomplex im Castello Sforzesco. Im Jahr 2015 war Mailand Ausrichter der **Weltausstellung „Expo"**. Diese wurde auf dem erweiterten Messegelände im Nordwesten der Stadt durchgeführt und zog ca. 21 Mio.

Besucher an. Mit der Expo waren auch große Investitionen von ca. 10 Mrd. Euro in die Infrastruktur (u. a. U-Bahn-Netz und Autobahnen) verbunden, was dem Standort für die weitere Entwicklung zugutekommt.

ufgabe 34 Analysieren Sie das Raumordnungsmodell auf S. 164.

ufgabe 35 Erklären Sie ausgehend von der Karte zur Kohäsionspolitik der EU 2014 – 2020 (S. 166) die Struktur- und Regionalpolitik der EU.

ufgabe 36 „Die Lombardei stellt das wirtschaftliche Rückgrat Italiens dar!“ Begründen Sie diese Aussage mithilfe der Materialien.

	Italien	Lombardei	Nord-Ovest	Nord-Est
Bevölkerung am 1. 1. 2015 in Mio.	60,8	10,0	16,1	11,7
Fläche in km²	302 073	23 864	57 928	62 327
Gesamt BIP in Millionen Euro (2014)	1 613 859	348 615	522 032	364 829
BIP pro Kopf in Euro (2014)	26 500	34 900	32 400	31 100
Innerbetriebliche Ausgaben für Forschung und Entwicklung in Mio. Euro (2013)	21,0	4,5	7,7	5,0

	Centro	Sud	Isole
Bevölkerung am 1. 1. 2015 in Mio.	12,1	14,1	6,8
Flache in km²	58 085	73 800	49 933
Gesamt BIP in Millionen Euro (2014)	355 045	249 955	120 387
BIP pro Kopf in Euro (2014)	29 400	17 700	17 800
Innerbetriebliche Ausgaben für Forschung und Entwicklung in Mio. Euro (2013)	4,9	2,4	1,0

Strukturdaten Lombardei im Vergleich (Werte teilweise gerundet)

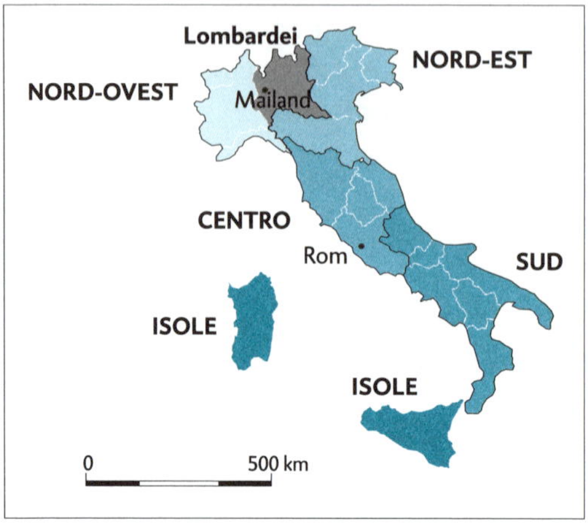

Karte NUTS-1-Regionen in Italien

Aufgabe 37

a Ordnen Sie die SWZ Kattowitz begründet in das Modell der Langen Wellen nach Kondratieff ein (vgl. S. 108).

b Bewerten Sie die „SWZ Kattowitz" aus der Sicht eines deutschen Automobilherstellers, der seine Produktion an diesen Standort auslagern möchte.

3 Wirtschaftsregionen außerhalb Europas

Im Zuge der Globalisierung und der damit verbundenen Begleiterscheinungen, wie dem globalen Waren- und Kapiteltransfer, der globalen Arbeitsteilung oder dem Entstehen globaler Märkte (vgl. Kap. 4), wachsen und etablieren sich überall auf der Welt neue Wirtschaftsregionen. Die großen Wirtschaftszentren in Nordamerika, Europa und Ostasien müssen sich zunehmend gegen wachsende Standorte und Märkte in Südamerika, Asien oder Afrika behaupten. Die einst **tripolare Ordnung der Weltwirtschaft** wird zusehends von einer **multipolaren Struktur** des globalen Wirtschaftsraumes abgelöst.

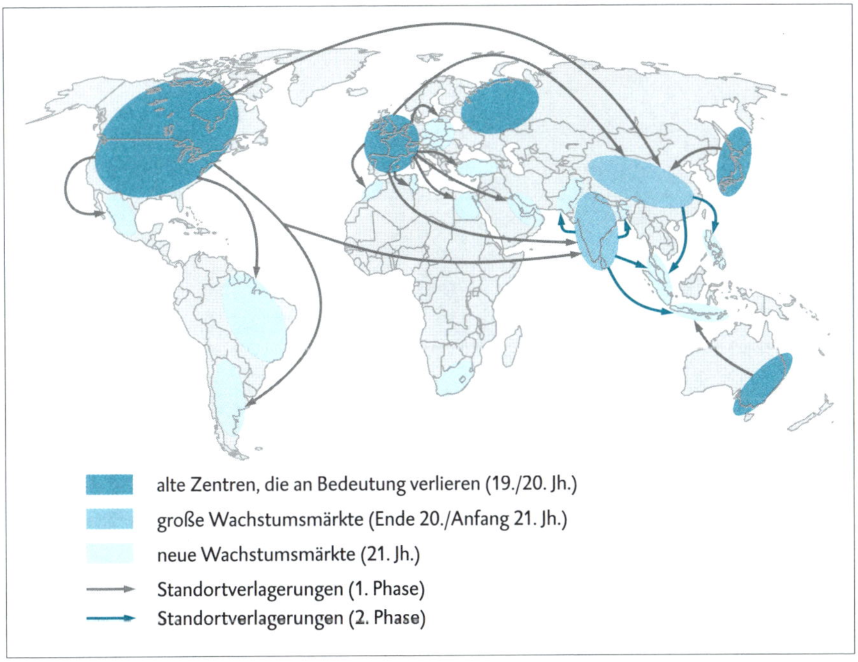

Alte und neue Zentren der Weltwirtschaft

3.1 Raumbeispiel Ghana – die wirtschaftliche Drehscheibe Westafrikas?

Ghana liegt in der westafrikanischen Subsahara-Region. Direkte Nachbarländer sind Togo im Osten, die Elfenbeinküste im Westen sowie Burkina Faso im Norden. Im Süden hat das Land über den Golf von Guinea Zugang zum Atlantischen Ozean.

Ghana ist einer der wenigen Staaten Afrikas, der von den Vereinten Nationen aufgrund des sozioökonomischen Status nicht zur Gruppe der am wenigsten entwickelten Länder **(Least Developed Countries**, kurz: **LDC)** gerechnet, sondern als Mitteleinkommensland **(Low and Middle-Income Country**, kurz: **LMIC)** eingestuft wird. Damit befindet sich der westafrikanische Staat im Bereich zwischen einem Entwicklungs- und einem Schwellenland. Ausschlaggebende Indikatoren waren die Halbierung der Armut, die Verdopplung des Anteils der Menschen mit Zugang zu sauberem Trinkwasser und die Garantie einer kostenlosen Schulbildung im zugrunde gelegten Erfassungszeitraum.

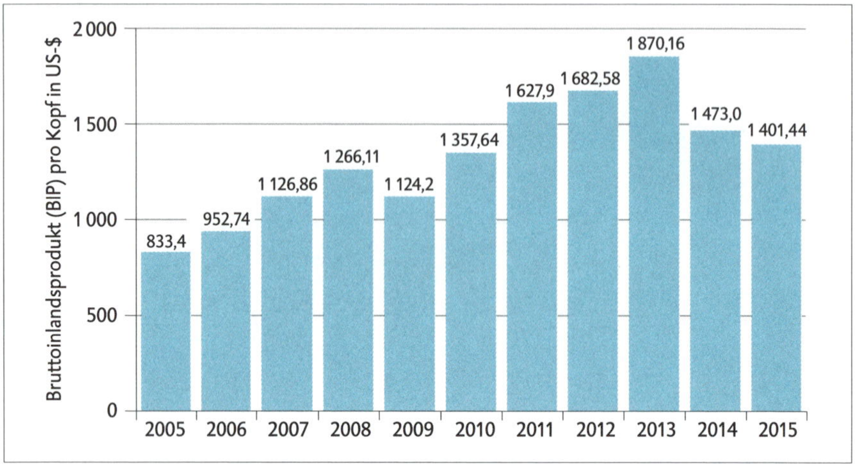

Ghana: BIP pro Kopf 2005–2015

Die historische Entwicklung des Wirtschaftsraumes

Seit dem Mittelalter stand der südliche Teil Ghanas, aufgrund der reichen Goldvorkommen als Goldküste bezeichnet, unter dem Einfluss verschiedener europäischer Kolonialmächte. Letztlich konnten jedoch nur die Briten ihre Herrschaft dauerhaft sichern und erklärten das Territorium 1874 zur Kronkolonie. Die **koloniale Herrschaft** war mit einer ressourcenausschöpfenden Wirtschaftsweise verbunden, die die eigenständige wirtschaftliche Entwicklung erschwerte und bis heute als koloniales Erbe nachwirkt. Neben dem Abbau der Goldvorkommen waren die Briten vor allem an den landwirtschaftlichen Ressourcen interessiert. Dafür wurden weite Regenwaldflächen gerodet, um Kaffee, Ananas und Kakao in Monokulturen anzubauen.

Durch die frühe einseitige Ausrichtung der Wirtschaft auf den Export von landwirtschaftlichen Produkten und vorhandenen Bodenschätzen fehlt dem Land eine leistungsstarke, diversifizierte verarbeitende Industrie.

Wichtige Voraussetzungen für das gegen Ende des 20. Jh. einsetzende dynamische Wirtschaftswachstum war die im Vergleich zu anderen afrikanischen Kolonien **früh erlangte Unabhängigkeit** (seit 1957) sowie die **schnell einsetzende Demokratisierung des Landes** (ab 1992). Die politische Stabilität macht das Land zum Vorbild für viele afrikanische Staaten und ist ein wichtiges Argument, um ausländische Investoren zu gewinnen. Neben diesen politischen Rahmenbedingungen können größere Infrastrukturprojekte des 20. Jh. als erste Schritte für die wirtschaftliche Entwicklung angesehen werden. Im Zuge der Nutzbarmachung der Bauxit-Lagerstätten des Landes und der damit verbundenen Aluminiumherstellung entstanden der **Akosombo-Staudamm** und der **Tiefwasserhafen in Tema**. Der 1966 fertiggestellte Akosombo-Staudamm staut in der im Südosten gelegenen Volta-Ebene mehrere Zuflüsse auf (u. a. Schwarzer und Weißer Volta) und lässt so auf einer Fläche von ca. 8 500 km^2 einen der größten künstlichen Stauseen der Welt entstehen. Der Volta-Stausee soll die Energieversorgung sicherstellen, vor allem für die Aluminiumverhüttung in Tema, und dient inzwischen auch dem Personen- und Güterverkehr. Das integrierte Wasserkraftwerk kann allerdings nur einen Bruchteil der Stromversorgung des Landes sicherstellen, zumal beim Staudammbau eine Stromabgabepflicht an die Nachbarstaaten vertraglich festgelegt wurde.

Mit dem Bau der Häfen in Takoradi (1920) und Tema (1961) wurde im 20. Jh. eine wichtige Voraussetzung für den transkontinentalen Warenverkehr geschaffen. Von den beiden Häfen gingen außerdem entscheidende Impulse für den Ausbau des Eisenbahnnetzes aus.

Die aktuelle Wirtschaftsstruktur

Traditionell ist Ghana einer der wichtigsten Exporteure für Kakao weltweit. Der primäre Sektor stellt mit knapp 45 % die meisten Erwerbstätigen. Neben Kakaobohnen werden Reis, Cashew-, Erd- und Sheanüsse, Öl- und Kokospalmen angebaut. Die Fischerei hat in der Umgebung der Hauptstadt Accra eine größere Bedeutung.

Edelhölzer sind neben **Kakao** und **Gold** das wichtigste Exportgut Ghanas. Die Holzwirtschaft hat sich in jüngerer Vergangenheit im Sinne einer nachhaltigeren Nutzung weiterentwickelt. Internationale Entwicklungsprojekte unterstützen seit den 1990er-Jahren regionale Aufforstungs- und Bildungsmaßnahmen. Dies ist unbedingt erforderlich, weil die Fläche mit einer geschlossenen Waldbedeckung, die in Ghana um 1900 noch einen Anteil von 30 % erreichte, mittlerweile auf ca. 5 % geschrumpft ist.

Mit der Entdeckung des **„Jubilee-Ölfeldes"** vor der Küste im Jahr 2007 und dem Förderbeginn im Jahr 2010 ist eine bedeutende Einnahmequelle hinzugekommen. Mit einer Rohölproduktion von 105 000 Barrel pro Tag belegt Ghana hinter Nigeria (ca. 2,4 Millionen Barrel pro Tag) den zweiten Rang der westafrikanischen Staaten. Die sicher nachgewiesenen Rohölreserven belaufen sich auf 660 Millionen Barrel. Der sekundäre Sektor wird demnach vor allem vom Bergbau und der Erdölindustrie getragen. Gemeinsam mit der Baubranche machen sie den größten Teil an der Wertschöpfung des Sektors aus. Die Industrie konzentriert sich auf die großen Küstenstädte Tema, Sekondi-Takoradi und Accra. In Tema befindet sich z. B. das größte Industrieunternehmen des Landes, die Volta Aluminium Company (VALCO), die mittlerweile zu großen Teilen importiertes Bauxit zu Aluminium verarbeitet. Daneben sind die Zementwerke, ebenfalls in Tema und Sekondi-Takoradi, zu nennen. In Accra hat sich vor allem die Nahrungs- und Genussmittelindustrie angesiedelt. Insgesamt ist die Industrie allerdings zu produktionsschwach und zu wenig diversifiziert, um die Binnennachfrage zu befriedigen. Dies führt zu einer **starken Importabhängigkeit** und in der Folge zu einer **negativen Handelsbilanz**. Die Rückständigkeit kann an einem Beispiel deutlich gemacht werden: Vor einigen Jahren eröffnete in Accra ein Restaurant einer amerikanischen Fast-Food-Kette. Das vermeintliche Symbol für wirtschaftlichen Fortschritt offenbart allerdings die Probleme der einheimischen Industrie. Vom Fleisch bis zum Besteck müssen alle verwendeten Materialien importiert werden.

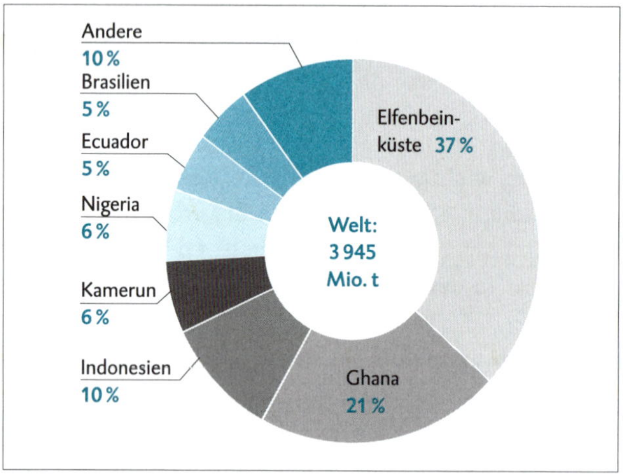

Kakaoproduzenten weltweit (2013)

Wichtige Impulse für die Industrie gingen in den letzten Jahren auch deshalb verloren, weil der Dienstleistungsbereich stark expandierte. Hier sind vor allem Transport und Logistik über den Tiefwasserhafen in Tema und die erweiterte öffentliche Verwaltung zu nennen.

Die aktuelle wirtschaftliche Flaute im Vergleich zu den Jahren 2010–2013 hat mehrere Gründe:

- Die negative Handelsbilanz sowie gestiegene Staatsausgaben, z. B. durch Lohnerhöhungen im öffentlichen Sektor, kostenintensive Investitionen für die Öl- und Energiewirtschaft sowie erforderliche Verbesserungen der Verkehrsinfrastruktur, haben zu einem Haushaltsdefizit geführt; die Befriedigung der Binnennachfrage über Importe führte in der Folge zu einer **zunehmenden Staatsverschuldung**.

- Das wachsende Haushaltsdefizit ist mit einem **Ansteigen der Inflationsrate** bzw. einer **Währungsabwertung** verbunden.
- **Sinkende Preise der Hauptexportgüter** Erdöl und Gold haben die Fiskalkrise zusätzlich verstärkt.
- Ca. 80 % der Erwerbstätigen sind immer noch im **informellen Sektor** beschäftigt und entrichten somit in der Regel keine Steuern oder Sozialabgaben.
- Ein weiteres ökonomisches Wachstumshemmnis ist in der **mangelhaften Infrastruktur**, vor allem der Stromversorgung, zu sehen; während der Versorgungskrise 2014/2015 kam es mehrmals in der Woche zu Stromausfällen, die über 24 Stunden andauerten und mehrere Produktionszweige der Wirtschaft lahmlegten.

Um diese Entwicklung zu stoppen, hat die aktuelle Regierung um den Staatspräsidenten John Dramani Mahama eine Agenda für den Zeitraum von 2014–2020 entwickelt, die umfassende ökonomische und soziale Entwicklungsziele beinhaltet. Hierzu gehören u. a. der Ausbau des Gesundheitssystems und der Schulbildung, eine Effizienzsteigerung in der landwirtschaftlichen und industriellen Produktion, die Verbesserung der Energieversorgung, die Bekämpfung der Korruption sowie die Diversifizierung der Wirtschaftsstruktur. Die Finanzierung erfolgt über einen Kredit des Internationalen Währungsfonds (IWF).

Ein wichtiger Impuls für einen ökonomischen Aufwärtstrend könnte zudem vom Tiefwasserhafen in Tema ausgehen. Ein Vorteil des Hafens besteht darin, dass er über die international geforderten Sicherheitsbestimmungen (International Ship and Port Facility Security Code, kurz: ISPS-Code) verfügt und somit am internationalen Warenaustausch problemlos teilnehmen kann.

Beim **Ausbau des Containerterminals** kooperiert die einheimische Ghana Ports and Harbors Authority mit einem europäischen Unternehmen. Investiert werden 1,5 Mrd. US-Dollar, um die Kapazität das Hafens auf 3,5 Mio. TEU (TEU = Twenty-foot Equivalent Unit) zu steigern. Zusätzlich soll die Schnellstraße zwischen Tema und Accra sechsspurig ausgebaut werden. Diese Entwicklungen könnten Ghanas Stellung im internationalen Warenverkehr verbessern und einen wichtigen Schritt auf dem angestrebten Weg zum Import- und Exporttor Westafrikas bedeuten.

Im Zusammenhang mit dem Energieversorgungsproblem muss positiv bewertet werden, dass neben dem führenden Stromproduzenten, der staatlichen

Volta River Authority, zunehmend auch private Kraftwerksbetreiber auf den Markt drängen. In den kommenden Jahren sollen durch Fertigstellung bereits im Bau befindlicher Gas- und Kohlekraftwerke die Stromengpässe beseitigt sein. Zudem sollen in Zukunft die eigenen **Erdgasreserven** besser genutzt werden. Noch ist Ghana von Gaslieferungen aus Nigeria abhängig. Das bisher bei der Erdölförderung frei werdende Gas wird lediglich abgefackelt und teilweise wieder verpresst. Es gibt aber konkrete Pläne, das Erdgas dem Thermalkraftwerk Aboadze in Sekondi-Takoradi zuzuführen und somit für die Energiegewinnung nutzbar zu machen. Hinzu kommt, dass die bisher nicht geförderten Erdgasreserven vor der Küste auf über 20 Milliarden m^3 geschätzt werden und damit ein gewaltiges Nutzungspotenzial darstellen.

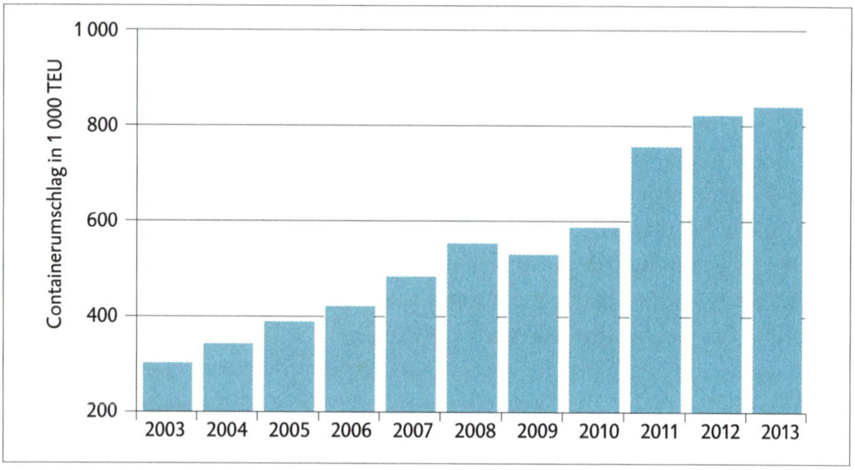

Veränderung des Containerumschlags im Hafen von Tema 2004–2012
(Vergleich: Containerumschlag Hamburger Hafen 2015: 8,8 Mio. TEU)

3.2 Raumbeispiel Oman – was kommt nach dem Öl?

Das Sultanat Oman bildet den Südostzipfel der Arabischen Halbinsel und hat damit eine gemeinsame Grenze mit dem Jemen, Saudi-Arabien und den Vereinigten Arabischen Emiraten.

Die wirtschaftliche Stärke Omans gründet auf dem natürlichen Vorkommen von Erdöl. Der Rohstoff ist von essentieller Bedeutung für die Weltwirtschaft. Er ist nicht nur weltweit der wichtigste Energieträger, sondern auch Ausgangsstoff für Kunststoffe, Kosmetika, Düngemittel oder Medikamente. Mit den Erdölfunden in der omanischen Wüste seit den 1960er-Jahren haben sich für das Land von heute auf morgen völlig neue wirtschaftliche Perspektiven ergeben. Die starke wirtschaftliche Abhängigkeit vom Erdöl bedeutet aber Fluch und Segen zugleich. Die Erdölindustrie ist von den starken Schwankungen der Weltmarktpreise abhängig und damit sehr krisenanfällig. Zudem sind der Branche, aufgrund der Endlichkeit dieses Rohstoffs, natürliche Grenzen gesetzt. Trotzdem haben die Einnahmen aus dem einträglichen Ölgeschäft wichtiges Kapital für die sozioökonomische Entwicklung des Landes geschaffen. Die gegenwärtige und zukünftige Herausforderung besteht deshalb darin, sich mithilfe der kurzfristigen Einnahmen aus dem Ölgeschäft mittel- und langfristig von diesem Rohstoff unabhängig zu machen und für die Zeit nach dem Öl vorzusorgen. Für den Oman ergibt sich dabei eine besondere Ausgangslage. Zum einen setzte der Ölboom aufgrund der späten Entdeckung der Ölfelder verzögert ein. Somit war es möglich, aus den Entwicklungsfehlern der anderen Golfstaaten zu lernen. Zum anderen fallen die Ölvorkommen im Oman geringer aus. Das Versiegen der Quellen wird in den nächsten 15 bis 20 Jahren erwartet. Daraus ergibt sich ein erhöhter zeitlicher Druck für eine nachhaltige Modernisierung des Landes.

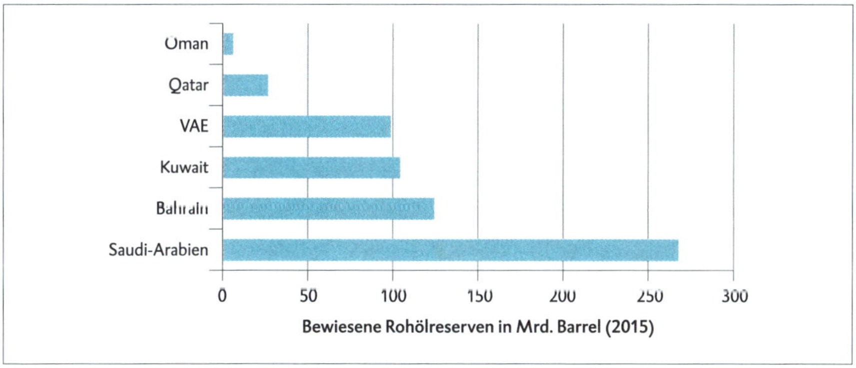

Ölreserven der Golfstaaten (Stand 2015)

Die historische Entwicklung des Wirtschaftsraumes

Der Oman liegt im Trockengürtel der Tropischen Zone. Das bedeutet, dass ca. 80 % des Landes von Halbwüste bzw. Wüste eingenommen werden. Diese naturräumlichen Voraussetzungen bestimmten das Leben und die Wirtschaftsweise der Omaner über Jahrtausende. Bis zu den ersten Erdölfunden in der zweiten Hälfte des 20. Jh. waren die **Oasenwirtschaft** und der **Nomadismus** die prägenden Wirtschaftsformen. Den herausfordernden Naturraum besiedelten bis 1960 lediglich ca. 500 000 Menschen, obwohl der Oman flächenmäßig fast so groß ist wie Deutschland. Die städtischen Siedlungen lagen weitgehend an der Küste. Insgesamt zählte der Oman zu den ärmsten und am wenigsten entwickelten Ländern der Erde. Mit den **Erdölfunden in den 1960er-Jahren** ergaben sich völlig neue Entwicklungspotenziale. Die extrem konservative Regierung unter Sultan Said Ibn Taimur verhinderte allerdings erste Modernisierungsmaßnahmen. Die unblutige Absetzung des Sultans durch seinen Sohn Quabus Ibn Said im Jahr 1970 schaffte die politischen Voraussetzungen für einen tiefgreifenden Wandel. Der junge, in Großbritannien ausgebildete Sultan öffnete das Land für äußere Einflüsse und leitete **umfassende Reformen** ein. Hierzu zählten die Abschaffung der Sklaverei, die Aufhebung der Ausgangs- und Ausreisebeschränkungen sowie die Gleichstellung von Mann und Frau im öffentlichen Leben (fortan durften auch Frauen Schulen und später die neu entstandenen Universitäten besuchen). Oberstes Ziel der neuen Regierung war eine Modernisierung des gesamten Landes. Zuerst setzte die Landesplanung auf den Ausbau der Infrastruktur. Weiterhin wies man zentrale Orte aus, an denen mithilfe von Maßnahmen wie den Bau von Krankenhäusern, Tiefbrunnen, Moscheen und staatlichen Gebäuden die Grundversorgung sichergestellt wurde. Da nicht nur zu wenig omanische Arbeitskräfte vorhanden waren, sondern bei vielen auch die erforderliche Qualifikation fehlte, wurden zahlreiche **Gastarbeiter** ins Land geholt. Für das Handwerk und den Bausektor wurden billige, niedrig qualifizierte Arbeitskräfte aus Pakistan, Indien oder Bangladesch rekrutiert. Aus Nordamerika, Europa und dem Nahen Osten warb man hochqualifizierte Arbeitskräfte wie Techniker, Ingenieure, Ärzte, Architekten oder Lehrer an. Bis heute stellen die ausländischen Arbeitskräfte fast die Hälfte der omanischen Bevölkerung.

Mit der rasanten Modernisierung des Landes und der Entwicklung von einem Agrarstaat mit überwiegend Subsistenzwirtschaft hin zu einem auf den Erdölexport gerichteten Industriestaat ging eine grundlegende **Veränderung der traditionellen Wirtschaftsstruktur** einher. Ein Verfall der Oasenlandwirtschaft war eine Folge des Imports billiger Nahrungsmittel und des Abwanderns der Oasenbauern in rentablere Wirtschaftszweige, die vor allem durch die Ölindustrie neu geschaffen wurden. Ebenso drastisch hat sich die Lebensform der Beduinen verändert. Sie reduzierten ihre Herden, wurden zu sesshaften Ackerbauern oder suchten sich eine Anstellung auf den Erdölfeldern und im öffentlichen Dienst.

Die aktuelle Wirtschaftsstruktur

Der wirtschaftliche Erfolg seit 1970 und die damit verbundenen Veränderungen, auch als **omanische Renaissance** bezeichnet, zeigen sich an folgenden Werten:

- Steigerung des BIP pro Kopf von 350 US-Dollar auf 19 300 US Dollar,
- Zunahme der Bevölkerung von 720 000 auf 4 200 000,
- Anwachsen der Einwohnerzahl in Maskat von 40 500 auf 800 000,
- Steigerung der Einwohnerdichte von ca. 2 auf 14 Einwohner/km^2,
- Verlängerung der Lebenserwartung um 27 Jahre,
- Vervierfachen der Alphabetisierungsrate,
- Steigerung der CO_2-Emmissionen pro Kopf um das 65-fache.

Obwohl sich erste Diversifizierungsmaßnahmen in der Wirtschaftsstruktur niederschlagen, ist die Abhängigkeit vom Erdöl nach wie vor ungebrochen. Der omanische Staat generiert über 80 % seiner Haushaltseinnahmen sowie 70 % der Exporterlöse über die Erdölwirtschaft. Im aktuellen **Fünfjahresplan (2016–2020)** ist die Entwicklung und Stärkung anderer Wirtschaftsbereiche vorgesehen:

- Der Anteil der Erdöl- und Erdgasindustrie an der Bruttowertschöpfung soll bis 2020 auf unter 10 % gesenkt werden.
- Die Entwicklung der Wirtschaftszweige Tourismus, Industrie, Landwirtschaft, Logistik und Fischerei werden priorisiert.
- Erziehungs- und Gesundheitswesen bilden weiterhin die Schwerpunkte der Ausgaben für den öffentlichen Dienst.
- Der Ausbau der Infrastruktur hat weiterhin einen hohen Stellenwert, z. B. Ausbau der internationalen Flughäfen in Maskat und Salalah oder Ausbau der Seehäfen (z. B. Sultan-Qabus Hafen, Industriehafen Sohar).

Durch die rasante Bevölkerungsentwicklung der letzten Jahrzehnte steht der Oman auch unter einem enormen **demographischen Druck**. Mehr als die Hälfte aller Einwohner sind unter 25 Jahre alt. Dies hat zur Folge, dass jährlich mehr Menschen auf den Arbeitsmarkt drängen als freie Stellen vorhanden sind. Deshalb sollen Gastarbeiter sukzessive durch omanische Staatsbürger ersetzt werden **(Omanisierung)**. Die mit der Nationalisierung des Arbeitsmarktes verbundenen Quotenregelungen und relativ hohen Mindestlöhne für Omaner führen zu einer Benachteiligung kleinerer und mittlerer Unternehmen. Sie müssen omanische Arbeitskräfte einstellen, die im Vergleich zu Gastarbeitern oft deutlich weniger qualifiziert sind und einen höheren Lohn erhalten müssen.

Eine Schlüsselstellung nimmt bei den Diversifizierungsmaßnahmen die boomende **Tourismusbranche** ein. Sie soll zahlreiche neue Arbeitsplätze und eine verlässliche Einnahmequelle vor allem für die Zeit nach dem Öl schaffen. Nach offiziellen Statistiken erhöhte sich die jährliche Touristenzahl zwischen

2011 und 2014 um etwa 50 % auf 2,1 Mio. Bis 2020 soll eine Verdopplung der Touristenzahlen auf 4 Mio. erreicht werden. Allein im Jahr 2014 eröffneten 18 Hotels mit über 1 000 Zimmern. Trotz der schnellen Entwicklung dieser Branche achtet die omanische Regierung neben ökonomischen auch auf ökologische und soziale Aspekte.

Merkmale des Sanften Tourismus im Oman

Ökonomisch:

- Teil der wirtschaftlichen Diversifizierungsstrategie für die Zeit nach dem Öl,
- Sektor mit enormem Wachstumspotenzial,
- Angebote im mittleren und oberen Preissegment sichern Einnahmen kaufkräftiger Kunden,
- weitere Steigerung der staatlichen Investitionen in diesen Sektor innerhalb der nächsten Jahre,
- zunehmender Beitrag des Tourismus zum BIP und Arbeitsmarkt in den kommenden Jahren.

Ökologisch:

- Exklusiver Tourismus statt Massentourismus („5-Sterne-Hotels statt Bettenburgen"),
- staatliche Auflagen für touristische Projekte (z. B. umweltfreundliche Bauweise, sparsamer Umgang mit Wasser und Energie, Begrenzung der Gebäudehöhe),
- Ausweisung von Naturreservaten,
- staatliche Förderung von nachhaltigen Tourismusprojekten.

Sozial:

- Erhaltung der traditionellen Werte und Kultur hat Vorrang und soll eine kulturelle Entfremdung verhindern,
- omanische Staatsangehörige müssen bei der Arbeitsplatzvergabe im Tourismussektor bevorzugt werden (Teil der Omanisierung),
- der Oman setzt auf „Integrierte Tourismusprojekte", d. h., die Hotelanlagen entstehen nicht isoliert, sondern in einem Verbund mit Einkaufszentren, Museen und Wohnanlagen für Omaner.

Eine weitere Strategie zur Diversifizierung der Wirtschaft besteht darin, ausländische Investoren aus unterschiedlichen Branchen zu gewinnen. Hierfür wurden nach dem Vorbild der arabischen Nachbarn **Freihandelszonen** geschaffen, die Anreize über Steuerbegünstigungen, freie Gewinnabführung oder Bereitstellung der Infrastruktur schaffen.

Obwohl die wirtschaftliche Dominanz der fossilen Rohstoffe in absehbarer Zeit gebrochen werden soll und die Erdölförderung in den nächsten Jahren stagnieren wird, stehen im **Gassektor** die Zeichen auf Expansion: Die Produktion soll 2018 auf etwa 120 Mio. m^3 pro Tag gesteigert werden (2014 wurden ca. 103 Mio. m^3 pro Tag gefördert).

Gerade die konstanten BIP-Wachstumsraten der letzten Jahre, die trotz des gesunkenen Ölpreises zwischen 3 und 5 % lagen, lassen den Schluss zu, dass Omans ökonomische Abhängigkeit vom Erdöl abzunehmen scheint.

gabe 38 Erklären Sie die nachfolgenden Wirtschaftsstrukturdaten Ghanas.

	2013	2014	2015
Anteil der einzelnen Sektoren an der Bruttowertschöpfung (2013)			
– primärer Sektor			20,7 %
– sekundärer Sektor			27,7 %
– tertiärer Sektor			51,6 %
BIP-Wachstumsraten	7,3 %	4 %	3,5 %
Exportwerte		13,22 Mrd. $	10,75 Mrd. $
Importwerte		14,57 Mrd. $	13,42 Mrd. $
Staatsverschuldung (gemessen am BIP)	55,6 %	70,9 %	76 %

Ausgewählte Wirtschaftsstrukturdaten Ghanas

gabe 39 Erstellen Sie eine SWOT-Analyse (SWOT = *Strengths* bzw. Stärken, *Weaknesses* bzw. Schwächen, *Opportunities* bzw. Chancen, *Threats* bzw. Risiken) zum Wirtschaftsstandort Ghana in Form einer tabellarischen Übersicht.

gabe 40 Stellen Sie ausgehend von der Abb. „Ölreserven der Golfstaaten" (S. 185) die wirtschaftliche Entwicklungsstrategie des Omans dar.

4 Weltweite Verflechtungen im Globalisierungsprozess

Als Globalisierung wird ein dynamischer und fortwährender Prozess bezeichnet, der sich in der **Zunahme weltweiter Verflechtungen** auf ökonomischer, politischer und soziokultureller Ebene äußert.

Der Globalisierungsprozess hat seit den 1980er-Jahren aufgrund entscheidender Entwicklungen, vor allem im Transportwesen und der Kommunikationstechnologie, eine beispiellose Beschleunigung erfahren.

4.1 Auslöser und Verstärker des Globalisierungsprozesses

Da die Globalisierung kein abgeschlossenes Ereignis darstellt, sondern einen fortlaufenden Prozess mit variierender Dynamik an den unterschiedlichsten Orten der Welt, können einschneidende Veränderungen im ökonomischen, technologischen, politischen und soziokulturellen Bereich sowohl Auslöser, als auch Verstärker dieses Prozesses sein.

Ökonomische Dimension

Das **Allgemeine Zoll- und Handelsabkommen** (engl.: General Agreement on Tariffs and Trade, **GATT**) war der erste Schritt zur **Liberalisierung des Welthandels.** Dieser Vertrag wurde 1947 zwischen verschiedenen Staaten geschlossen, um den internationalen Handel durch den Abbau von Zollschranken zu fördern. In der Folge wurden vor allem für Industrieprodukte die Zölle maßgeblich gesenkt.

Im Jahr 1995 wurde aus dem GATT heraus die **Welthandelsorganisation** (engl.: World Trade Organisation, **WTO**) gegründet. Sie ist eine eigenständige Organisation im System der Vereinten Nationen und verfügt über einen erweiterten Einflussbereich. Neben dem klassischen Warenhandel gehören hierzu der Handel mit Dienstleistungen, handelsbezogene geistige Eigentumsrechte (z. B. Patente und Urheberrechte), handelsbezogene Investitionsmaßnahmen und landwirtschaftliche Produkte.

1944 bzw. 1945 wurden der **Internationale Währungsfonds (IWF)** und die **Weltbank** gegründet, die vor allem die finanziellen Rahmenbedingungen für die Förderung des internationalen Handels schaffen (z. B. Gewährung von Krediten, Kooperation in Währungsfragen, Beseitigung von Devisenbeschränkungen).

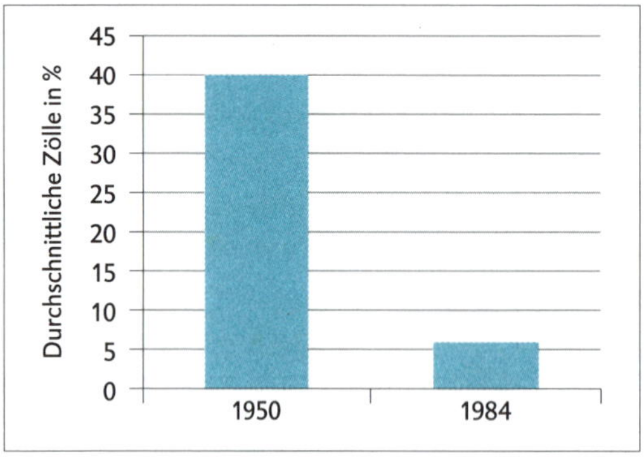

Entwicklung der durchschnittlichen Zölle auf Industrieprodukte nach Inkrafttreten des GATT

Seit 1970 haben sich die **ausländischen Direktinvestitionen (ADI)**, also Investitionen von Wirtschaftssubjekten eines Landes in einem anderen Land (z. B. zur Errichtung von Betriebsstätten, Gründung von Tochtergesellschaften, Aufkauf von bzw. Beteiligung an ausländischen Unternehmen) um das Fünfzigfache erhöht. Hauptmotive sind finanzielle Einsparungen durch geringere Produktionskosten, Subventionen oder Steuervorteile sowie die Erschließung neuer Märkte.

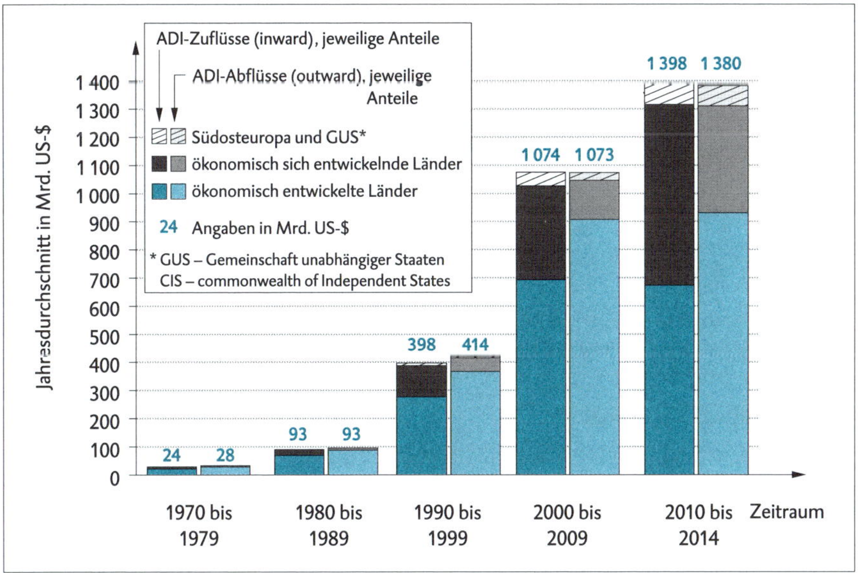

Ausländische Direktinvestitionen pro Jahr

Bis zur Jahrtausendwende führten die Industriestaaten Europas, Nordamerikas und Ostasiens über 90 % der getätigten Auslandsinvestitionen aus. In den letzten 15 Jahren haben die Entwicklungs- und Schwellenländer sowie die Transformationsstaaten Ost- und Südosteuropas an Bedeutung gewonnen. Mittlerweile realisieren diese zusammengenommen über 30 % aller ADIs. Bei den Empfängerländern für ausländische Direktinvestitionen haben die Industriestaaten noch deutlicher eingebüßt. Im Jahr 2014 lag ihr Anteil zum ersten Mal unter 50 %. Die USA und China sind die wichtigsten Ursprungs- und Zielländer für ADIs.

Die ADIs werden vor allem von **Global Playern** geleistet. Diese beeinflussen mit ihrem internationalen Kapitaltransfer den globalen Handel maßgeblich und nehmen in der Weltwirtschaft eine herausragende Stellung ein (vgl. Kap. 4.3).

Ein Teil ihrer Gewinnmaximierungsstrategie besteht darin, Verfahrens- und Produktionsschritte ins Ausland zu verlagern **(Global Sourcing)**. Dies führt zur **internationalen Arbeitsteilung** sowie zu einer räumlichen **Diversifizierung der Produktionsstandorte** (vgl. Kap. 4.2).

Produktionsstandorte der Daimler AG außerhalb Deutschlands (2009)

Technologische Dimension

Bereits die Erfindung der Dampfschifffahrt und der Eisenbahn im 19. Jh. lösten eine **Revolution im Transportwesen** aus. Heute dominieren **Containerschiffe** den weltweiten Güterverkehr. 1966 wurde europaweit die erste Containerladung in Bremen gelöscht. 1969 lag der weltweite Containerumschlag gerade einmal bei 700 000 TEU (= Twenty-Foot Equivalent, Standardcontainer), 1982 belief er sich auf 17 Mio. TEU, zur Jahrtausendwende bereits auf 236 Mio. TEU und 2015 auf über 600 Mio. TEU.

Die Erfolgsgeschichte des Containerverkehrs liegt in der Einführung des genormten Standardcontainers. Hieraus entwickelte sich ein völlig neues Logistiksystem, das ein Umpacken beim Wechsel des Transportmittels überflüssig macht. Dies führt zu kürzeren Be- und Entladezeiten und in der Folge zu einer Reduzierung des Arbeitsaufwandes und zu einem Zeitgewinn. Insgesamt ist der Containerverkehr effektiver und kostengünstiger als der konventionelle Stückguttransport. Er macht heute über drei Viertel des Gesamtgüterverkehrs aus. Die Leistungssteigerungen im Güterverkehr führten zu einer deutlichen **Reduzierung der Transportkosten**.

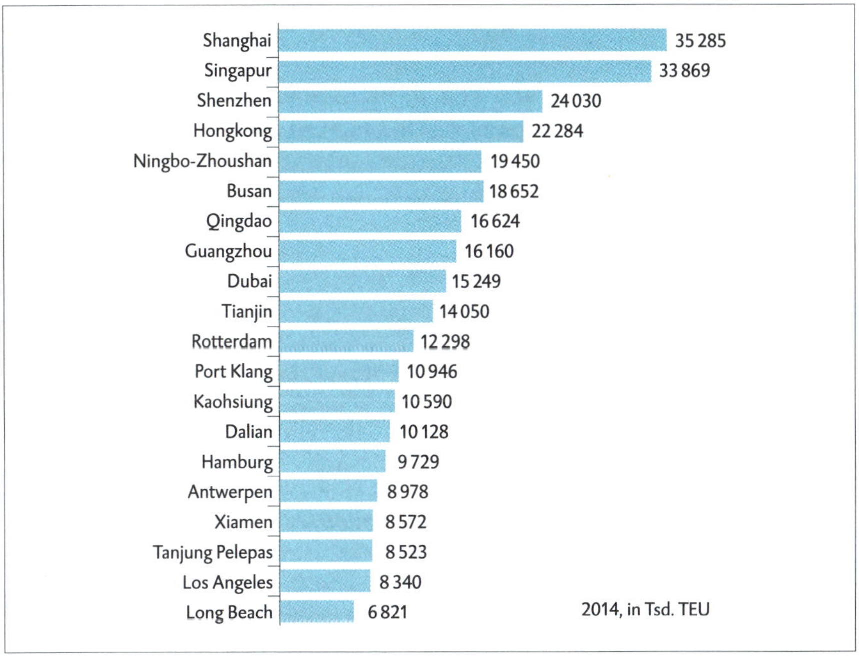

Die 20 größten Containerhäfen der Welt (Umschlag in 1000 TEU)

Im Bereich der **Kommunikationstechnologie** waren die Nutzung des elektrischen Telegrafen und des Telefons im 19. Jh. sowie später des Faxgeräts im 20. Jh. entscheidende Fortschritte in der schnellen Übermittlung von Informationen über weite Distanzen.

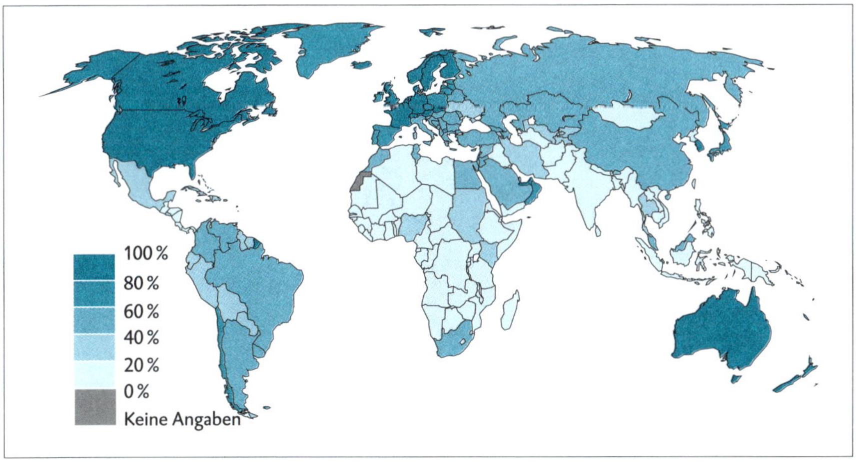

Internetzugang in % der Bevölkerung (2012)

In jüngerer Vergangenheit erfolgte eine **Digitalisierung der Kommunikation** über das Internet und die damit verbundenen Dienste wie E-Mail und Cloud Computing (Auslagerung von Softwareanwendungen und Speicherdateien ins Internet). Seit Beginn des Internetzeitalters kann in Sekundenschnelle ein globaler Austausch von Wissen, Informationen und Kapital erfolgen. Unternehmen werden in die Lage versetzt, an verschiedenen Orten in der Welt rund um die Uhr gleichzeitig zu arbeiten, sodass Entwicklungs- und Produktionsprozesse beschleunigt werden können.

Politische Dimension

Nach dem Fall des Eisernen Vorhangs und der **Beendigung des Kalten Krieges** konnte eine Vielzahl von ehemals sozialistischen Staaten am Welthandel teilnehmen, die zuvor ihre Wirtschaft durch protektionistische Maßnahmen von kapitalistischen Einflüssen fernhielten. Dadurch ergaben sich für Unternehmen neue Handelspartner, Produktionsorte oder Absatzmärkte.

Mit den Reformen von 1978/1979 und dem damit verbundenen radikalen wirtschaftspolitischen Kurswechsel der Kommunistischen Partei (Implementierung der Marktwirtschaft und außenwirtschaftliche Integration in den globalen Markt) begann **China** eine neue Rolle in der Weltwirtschaft zu spielen. Der Asienriese wurde zur Werkbank der Welt und konnte ein enormes Wirtschaftswachstum realisieren. China löste 2011 Deutschland als Exportweltmeister ab.

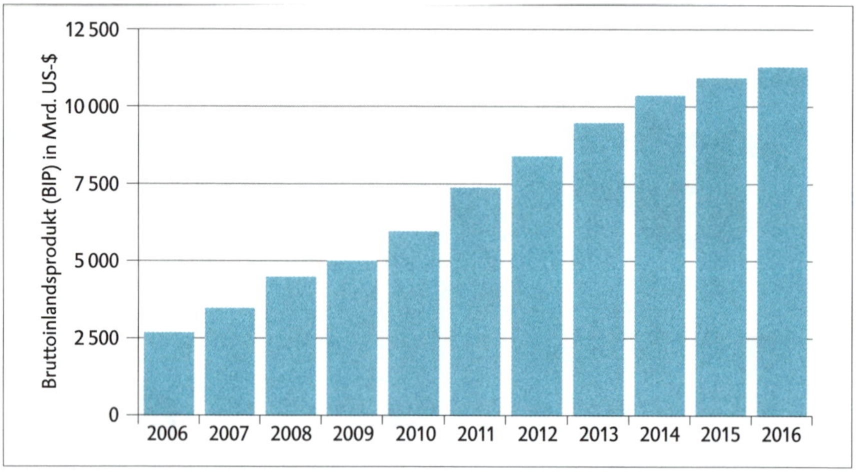

BIP-Entwicklung von China in jeweiligen Preisen von 2006–2016

Soziokulturelle Dimension

Durch verkehrstechnische Innovationen hat sich nicht nur der Güterverkehr grundlegend verändert, sondern auch der Personentransport. Heute bringen Kreuzfahrtschiffe und Flugzeuge Touristen zu erschwinglichen Preisen an die entlegendsten Orte der Welt. Der **Ferntourismus** hat sich zu einem boomenden Wirtschaftszweig und Globalisierungsfaktor entwickelt.

Die gestiegene Mobilität der Weltbevölkerung wird ebenso in den vielfältigen Formen der **Migration** sichtbar. Neben der Zusammenführung von Familien spielt die Flucht- und Arbeitsmigration eine große Rolle.

Generell zeigt sich bei heutigen Generationen eine Lockerung sozialer Bindungen an die Familie und Abstammungsregion. Dies geht mit einer zunehmend geforderten **räumlichen Flexibilität** in der Arbeitswelt einher. Ein Umzug über nationale Grenzen zu Ausbildungs- oder beruflichen Zwecken ist heute eher die Regel als die Ausnahme. Dass die Welt zum **globalen Dorf** geworden ist, zeigt sich auch in einer veränderten zwischenmenschlichen Kommunikationskultur. Mittels **Smartphone** und **sozialen Netzwerken** besteht heute die Möglichkeit, über weite Distanzen soziale Kontakte zu pflegen und aufrechtzuerhalten.

Durch die gestiegene räumliche und digitale Mobilität findet ein vermehrter **Austausch kultureller Werte und Gewohnheiten** statt. Diesen Export der Lebensstile machen sich vor allem die großen Unternehmen der Konsumgüterindustrie zunutze, die ihre Produkte weltweit bewerben. Die Begriffe **Coca-Colonization** und **McDonaldization** machen deutlich, dass über den globalen Konsum vor allem westlicher und amerikanische Güter eine Verwestlichung bzw. Amerikanisierung regionaler Kulturen und gleichzeitig ein Verschmelzen derselben zu einer Einheitskultur stattfindet.

4.2 Globaler Warenhandel

Triadisierung, Regionalisierung und Fragmentierung

Die globalen Handelsströme konzentrieren sich, zumindest quantitativ auf den Warenwert bezogen, immer noch hauptsächlich auf die drei großen Wirtschaftsregionen Nordamerika, Europa und Ostasien. Sie weisen sowohl hohe intra-, als auch interregionale Handelsvolumina auf. Anfang der 1990er-Jahre wurde für diese regionale Konzentration des weltweiten Warenflusses der Begriff der **Triade** (Dreierordnung der Weltwirtschaft) geprägt. Legt man wirtschaftsstatistische Kenndaten wie Anteil am Welt-BIP oder Höhe der Exportwerte zugrunde, kann die **Theorie der Triadisierung** bestätigt werden.

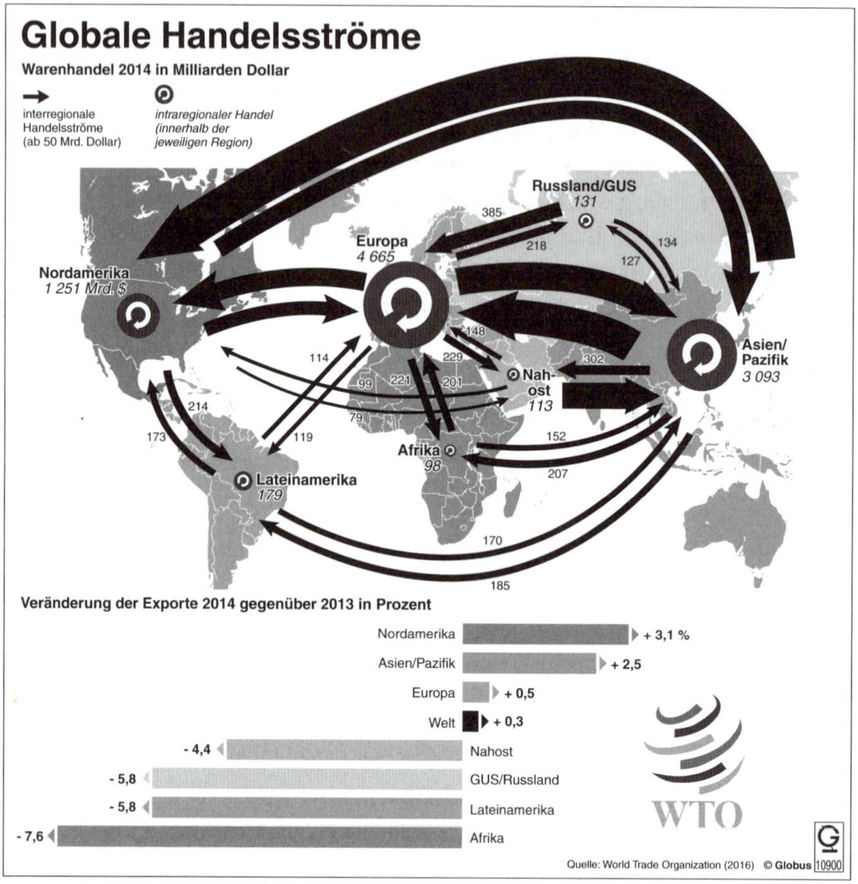

Welthandelsströme

Die weniger entwickelten Staaten partizipieren durchaus am weltweiten Handel, allerdings in einem anderen Ausmaß. Zum einen stellen diese Länder aufgrund ihrer schlechter entwickelten und wenig diversifizierten Wirtschaftsstruktur geringwertigere Waren her bzw. exportieren nur Rohstoffe, die niedrigere Exporterlöse erzielen als die hochwertigen Fertigprodukte der Industrieländer (z. B. Fahrzeuge); man spricht auch von ungünstigeren **Terms of Trade** (Verhältnis zwischen Importgüter- und Exportgüterpreisniveau). Zum anderen verfügen sie über geringere finanzielle Möglichkeiten, intensiver am globalen Markt teilzunehmen. In diesem Zusammenhang ist entscheidend, dass die großen Wirtschaftsregionen den Zugang zu den eigenen Märkten (z. B. für Agrarprodukte aus Entwicklungsländern) durch Schutzzölle und andere Handelshemmnisse versperren. Eine Abschottung von Märkten findet ebenfalls durch den Zusammenschluss in **Wirtschaftsbündnissen** statt. Diese wirtschaftlichen Regionalisierungstendenzen scheinen dem Globalisierungsprozess entgegenzustehen. Tatsächlich können die Bündnisse durch protektionistische Maßnahmen den internationalen Handel behindern. Aber der Handel zwischen den Bündnispartnern wird auch gestärkt und intensiviert, was wiederum zu einer positiven Entwicklung der einzelnen Volkswirtschaften führt und die Wettbewerbsfähigkeit im globalen Handel erhöht.

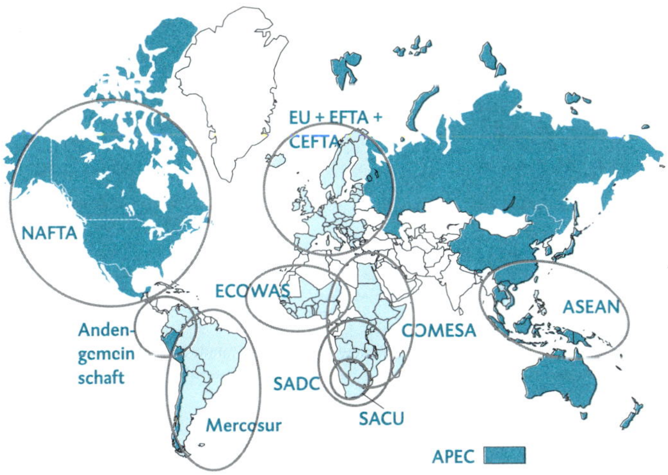

Wirtschaftsbündnisse (Auswahl)

APEC:	Asia-Pacific Economic Cooperation (21 Staaten, 2 647 Mio. Einwohner)
ASEAN:	Association of South East Asian Nations (10 Staaten, 550 Mio. Einwohner)
CEFTA:	Central European Free Trade Agreement (39 Staaten, 520 Mio. Einwohner)
COMESA:	Common Market for Eastern and Southern Africa (20 Staaten, 392 Mio. Einwohner)
ECOWAS:	Economic Community of West African States (15 Staaten, 248 Mio. Einwohner)
EFTA:	European Free Trade Association (siehe CEFTA)
EU:	Europäische Union (siehe CEFTA)
Mercosur:	Mercado Commun del Sur (5 Staaten, 245 Mio. Einwohner)
NAFTA:	North American Free Trade Agreement (3 Staaten, 423 Mio. Einwohner)
SACU:	Southern Africa Customs Union (5 Staaten, 52 Mio. Einwohner)
SADC:	Southern African Development Community (14 Staaten, 215 Mio. Einwohner)
Andengemeinschaft:	(4 Staaten, 92 Mio. Einwohner)

Wirtschaftszusammenschlüsse

Neben der Vorstellung von der Triadisierung der Weltwirtschaft existiert auch der Begriff der **Fragmentierung**. Dieser besagt, dass die am globalen Handel teilnehmenden und von diesem profitierenden Regionen räumlich stärker differenziert werden müssen. Das können einzelne Regionen oder Orte, z. B. Global Cities, in den Industrieländern sein, aber auch wichtige Rohstoff- und Exportstandorte in den Entwicklungsländern. Es ergibt sich also ein sehr viel engräumigeres Bild von weltwirtschaftlich eingebundenen und begünstigten **Wohlstandsinseln** und weltwirtschaftlich isolierten und benachteiligten Standorten auf allen Maßstabsebenen (international, national, regional, lokal). Diese Fragmentierung wird auch innerhalb der Triade und den Wirtschaftsbündnissen durch die Dominanz einzelner Nationen deutlich (z. B. Deutschland, Großbritannien und Frankreich in der EU oder die USA in der NAFTA).

Internationale Arbeitsteilung

Die Warenstruktur des weltweiten Handels hat sich im Laufe der Zeit stark gewandelt. Früher wurden überwiegend Agrarprodukte und Rohstoffe gehandelt, heute sind es vor allem **Fertigwaren** bzw. **Industrieprodukte**. Es dominieren Maschinen und Fahrzeuge. Zudem ist zu beobachten, dass der internationale Handel mit Dienstleistungen durch die zunehmende wirtschaftliche Verflechtung und den erhöhtem Bedarf der Dienstleistungsstaaten kontinuierlich steigt.

Globaler Handel und globalisierte Produktion, Beispiel Steppjacke

Das wichtigste Kennzeichen des globalen Handels besteht in der **globalen Vernetzung von Produktionsfaktoren** (z. B. Arbeit, Kapital und Boden). Die Produktion von Gütern wird demnach nicht mehr ausschließlich im Land des jeweiligen Unternehmenssitzes durchgeführt, sondern auf verschiedene Standorte verteilt. Der Vorteil dieser **internationalen Arbeitsteilung** besteht darin, dass für den jeweiligen Produktionsschritt der am besten geeignete Standort ausgewählt werden kann. Im Zuge dieser Entwicklung haben sich unterschiedliche Länder oder Ländergruppen auf die Produktion spezifischer Güter oder Dienstleistungen spezialisiert. Während in den Industrieländern die kapitalintensiven und hochqualifizierten Tätigkeiten (z. B. Forschung und Entwicklung, Marketing) stattfinden, werden standardisierte, einfache und arbeitsintensive Produktionsprozesse in Entwicklungsländer ausgelagert. Diese besitzen den Standortvorteil eines enormen Arbeitskräftepotenzials bei gleichzeitig geringen Produktionskosten.

4.3 Global Player und Global Cities als Hauptakteure im Globalisierungsprozess

Global Player

Global Player haben sich durch ausländische Firmenbeteiligungen, Tochterunternehmen und Joint Ventures ein **multinationales Unternehmensgeflecht** geschaffen, das keine besondere nationale Bindung aufweist.

Zu unterscheiden sind **multinationale Unternehmen**, deren Tochterfirmen im Ausland vom Hauptfirmensitz aus koordiniert werden, und **transnationale Unternehmen**, deren Tochterfirmen nur noch lose mit dem Mutterkonzern verbunden sind und die weitgehend selbstständig agieren.

Durch ihren weltweiten Aktionsradius und ihre Kapitalkraft – der Umsatz einzelner Unternehmen ist vergleichbar mit dem BIP ganzer Nationalstaaten – üben sie nicht nur auf die globale Wirtschaft einen erheblichen Einfluss aus, sondern auch auf die politischen Entscheidungsträger von Nationalstaaten. So können sie z. B. Gesetze zum Verbraucher- oder Umweltschutz verhindern.

Das wichtigste Ziel von Global Playern ist wie bei allen Wirtschaftsunternehmen die Gewinnmaximierung. Hierfür werden verschiedene Strategien verfolgt:

- Die **Ressourcenstrategie** beinhaltet die Erschließung der für den Produktionsprozess benötigten Rohstoffquellen und Arbeitskräfte;
- die **Marktstrategie** verfolgt die Sicherung bestehender und die Erschließung neuer Absatzmärkte durch Gründung von Tochterunternehmen an den entsprechenden Standorten;
- die **Effizienzstrategie** zielt auf die Kostensenkung durch die Ausnutzung günstiger Standortbedingungen (z. B. niedrige Lohnniveaus, Steuervorteile, staatliche Subventionen);
- die **Wertstrategie** sucht nach positiven Effekten durch eine Kooperation mit dem Ausland (z. B. Zugang zu ausländischem Know-how oder besonders qualifizierten Mitarbeitern).

Global Player werden sowohl als Problemverursacher als auch als mögliche Problemlöser angesehen: Aufgrund ihrer ökonomischen Gewinnausrichtung sind diese Unternehmen bestrebt, alle Kostenvorteile zu nutzen. Dafür nehmen sie teilweise niedrige Arbeits- und Sozialstandards oder negative ökologische Folgen in Niedriglohnländern in Kauf. Ein Wachstumseffekt für diese Volkswirtschaften ist nur begrenzt möglich, weil die ausländischen Direktinvestitionen nur punktuell und in erster Linie zum Nutzen der Unternehmen erfolgen, die sich z. B. den Zugang zu Primärgütern sichern und von niedrigen Lohnkosten profitieren und zudem Profite abziehen.

Einheit	Funktion	Standort
Headquarter	Strategische Entscheidungen	Zentren hoch entwickelter Länder (z. B. Global Cities)
Operational Headquarter	Koordination und Kontrolle von Teileinheiten in Großregionen	Zentren von großräumiger Bedeutung
Forschung und Entwicklung	Weiterentwicklung von Produkten, Prozessen, Organisation	Agglomerationen mit speziellen Standortvorteilen (z. B. in der Nähe zu Universitäten)
Endmontage	Endfertigung des Produkts	Agglomerationen mit guten Verkehrsanbindungen
Teilfertigung • humankapitalintensiv • sachkapitalintensiv • arbeitsintensiv	Produktion	Zentren hoch entwickelter Länder höher entwickelter Länder Länder mit niedrigen Lohnkosten
Marketing	Werbung	Agglomerationen
Vertrieb	Verkauf der Endprodukte	weltweit gestreut

Funktionale Raumspezialisierung eines transnationalen Unternehmens

Trotzdem können Global Player, gerade auch aufgrund ihres großen wirtschaftlichen und politischen Einflusses, zur Lösung von globalen Problemen beitragen. Viele Unternehmen haben sich mittlerweile unter der Losung **„Corporate Social Responsibility (CSR)“** freiwillig Verhaltenskodizes auferlegt, in denen sie ökologische und soziale Mindeststandards für ihre Geschäftstätigkeit formuliert haben. Hierzu zählen z. B. gerechte Arbeits- und Sozialbedingungen in Niedriglohnländern oder die Beachtung von bestimmten Umweltauflagen bei der Warenproduktion.

Global Cities

Im Zuge der modernen Unternehmensorganisation (z. B. Standortaufgliederung, Global Sourcing) und damit einhergehenden Globalisierungseffekten hat sich ein neues Städtesystem gebildet.

Der neue Typ von städtischen Zentren besitzt besonders ausgeprägte globale Vernetzungen und übergeordnete Funktionen für die Weltwirtschaft. Diese Global Cities werden deshalb auch als **Steuerungs- und Kommandozentralen der Weltwirtschaft** bezeichnet.

Merkmale von Global Cities

- Hauptsitz von multi- und transnationalen Unternehmen:
  an diesen Standorten befinden sich das Unternehmensmanagement sowie die Forschungs- und Entwicklungseinrichtungen;
- starke Konzentration von hochrangigen, produktionsorientierten und wissensintensiven Dienstleistungen:
  z. B. Versicherungen, Banken, Immobilienwirtschaft, Forschung und Entwicklung;
- Sitz von politischen Institutionen mit weltweiter Bedeutung:
  z. B. UN, Weltbank;
- Austragungsort internationaler Kommunikationsevents:
  z. B. Messen, internationale Kongresse;
- herausragend entwickelte Verkehrsinfrastruktur mit internationaler Bedeutung als Verkehrsknotenpunkt:
  z. B. Flughäfen und Häfen mit internationalen Umsteige- bzw. Umladefunktionen und allen wichtigen transnationalen Verbindungen.

Der Bedeutungsgewinn dieses transnationalen Städtesystems ging mit einem Bedeutungsverlust der urbanen Zentren einher, die hauptsächlich auf den sekundären Sektor und personenbezogene Dienstleistungen ausgerichtet waren. Viele von diesen sind mittlerweile weitgehend deindustrialisiert und aufgrund ihrer geringeren internationalen Funktionen, vor allem im hochrangigen Dienstleistungsbereich, für multinationale und transnationale Unternehmen als Standort weniger attraktiv. Zu diesen gehören u. a. die Industriereviere des Ruhrgebiets und der englischen Midlands oder die Hafenstädte Neapel und Marseille. Verstärkt wird dieser Effekt dadurch, dass die Global Cities vor allem untereinander Verflechtungen aufweisen, sodass eine weitere Peripherisierung anderer städtischer Zentren stattfindet. Die einzelnen Global Cities stehen wiederum in einer hierarchischen Ordnung zueinander. Diese kann durch den Grad der globalen Vernetzung festgelegt werden.

Rang	Stadt	Land	Rang	Stadt	Land
01	London	UK	11	Chicago	USA
02	New York	USA	12	Mumbai	Indien
03	Hongkong	China	13	Mailand	Italien
04	Paris	Frankreich	14	Moskau	Russland
05	Singapur	Singapur	15	São Paulo	Brasilien
06	Shanghai	China	16	Frankfurt	Deutschland
07	Tokio	Japan	17	Toronto	Kanada
08	Peking	China	18	Los Angeles	USA
09	Sydney	Australien	19	Madrid	Spanien
10	Dubai	VAE	20	Mexiko City	Mexiko

Rangliste der Global Cities nach Grad der globalen Vernetzung (2014)

Aufgabe 41 Erläutern Sie das Diagramm.

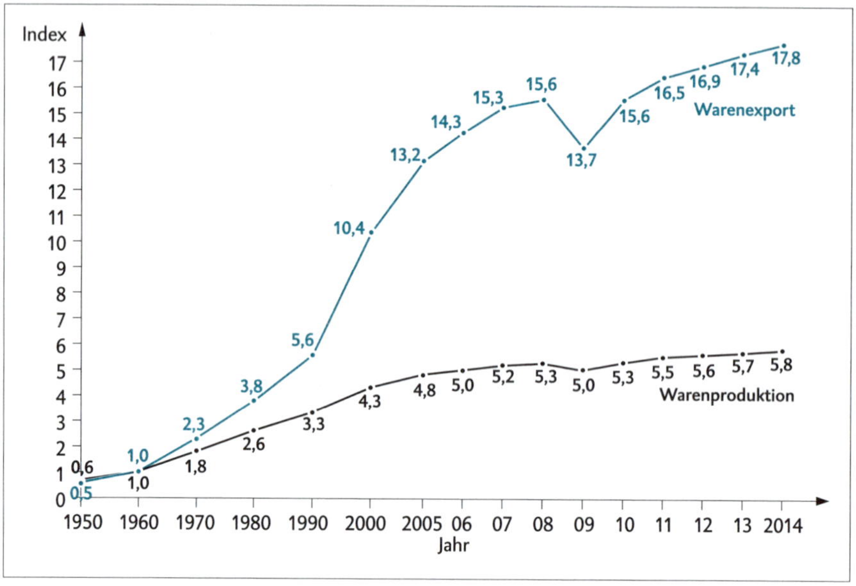

Entwicklung des weltweiten, grenzüberschreitenden Warenhandels ab 1950
(Index 1960 = 1, in konstanten Preisen)

Aufgabe 42

a Erklären Sie auf Grundlage der Abb. „Welthandelsströme" (Kap. 4.2, S. 196) die Theorie der Triadisierung.

b Bewerten Sie die Aussage der Theorie.

[Auf]gabe 43 „Der Wirtschaftsstandort Deutschland ist ein Gewinner des Globalisierungsprozesses!“ Erörtern Sie diese Aussage unter Zuhilfenahme der folgenden Materialien.

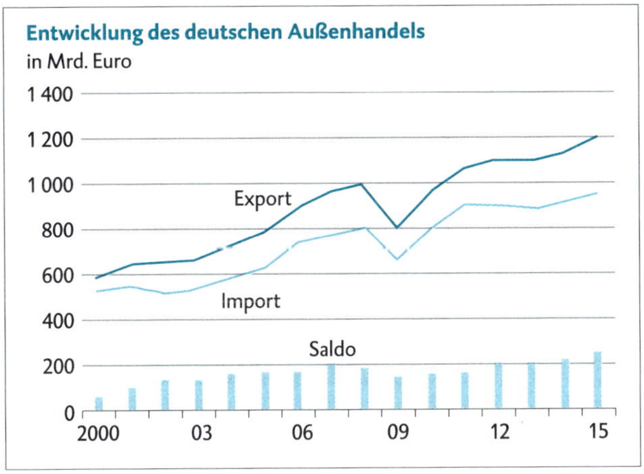

Entwicklung des deutschen Außenhandels seit 2000

Rang	Exporte Land	Exporte in 1 000 Euro	Importe Land	Importe in 1 000 Euro
1	Vereinigte Staaten	113 990 351	Volksrepublik China	91 694 257
2	Frankreich	102 952 976	Niederlande	81 949 537
3	Vereinigtes Königreich	89 284 756	Frankreich	66 922 440
4	Niederlande	79 186 121	Vereinigte Staaten	59 640 638
5	Volksrepublik China	71 385 193	Italien	49 055 694
6	Österreich	58 115 456	Polen	44 601 564
7	Italien	58 070 287	Schweiz	42 465 816
8	Polen	52 172 375	Tschechische Republik	39 296 099
9	Schweiz	49 278 933	Vereinigtes Königreich	38 326 137
10	Belgien	41 152 414	Österreich	37 293 430

Die 10 wichtigsten Export- und Importpartner Deutschlands 2015

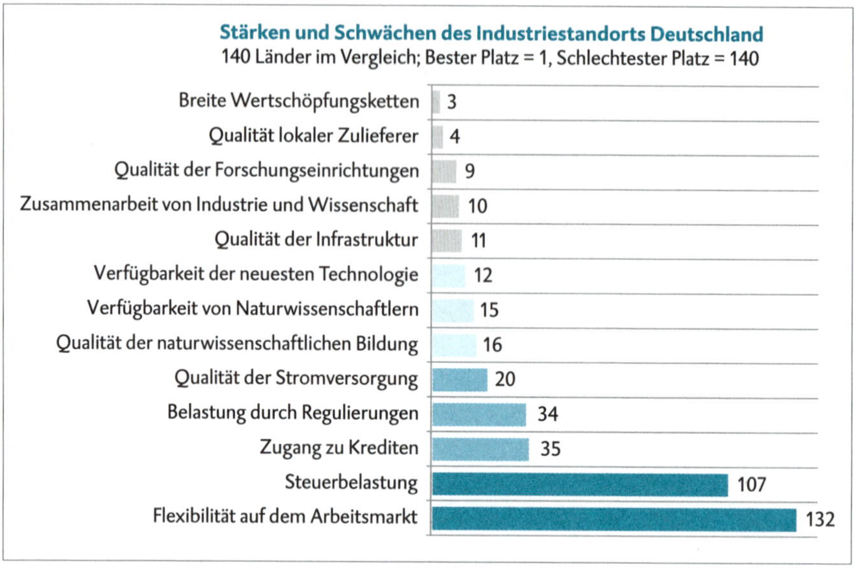

Stärken und Schwächen des Industriestandortes Deutschland

Globales Problemfeld Verstädterung

Derzeit gibt es mehr als sieben Milliarden Menschen auf der Erde und nie war der Anteil der städtischen Bevölkerung so hoch wie heute: Seit dem Jahr 2007 leben erstmals mehr Menschen in Städten und einer städtisch geprägten Umwelt als in den ländlichen Räumen.

1 Ausmaß, Folgen und Ursachen der Verstädterung

1.1 Begriffsdefinitionen

Unter **Verstädterung** versteht man in der Regel das Wachsen der Städte nach **Einwohnerzahl** (demographische Verstädterung), **Anzahl** (Städteverdichtung) und **Fläche** (physiognomische Verstädterung).

Der **Verstädterungsgrad** gibt den Anteil der Stadtbevölkerung an der Gesamtbevölkerung an. Die **Verstädterungsrate** hingegen beschreibt den Zuwachs der städtischen Bevölkerung in Prozent der Gesamtbevölkerung.

Unter **Urbanisierung** versteht man im deutschen Sprachraum die Ausbreitung der städtischen Lebensformen bis in das nichtstädtische Umland hinein. Dabei gleichen sich die städtischen und ländlichen Räume bezüglich Wirtschafts-, Arbeits- und Wohnformen sowie Lebens- und Verhaltensweisen an.

Der Stadtbegriff

Der **Begriff „Stadt"** ist nicht einheitlich definiert. Denn eine Stadt wird auf verschiedene Weise und aus unterschiedlichen Perspektiven wahrgenommen: Statistiker, Geographen, Soziologen, Ökonomen und Historiker haben unterschiedliche Eindrücke und Vorstellungen von einer „Stadt".

Der **statistische Stadtbegriff** wird über eine Mindestzahl an Einwohnern bestimmt. Diese Mindestzahl schwankt jedoch von Region zu Region stark. Die Statistiken der UN enthalten jeweils die nationalen Eckwerte der einzelnen Länder.

Einwohnerzahl	Land
200	Grönland, Island
1 000	Kanada, Neuseeland, Venezuela
2 000	Argentinien, Deutschland, Frankreich, Liberia
2 500	Bahrain, Mexiko, USA
5 000	Botswana, Indien, Österreich, Slowakei
10 000	Malaysia, Portugal, Schweiz, Senegal
50 000	Japan

Statistische Untergrenze von Städten in ausgewählten Ländern

Der **historisch-rechtliche Stadtbegriff** definiert die Stadt über politische, rechtliche, gesellschaftliche und bauliche Kriterien. So war während des Mittelalters in Europa die Verleihung des Stadtrechts mit besonderen Rechten (u. a. Marktrecht, Münzrecht, Gerichtsbarkeit) verbunden.

Der **geographische Stadtbegriff** nennt verschiedene Kriterien, die die Stadt über die Epochen und Kulturen hinweg in ihren Grundzügen beschreiben:

- **Zentralität oder funktionaler Bedeutungsüberschuss**
  Der funktionale Bedeutungsüberschuss (Zentralität) ist für den geographischen Stadtbegriff wesentlich. Die Stadt bietet mehr Waren und Dienstleistungen, als ihre Bewohner benötigen. Sie hat somit spezifische Funktionen für ihr Umland: als **Arbeitsort** mit Arbeitsplätzen überwiegend im sekundären, tertiären und quartären Sektor, als **Versorgungszentrum** mit einer hohen Konzentration von spezialisierten Einzelhandelsunternehmen und großen Filialisten, als **Dienstleistungszentrum** durch die Konzentration von Bildungs- und Verwaltungseinrichtungen, politischen und gesellschaftlichen Institutionen, medizinischen Einrichtungen sowie durch ein breit gefächertes kulturelles Angebot.
- **Mindestgröße an Einwohnern und Fläche**
  Städte (im geographischen Sinne) müssen eine Mindestzahl an Fläche und Einwohnern haben, die aber national sehr unterschiedlich sind (vgl. statischer Stadtbegriff).
- **Kompakter Siedlungskörper**
  Kennzeichen ist die Geschlossenheit der Siedlungsfläche mit einer künstlich gestalteten Umwelt, einer hohen Bebauungsdichte und überwiegender Mehrstöckigkeit im Zentrum.

- **Hohe Wohn- und Arbeitsplatzdichte**
  Die Wohn- und Arbeitsplatzdichte (Einwohner bzw. Arbeitsplätze pro Flächeneinheit) ist generell hoch, hängt aber stark von der Lage innerhalb einer Stadt sowie der kulturellen Prägung der Stadt ab. Die Zahl der Arbeitsplätze übertrifft die Zahl der in der Stadt wohnenden Berufstätigen; die Städte weisen einen Einpendlerüberschuss auf.
- **Innere Differenzierung der Raumstruktur**
  Städte weisen eine **funktionale Differenzierung** auf, die zur Ausbildung von Stadtvierteln (u. a. City, Wohn-, Einkaufs-, Industrie- und Gewerbegebiete) und zu einer Häufung kultureller Einrichtungen führt (in Abhängigkeit von Bodenpreisen, Lage und Stadtplanung).
  Durch unterschiedliche Boden- und Mietpreise kommt es innerhalb von Städten zu einer **sozialräumlichen Differenzierung** der Wohnbevölkerung. Daneben existiert auch eine **ethnische Differenzierung**, da einzelne ethnische Gruppen häufig in eigenen Vierteln zusammenleben.
- **Sozioökonomische Struktur**
  Bedingt durch den Bedeutungsüberschuss ergibt sich eine Dominanz der sekundären und tertiären Berufsgruppen bei gleichzeitig starker Arbeitsteilung. Städte sind außerdem Innovationszentren in politischer, sozialer und technologischer Hinsicht. Des Weiteren kommt es zur Ausprägung bestimmter Lebensformen (hohe Anonymität, hoher Singleanteil, spezielle kulturelle Aktivitäten).
- **Stadt-Umland-Beziehungen**
  Der funktionale Bedeutungsüberschuss führt zu einem intensiven Austausch mit dem Umland. Es besteht ein Ungleichgewicht zwischen Arbeitsplätzen und Dienstleistungen einerseits sowie Wohnungen und Freizeiteinrichtungen andererseits. Dies führt zu einem hohen Verkehrsaufkommen.
  Von großer Bedeutung ist die Ausgleichsfunktion des ländlichen Raums für Freizeit- und Naherholung sowie für die Bereitstellung von Versorgungsanlagen (u. a. Trinkwasserspeicher) und Flächen für die Anlage von Verkehrsinfrastrukturen (u. a. Flughäfen, Verkehrsknoten).
  Städte profitieren von den Ressourcen des ländlichen Raumes.

Metropolen, Megapolen, Global Cities

Der Begriff **Metropole** bezeichnet die Hauptstadt und/oder die führende Stadt eines Landes, in der sich politische, wirtschaftliche, soziale und kulturelle Einrichtungen konzentrieren. In manchen Ländern gibt es mehr als eine Metropole.

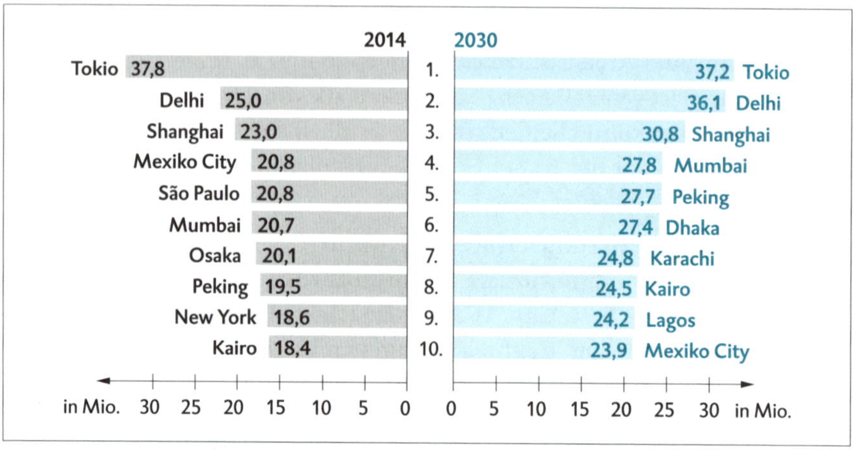

Die zehn größten Megastädte und städtische Agglomerationen 2014 und 2030 (Prognose)

Als **Megastadt oder Megapolis** werden uneinheitlich Städte mit einer sehr hohen Einwohnerzahl bezeichnet. Meist werden **fünf** Millionen, **acht** Millionen (UN) oder **zehn Millionen** Einwohner als untere Grenze angegeben.

Die **Primatstadt** oder **Primate City** ist eine Stadt, die eine extrem herausragende Position innerhalb eines Landes besitzt. Dies ist meist sowohl durch die höchste Bevölkerungskonzentration **(demographische Primacy)** als auch durch die ökonomische, politische und kulturell-wissenschaftliche **Dominanz (funktionale Primacy)** bedingt.

Als **Global Cities** werden Städte bezeichnet, in denen ein weit überdurchschnittlicher Anteil von wirtschaftlichen und kulturellen Aktivitäten mit weltweiter Bedeutung getätigt wird. Je größer der globale Vernetzungsgrad einer Stadt, desto höher ist ihre Position in der Hierarchie.

Die Grenze zwischen der Stadt und dem Land ist nicht eindeutig, der städtische Raum geht kontinuierlich in den ländlichen Raum über. Städtische Regionen werden mit verschiedenen Begriffen umschrieben.

- Im klassischen Modell der **Stadtregion** bildet die Kernstadt mit Ergänzungszonen das Zentrum. Daran schließt die Umlandzone, die über eine verstädterte Zone und die Randzone in das Umland übergeht. Im Umland können einzelne Trabantenstädte liegen, die mit dem Kerngebiet eng verknüpft sind.
- Die **Megalopolis** steht für eine Stadtlandschaft, in der einzelne Metropolen und mehrere Großstädte liegen. Die Grenzen zwischen diesen städtischen Räumen sind nicht mehr zu erkennen (Bsp.: Raum Boston bis Washington oder Kobe, Osaka und Kyoto).

- In Europa werden solche (kleineren) Ballungsräume **Metropolregionen** genannt (Bsp.: Metropolregion Rhein-Neckar).

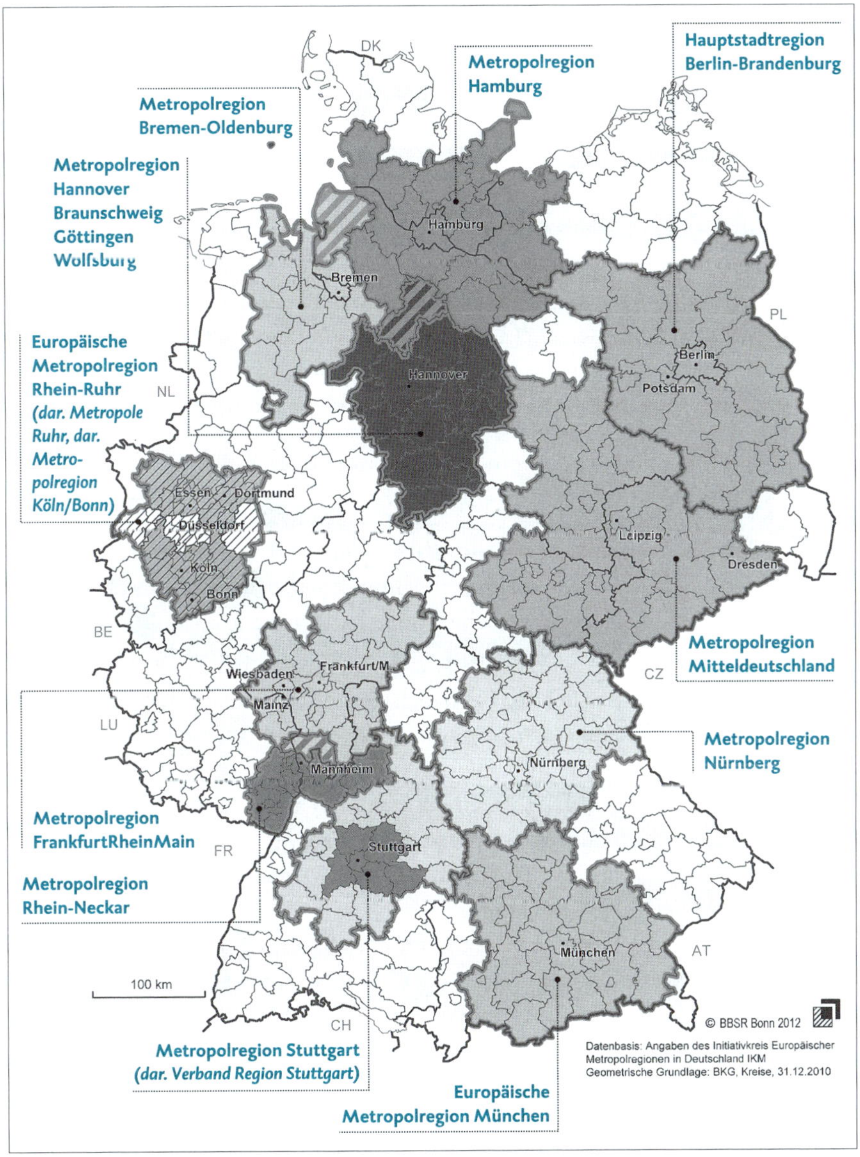

Abgrenzung der Metropolregionen 2012

1.2 Stadttypen

Stadttypen bilden sich aus dem Zusammenspiel einer Vielzahl von Faktoren, die miteinander in Wechselwirkung stehen. Je nachdem, welchen Aspekt der Betrachtung man in den Vordergrund stellt, lassen sich verschiedene Stadttypen unterscheiden. Man kann differenzieren nach

- der Größenklasse,
- der geographischen oder topographischen Lage (z. B. Küstenstädte oder Gebirgsstädte),
- der historisch-genetischen Entwicklung (z. B. Römerstadt, mittelalterliche Stadt),
- der kulturraumspezifischen Entwicklung (z. B. islamisch-orientalische Stadt),
- der funktionalen Gliederung (z. B. Residenzstadt, Universitätsstadt, Industriestadt),
- der sozioökonomischen Struktur (z. B. reife Stadt, Stadt mit Hyperwachstum).

Sozioökonomische Stadttypen

Auf der Weltkonferenz Urban 21 in Berlin wurde ein Bericht vorgelegt, der die globalen Trends der Stadtentwicklung analysiert und Leitlinien für die Stadt des 21. Jh. entwickelt. Dieser Weltbericht unterscheidet **drei unterschiedliche Stadttypen**, die jeweils eine typische Konstellation in Bezug auf demographische, soziale und wirtschaftliche (sozioökonomische) Faktoren haben:

- **Städte mit Hyperwachstum** (übermäßigem Wachstum) sind gekennzeichnet durch ein enormes Bevölkerungswachstum und weitverbreitete Armut. Im Wohnungssektor sind informelle Wohngebiete, d. h. Marginalsiedlungen, stark verbreitet. Die Umweltbedingungen sind überwiegend schlecht und die öffentliche Verwaltung ist meist ineffizient. Das öffentliche Gesundheitssystem weist große Mängel auf. Die Wirtschaft ist in hohem Maße vom informellen Sektor abhängig.
  Städte dieses Typs lassen sich räumlich vor allem in Schwarzafrika, Lateinamerika, der Karibik, im Mittleren Osten und auf dem indischen Subkontinent finden.
- **Dynamisch wachsende Städte** sind in der Regel Städte in sich extrem schnell entwickelnden Ländern mit mittlerem Einkommen (Schwellenländer). Aber gegenüber den Städten mit Hyperwachstum verringert sich der Bevölkerungszuwachs allmählich. Der informelle Wirtschaftssektor ist zwar vorhanden, verliert aber an Bedeutung, da diese Städte ein hohes Wirtschaftswachstum haben und auch internationale Investoren anziehen.

Der wachsende Wohlstand der Bevölkerung führt jedoch zu neuen Umweltbelastungen. Insbesondere die Luftverschmutzung durch den steigenden Verkehr und die Industrie ist enorm, das öffentliche Verkehrssystem ist völlig unzureichend. Die Gesellschaft ist zweigeteilt in Arm und Reich; teure Wohngebiete liegen neben primitiven Hüttensiedlungen. Diese Städte weisen Eigenschaften sowohl von Städten der Industrienationen als auch von Städten der Entwicklungsländer auf.

Dynamisch wachsende Städte liegen in weiten Teilen Ost- und Südostasiens, in Lateinamerika, der Karibik und im Mittleren Osten.

- **Reife Städte der Überalterung** zeigen eine abnehmende Dynamik. Sie sind durch eine gegensätzliche Problemlage gekennzeichnet: Die Bevölkerungszahl geht zurück **(„Shrinking Cities")**. In diesen Städten gibt es eine zunehmend alte Bevölkerung, der kleine Haushalt ist vorherrschend. Die Wirtschaft verändert sich, im Zuge der Deindustrialisierung entstehen große Brachflächen. Innerhalb der Stadtgebiete kann es zu einer sozialen Polarisierung kommen. Ziel der Stadtplanung ist es, die Lebensqualität und Wirtschaftskraft zu erhalten.

  Reife Städte sind typisch für die hoch entwickelten Räume Nordamerikas, Europas, Teile Ostasiens und Australiens.

Kulturraumspezifische Stadttypen: die islamisch-orientalische Stadt

Die ältesten islamisch-orientalischen Städte sind ca. 7 000 Jahre alt. Die Stadt war damals politisches und wirtschaftliches Zentrum in einer vom Rentenkapitalismus geprägten Agrargesellschaft.

Heute gliedert sich die orientalische Stadt in eine Alt- und eine Neustadt. Die **Altstadt** ist von einer Stadtmauer umgeben, die an die Zitadelle (Burg) grenzt. Zwischen den Stadttoren verlaufen die zentralen Verkehrsachsen. Die große **Moschee** und der **Bazar** (Suq) bilden das religiöse, gesellschaftliche und wirtschaftliche Zentrum. Handwerker- und Handelsviertel haben sich ausgebildet, die nach Branchen geordnet sind. Die **Wohnviertel** sind gekennzeichnet durch ein Gewirr von engen und verwinkelten (Sack-)Gassen. Die Wohnquartiere sind nach Religion und Ethnie getrennt.

Die **Neustadt** schließt direkt an die Altstadt an. Zentrum ist der Stadtkern mit zentralen Dienstleistungsfunktionen. An ihn schließen sich im westlichen Stil errichtete Wohnviertel mit breiten Straßen an, die eine soziale und bauliche Differenzierung aufweisen. Die neuen Gewerbe- und Industriegebiete liegen in gesonderten Vierteln in Stadtrandlage.

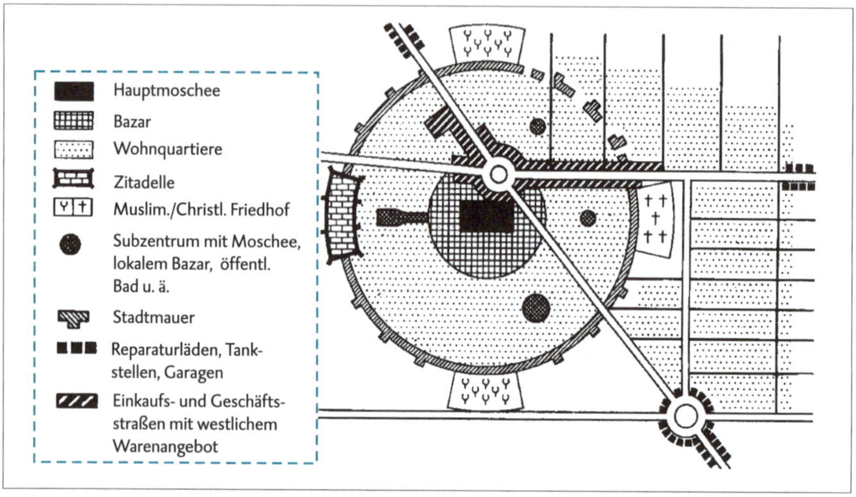

Die islamisch-orientalische Stadt

Kulturraumspezifische Stadttypen: die chinesische Stadt

Die Tradition der chinesischen Stadt reicht bis 4 000 Jahre zurück. Die Grundzüge der heutigen traditionellen Städte gehen zurück auf die im 13. Jh. beginnende Kaiserzeit. Die Stadt wird als Abbild des Kosmos gesehen. Sie ist geprägt von Achsialität, Symmetrie und der Ausrichtung nach den Himmelsrichtungen. Das Zentrum ist der Sitz des Herrschers. Um den Herrschersitz gruppieren sich Wohnviertel, gestaffelt nach **sozialer Hierarchie**. Entlang der Hauptstraße zum Zentrum reihen sich die wichtigsten Gebäude (Hofhäuser).

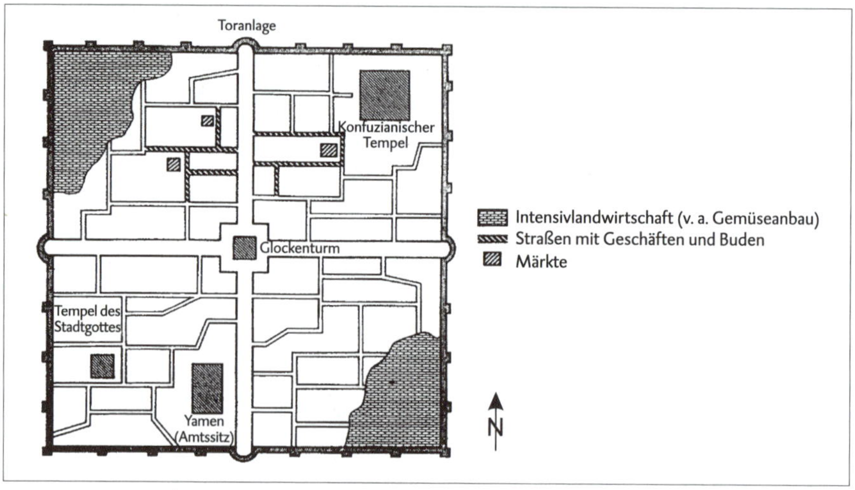

Typischer Grundriss einer kaiserzeitlichen Kreisstadt

Einen einschneidenden Wandel erlebten die chinesischen Städte ab der Mitte des 19. Jh. durch den Einfluss ausländischer Mächte. Räumlich abgegrenzt von der chinesischen Altstadt entstanden neue Stadtviertel, die im europäischen Stil errichtet wurden.

Entscheidend für das heutige Aussehen der Städte war die **sozialistische Stadtplanung** nach Gründung der Volksrepublik. Charakteristisch sind die monotone Bebauung mit Wohnblocks sowie das System der **Danweis**, städtische Arbeitseinheiten mit Wohnungen, Arbeitsstätten und infrastrukturellen Einrichtungen, die durch eine Mauer abgegrenzt werden. Die Industriekomplexe entstanden am Rande der Städte, ebenso wie Großwohnanlagen und Kulturkomplexe.

Mit dem Einsetzen der **Wirtschaftsreformen ab 1978** hat sich das Bild der chinesischen Städte dramatisch verändert. Nach Abriss der alten Bausubstanz entstanden vielerorts Hochhauswohnkomplexe. Der alte Stadtkern bildete sich zu einer City aus, die teilweise aus moderner Hochhausbebauung besteht, teilweise im traditionellen Stil errichtet wurde. An diese Zone gliedert sich eine Übergangszone mit der Mischung aller Funktionen an. Um diese Kernstadt zieht sich ein landwirtschaftlicher Gürtel, der der Nahversorgung der Stadtbevölkerung dient.

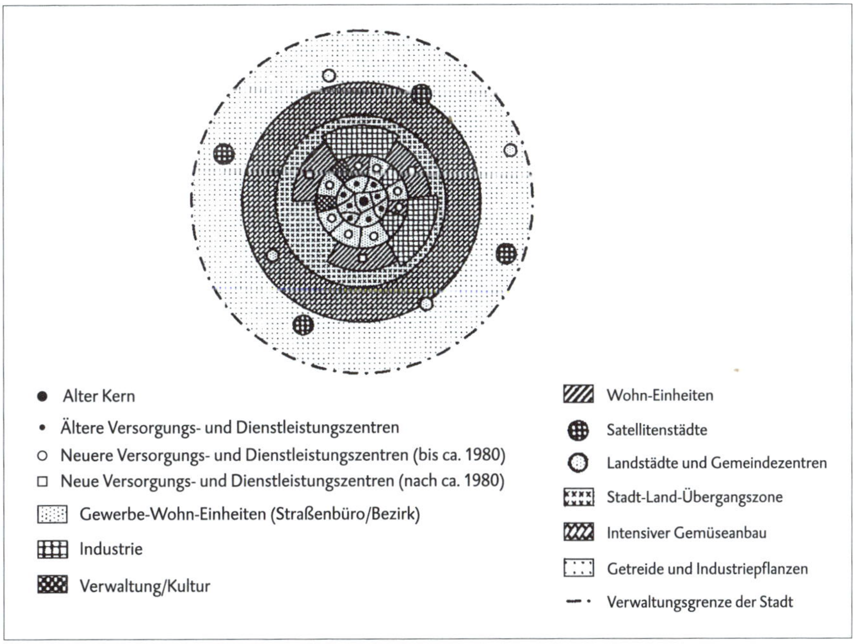

Modell einer chinesischen Stadt: Form und Flächennutzung

Kulturraumspezifische Stadttypen: die europäische Stadt

Die ältesten europäischen Städte wurden vor ca. 2 500–3 000 Jahren von den Griechen und vor mehr als 2 000 Jahren von den Römern gegründet. Viele große Städte, z. B. Marseille, Köln, London und Wien, gehen auf diese ersten Gründungen zurück.

Die Mehrzahl der europäischen Städte entstand allerdings während einer **mittelalterlichen Gründungsphase** zwischen 1100 und 1400. Neben den gewachsenen Städten wurden zahlreiche Städte durch fürstliche oder kirchliche Initiativen neu gegründet. Die mittelalterliche Stadt verfügte über bestimmte Bauelemente, die sich in vielen Städten wiederfinden. In der **Stadtmitte** stand der dominierende Kirchenbau, dort befanden sich das Rathaus, die Markthallen und -plätze sowie die Wohnungen der wohlhabenden und führenden Familien der Stadt. Je weiter eine Wohnung von Zentrum entfernt lag, desto niedriger war der soziale Status einer Familie. Die Stadt war von einer **Stadtmauer** umgeben. Von Stadttor zu Stadttor verliefen die Hauptverkehrsachsen, die sich auf dem Marktplatz kreuzten. Der weitere Grundriss der Straßenführung war unregelmäßig. Vorherrschend war das Bürgerhaus mit einer Schauseite zur Straße. In größeren Städten bildeten sich Handwerkerviertel aus. Neben dem Handwerk bildete der Handel die wirtschaftliche Grundlage der Stadt. Diesen mittelalterlichen Stadtaufbau findet man heute noch in zahlreichen europäischen Städten in der historischen Altstadt.

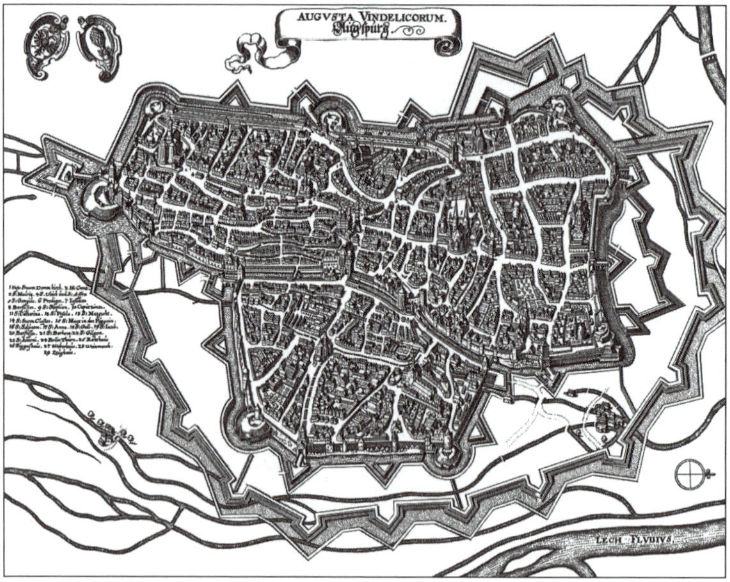

Mittelalterliche Stadt: Augsburg (Ansicht aus dem Jahr 1643)

Zwischen 1550 und 1800 wurden in Deutschland nur wenige Städte gegründet. Diese **Residenzstädte** gehen auf geplante Gründungen einzelner absolutistischer Herrscher zurück. Merkmal ist eine **planmäßige Stadtanlage**, deren Mittelpunkt des Schloss ist, auf das die Straßenführung sternförmig ausgerichtet ist. An das Schloss schließt sich ein weitläufiger Park an, der in Wälder übergeht. Ein Beispiel für diesen Stadttyp ist Karlsruhe.

Ein weiterer Stadttyp ist die **Festungs- oder Garnisonsstadt** mit mächtigen Verteidigungsanlagen.

Mit der beginnenden Industrialisierung kam es zu neuen Stadtgründungen und zum Ausbau der bestehenden Städte.

Kulturraumspezifische Stadttypen: die lateinamerikanische Stadt

Lateinamerika ist der am stärksten verstädterte Kontinent, nach UN-Daten leben über 80 % der Bevölkerung in Städten. Erste Städte entstanden zur Zeit der indianischen Hochkulturen, die heutigen Städte knüpfen an diese Wurzeln nicht an, sondern gehen auf die **Kolonialzeit** ab dem 16. Jahrhundert zurück.

Typisches Merkmal der spanisch beeinflussten lateinamerikanischen Kolonialstädte ist der **schachbrettartige** oder rechteckige **Grundriss**. Im Zentrum der Stadt liegt ein großer Platz, die **Plaza Mayor**, um den die wichtigen öffentlichen Gebäude und die Kirche oder Kathedrale errichtet wurden. Daran schlossen sich die Wohngebiete an. In der unmittelbaren Stadtmitte, angrenzend an die „Plaza Mayor“, lagen die Häuser der Oberschicht. Mit zunehmender Entfernung von diesem Platz nahm der soziale Status ab und parallel dazu Qualität und Ausstattung der Häuser. Die soziale Gliederung trifft auch auf portugiesisch beeinflusste Städte zu, der Grundriss ist jedoch unregelmäßiger, da es im Gegensatz zum spanischen Einflussbereich keine Vorschriften für die Einhaltung eines schachbrettartigen Straßenverlaufs gab.

Mit Beginn des 20. Jahrhunderts wurde das Stadtzentrum um die „Plaza mayor“ zunehmend **Wirtschaftszentrum**, das heute wie in den USA von Hochhausvierteln beherrscht ist. Dies führte zu einer Veränderung und Überformung des gesamten Stadtgefüges. Oberschicht und obere Mittelschicht zogen aus den angestammten Innenstadtvierteln an den Stadtrand in neue Villenviertel. In den letzten Jahren entstanden vermehrt abgeschlossene und bewachte **Gated Communities**, die **Condominios**, als Villenviertel am Stadtrand, als exklusive Hochhauskomplexe in der Innenstadt oder als innerstädtische Wohngebiete, die durch Gitter und Schranken von der übrigen Stadt abgegrenzt werden. Die Gated Communities unterscheiden sich in ihrer Ausstattung und verfügen zum Teil über eine eigene Versorgungs-, Freizeit-

und Schulinfrastruktur. Sie spiegeln die unterschiedliche Einkommenssituation und somit die Sozialstruktur der Gesellschaft im Raum wider.

Die sozioökonomische Polarisierung führt zu einer zunehmenden **Fragmentierung** der Städte. In der Innenstadt entstanden billige Wohnblocks und heruntergekommene Wohnviertel wurden zu **Slums**, innerstädtischen Elendsvierteln. Neue Arbeitersiedlungen und Industrieviertel entstanden am Stadtrand und in den Außenbezirken. Der größte Teil der städtischen Bevölkerung lebt in illegalen und semilegalen Marginalsiedlungen, die aufgrund des hohen Bevölkerungszuwachses und durch den enormen Zuzug in die Stadt auf Freiflächen in der Stadt und vor allem am Stadtrand entstanden.

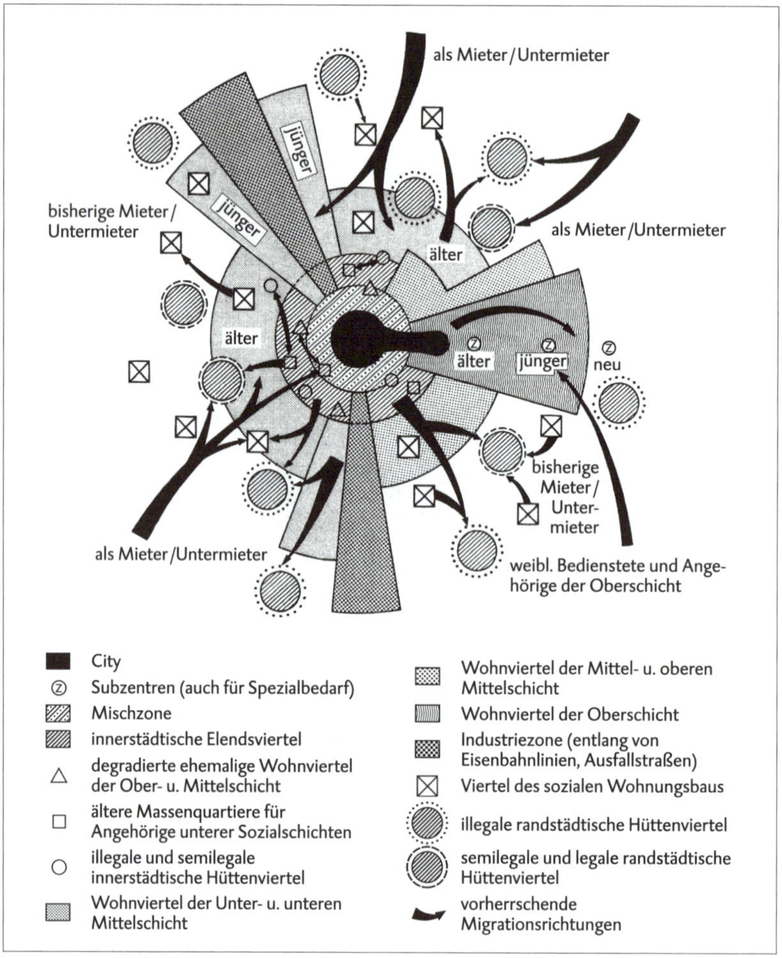

Modell der lateinamerikanischen Stadt

Kulturraumspezifische Stadttypen: die angloamerikanische Stadt

Nordamerikanische Städte sind junge Städte, die im 18. und 19. Jahrhundert im Zuge der europäischen Besiedlung entstanden, meist als wirtschaftliche Zentren einer Region.

Es sind **ausufernde Stadtlandschaften**, die eine große Fläche bedecken. Der Grundriss ist gekennzeichnet durch das schachbrettartig verlaufende Straßennetz, das im Wesentlichen auf die Einführung des quadratischen Landvermessungssystems 1785 (Land Ordinance) zurückgeht, und die Hochhaus- oder Wolkenkratzerbebauung des Stadtzentrums oder Kernbereichs.

Die funktionale Gliederung der Städte ist in den letzten Jahrzehnten einem starken Veränderungsprozess durch Wanderungsbewegungen ausgesetzt, was das Erscheinungsbild der US-Städte stark verändert hat. Die Städte lassen sich in eine **Kern- und eine Außenstadt** unterteilen. Die Kernstadt umfasst die **„Downtown“**, in der der **CBD** (Central Business District) liegt. In diesem konzentriert sich der Dienstleistungssektor. In größeren Städten kam es innerhalb des CBD in den 1970er-Jahren zu einer Aufteilung in Viertel nach der Funktion, wie Banken-, Hotel-, Shoppingzentrum und Malls. In jüngerer Zeit entstehen außerdem durch **Gentrifizierung** (engl. gentrification), die erneute Aufwertung innenstadtnaher Wohnviertel, wieder Wohnungen der Luxusklasse durch staatliche und private Investitionen; große Sportarenen entstehen als Publikumsmagneten auf den Freiflächen der Downtown. Teilweise weitet sich der CBD in Gebiete der Downtown aus.

Der sich in der Downtown an den CBD früher anschließende Gürtel aus Wohn- und gewerblicher Nutzung ist seit den 1940er-Jahren einem zunehmenden Verfall unterworfen. Die besser situierte Wohnbevölkerung ist in die Außenbereiche, die Suburbs (Vororte), gezogen, ihr folgten der Dienstleistungssektor und die Arbeitsplätze. In der Downtown entstanden (Einwanderer-) Ghettos, ein Großteil der Gebäudesubstanz verfiel. Einzelne Projekte des sozialen Wohnungsbaus oder die Errichtung von **Gated Communities** konnten diesen Prozess nicht aufhalten.

In der Außenstadt, dem suburbanen Gebiet, liegen die ausgedehnten Wohngebiete der **Suburbs**, in denen Einfamilienhäuser überwiegen, und die Zentren wirtschaftlicher Aktivitäten und Entwicklungen, in denen die neuen Arbeitsplätze des tertiären Sektors einschließlich des Hightech-Bereichs entstehen. Die wirtschaftlichen Aktivzonen sind die sogenannten **Edge Cities**. Diese sind an den Kreuzungspunkten der großen Verkehrsachsen angesiedelt. In ihnen konzentrieren sich der Einzelhandel, Büroflächen und Apartmentblocks. So entstehen eine Konzentration von Arbeitsplätzen und eine komplexe Bebauung.

Insgesamt kommt es in den Städten zu einer zunehmenden Fragmentierung. Es bilden sich Standorte im Raum mit einer bevorzugten Nutzung, die jedoch nicht mehr auf das Zentrum einer Stadt ausgerichtet sind.

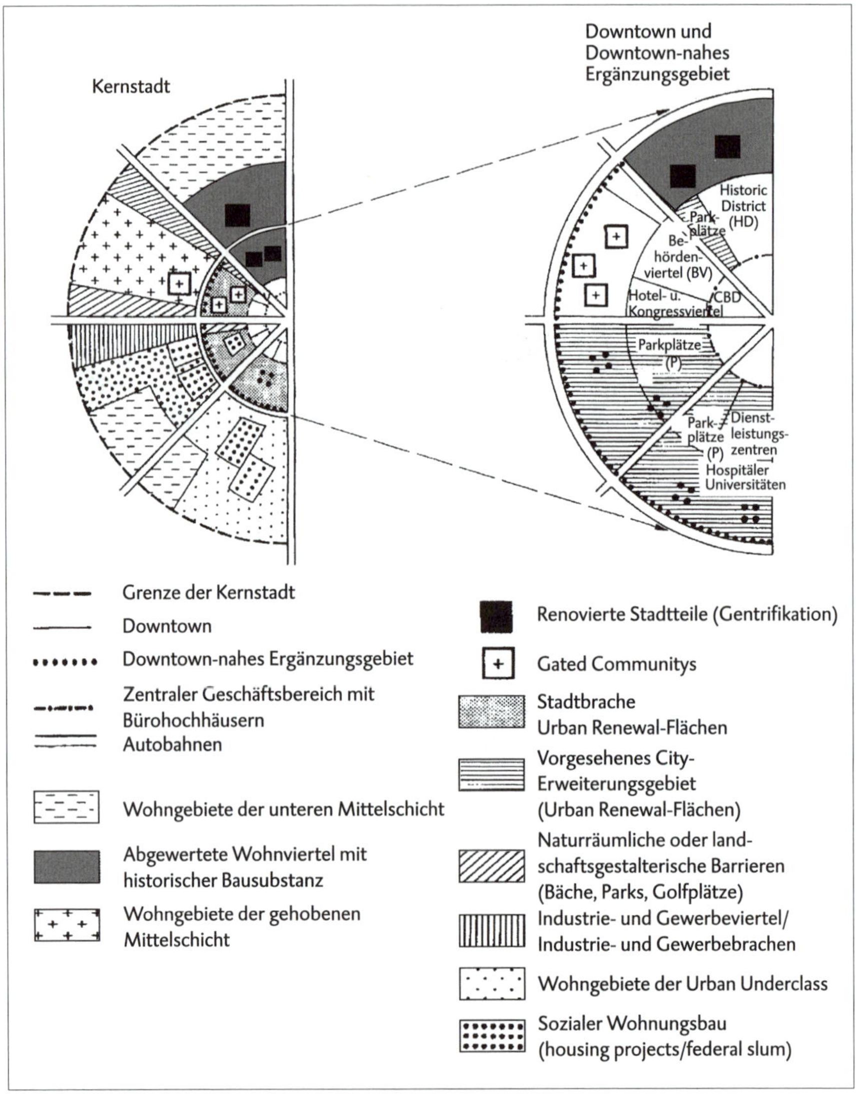

Planungspolitische Selektionsprozesse am Ende des 20. Jahrhunderts

1.3 Verstädterung in Industrieländern

Gründe der Verstädterung

Als Gründe für die Verstädterung in Industrieländern sind v. a. die Industrialisierung und die starke Zunahme der Mobilität zu nennen.

Während des 19. Jh. wurden im Zuge der **Industrialisierung** die Städte stark verändert. Durch zahlreiche technische Basisinnovationen und ihre Folgeentwicklungen boten die Städte eine große Anzahl neuer industrieller Arbeitsplätze, die eine starke Binnenwanderung und **Landflucht** auslösten **(Push- und Pull-Faktoren)**. Die Folgen für die Entwicklung der Städte waren dramatisch: Es kam zu einer Überbauung und Überfüllung der Altstädte sowie zu einer ersten **Wachstumswelle** der Städte in das Umland.

Die **zunehmende Mobilität** im 19. Jh. durch die **Eisenbahn** führte zu einem stark erhöhten Waren- und Personentransport. Innerhalb der Städte entstanden öffentliche Personenbeförderungssysteme.

Ab Mitte des 20. Jh. entwickelte sich durch den **Autoverkehr** eine **mobile Gesellschaft**. Lkws, Pkws sowie andere Verkehrsträger (u. a. U-Bahn, S-Bahn, Flugzeug) prägen heute die Städte und beeinflussen den Städtebau, die Umwelt sowie die privaten und ökonomischen Aktivitäten des Einzelnen.

Das 20. und 21. Jh. sind gekennzeichnet durch einen Übergang zur Dienstleistungsgesellschaft mit einer zunehmenden Tertiärisierung der Wirtschaft. Auch diese Arbeitsplätze sind zum allergrößten Teil an Städte und deren Umland gebunden.

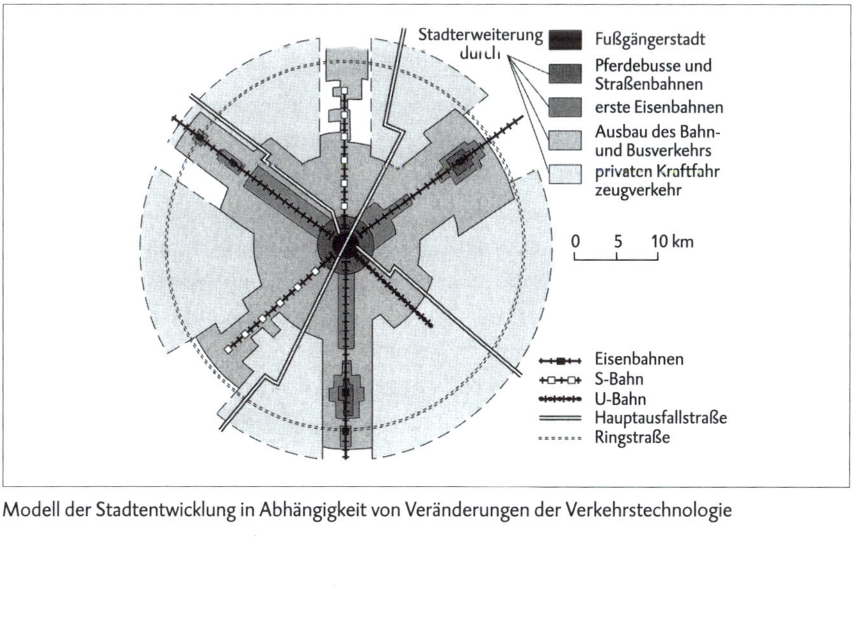

Modell der Stadtentwicklung in Abhängigkeit von Veränderungen der Verkehrstechnologie

Veränderungen der Stadt und deren Folgen

Als Hauptveränderungen sind u. a. die funktionale Gliederung, die Suburbanisierung und die Gentrifizierung zu nennen.

Jede Stadt lässt sich in **funktionale Räume** gliedern. Das Kriterium für die Untergliederung ist die Art der Flächennutzung. Für Städte lassen sich folgende Hauptarten der Flächennutzung unterscheiden:

- innerstädtische Zentren,
- Wohngebiete,
- Industriegebiete,
- Grün- und Freiflächen.

Innerstädtische Zentren weisen eine hohe Standortkonzentration von zentralen Einrichtungen auf, die Waren, Dienstleistungen, Informationen, kulturelle und Freizeitunterhaltungen anbieten.

Die **City** (Innenstadt, Stadtzentrum, Central Business District/CBD, Downtown) nimmt unter den Zentren durch ihre Konzentration an Einzelhandelsgeschäften und öffentlichen und privaten Dienstleistungen eine herausragende Stellung ein. In größeren Städten wird die City in verschiedene Viertel (Bankenviertel, Hauptgeschäftsstraßen u. a.) unterteilt. Die **Arbeitsplatzdichte** ist sehr hoch. Die **Wohnbevölkerung** nimmt seit Ende des 19. Jh. in der City stark ab. Es überwiegt die Tag- gegenüber der Nachtbevölkerung.

Subzentren entstehen durch Standortdezentralisierung in peripheren Lagen, z. B. in Vororten, an Ausfallstraßen oder als neu gegründete Entlastungszentren. Diese Verlagerungen gehen einher mit dem Prozess der **Suburbanisierung** (vgl. S. 222).

In überwiegend dezentralen, stadtrandnahen Lagen mit guter Verkehrsanbindung liegen Subzentren mit großen Verbrauchermärkten (z. B. Baumärkten), aber auch Urban Entertainment Center, die einen erlebnisorientierten Einkauf mit Freizeitfunktionen bieten, und Freizeitgroßanlagen.

Städtische Wohngebiete sind historisch bedingt sehr unterschiedlich ausgeprägt. Im Stadtzentrum findet man **Altstadtwohngebiete** in unterschiedlichster Qualität. An die Altstadtquartiere schließen sich **Neustadtquartiere** des 19. Jh. an. Typisches Merkmal ist eine geschlossene Blockrandbauweise entlang der planmäßig angelegten Straßenzüge. Die nächste Ausweitungsstufe sind die **gründerzeitlichen Viertel**. Diese sind oft von ehemaligen Industriebetrieben durchsetzt, deren Gelände heute häufig umgenutzt wurde. Zu unterscheiden sind hierbei die Arbeiterviertel mit enger Bebauung (Mietskasernen) und die Villenviertel.

Am Stadtrand und in der suburbanen Zone liegen die **Wohngebiete**, die **nach dem Zweiten Weltkrieg** entstanden sind. Dominante Formen sind sowohl Einfamilienhäuser als auch Großwohnsiedlungen mit sehr hoher Bebauungsdichte.

Industriegebiete werden in den jeweiligen Ausbauepochen der Städte am Stadtrand oder am Rand von Verdichtungsräumen angesiedelt. Ausschlaggebend sind hierbei die Anbindung an die jeweils zentralen Verkehrsträger wie Wasserstraße, Schiene oder Autobahn.

Grünflächen sind aus ökologischer Sicht von größter Bedeutung für die Stadt und ihr Klima. Hierzu zählen Parks, Sportanlagen, Stadtwälder, Flussufer, Schrebergärten und auch Brachflächen (Flächen, deren Nutzung aufgegeben wurde).

Stadtmodelle

Zwar unterscheidet sich die funktionale Gliederung jeder Stadt; dennoch lassen sich gewisse Regelmäßigkeiten erkennen, die man in verschiedenen Modellen darzustellen versucht.

Das **Kreismodell** geht davon aus, dass die Stadt sich in konzentrischen Kreisen um den historischen Ortskern entwickelt. Grundannahme für das **Sektorenmodell** ist, dass sich die Wohngebiete in einzelnen Sektoren ausbilden und mit der Stadt nach außen entlang den Verkehrsachsen wachsen. Das **Mehr-Kern-Modell** geht von der Ausbildung mehrerer Geschäftszentren, der Kerne, aus, die sich automatisch bilden, wenn die Stadt an Fläche zunimmt.

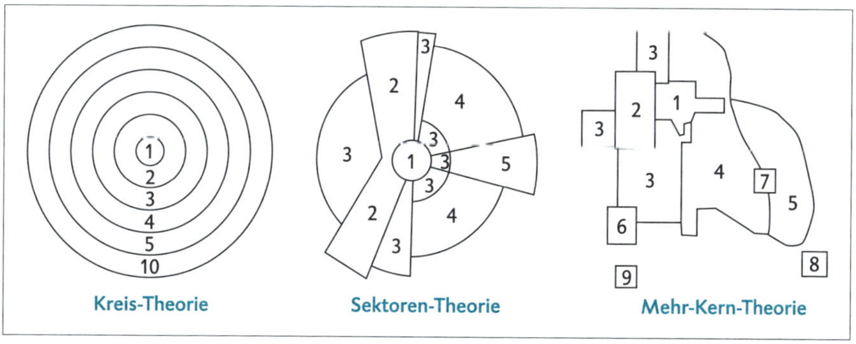

Stadtmodelle

Suburbanisierung

Unter **Suburbanisierung** versteht man die räumlichen Prozesse, bei denen die privaten Haushalte, die Dienstleistungen zur Versorgung der Haushalte und die Betriebe aus der Kernstadt ins Umland abwandern, sowie die dadurch ausgelösten strukturellen Veränderungen der Siedlungs-, Wirtschafts-, Bevölkerungs- und Sozialstrukturen in Kernstadt und Umland.

Der Siedlungs- und Verdichtungsraum wächst, gleichzeitig fallen die räumlich-funktionalen Einheiten von Wohnen, Arbeiten, Versorgen und Produktion immer weiter auseinander. Der Prozess der **Suburbanisierung** setzte in den USA in der ersten, in Europa in der zweiten Hälfte des 19. Jh. ein. Besondere Dynamik erhielt die Suburbanisierung in Deutschland in den Jahren des Wirtschaftswunders nach dem Zweiten Weltkrieg.

Die Suburbanisierung wird durch den Wegzug der Stadtbevölkerung aus der Kernstadt ausgelöst. Wichtige Voraussetzungen hierfür sind die Mobilität und ein ausreichendes Einkommen. Hauptgründe sind das unzureichende Wohnungsangebot und schlechte Umweltbedingungen in der Kernstadt.

Für die Kernstädte hat dies eine **selektive Bevölkerungsveränderung** zur Folge, da überwiegend die gut verdienenden jüngeren Familien abwandern. In den Städten geht damit der Prozess der **räumlichen Segregation** (Trennung, Entmischung) nach sozialem Status und ethnischer Zugehörigkeit einher.

Zeitlich folgt dieser Suburbanisierung die **Suburbanisierung der Arbeitsplätze**, wobei die Gründe für die partielle Verlagerung des sekundären und tertiären Sektors aus der Kernstadt eher in den besseren Verkehrsanbindungen und günstigeren Bodenpreisen in den Randgebieten liegen.

Im Zuge der **Reurbanisierung** werden gezielt Maßnahmen der Stadterneuerung eingesetzt, um den Prozess der Suburbanisierung umzukehren.

Private und öffentliche Investoren modernisieren Altbauten und alte Gewerbebetriebe zu schicken Wohnungen und Lofts und werten somit die Infrastruktur mit attraktiven Angeboten auf, um bewusst junge, einkommensstarke Arbeitnehmer des tertiären und quartären Sektors anzusprechen. Bei diesem Prozess der städtischen Umgestaltung wird die noch ansässige einkommensschwache Bevölkerung verdrängt. Diese Verdrängung durch aufwertende Sanierung wird als **Gentrifizierung** bezeichnet und führt zu einer weiteren **sozioökonomischen Segregation** der städtischen Bevölkerung.

1.4 Verstädterung in Schwellen- und Entwicklungsländern

Zwar setzte die Verstädterung in den Schwellen- und Entwicklungsländern erst etwa in der Mitte des 20. Jh. ein, dafür aber mit einer Dynamik, welche die Zuwachsraten in den entwickelten Ländern um ein Vielfaches übertrifft.

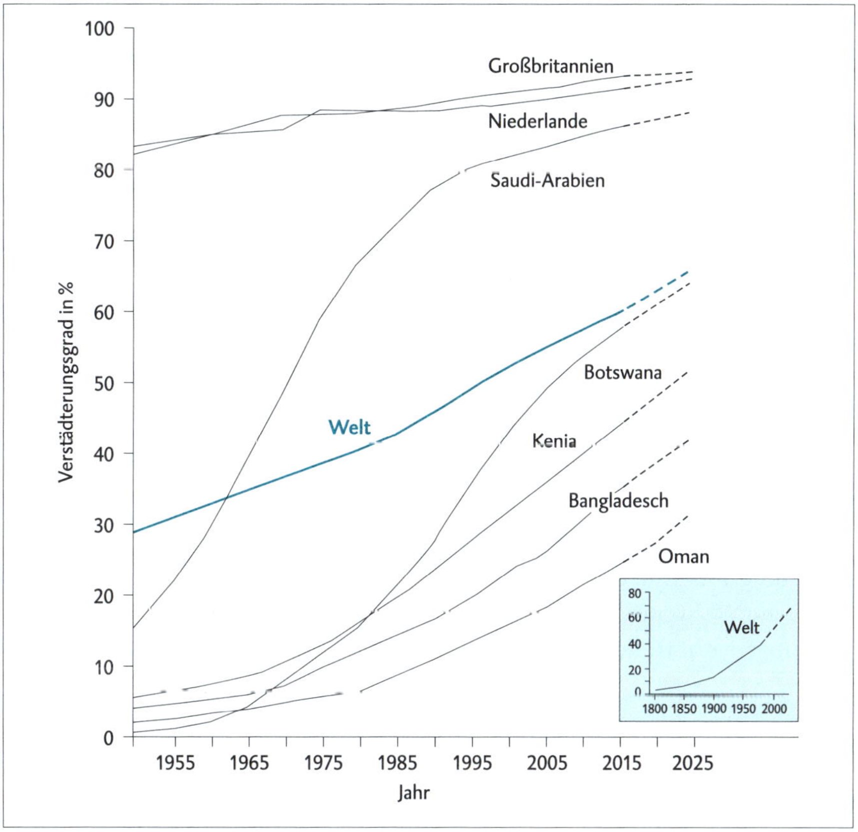

Urbanisierungstrends

Ursachen der Verstädterung

Es gibt zwei Hauptgründe für die Zunahme der städtischen Bevölkerung:

1. die starke natürliche Bevölkerungszunahme,
2. die hohen Zuzugszahlen der Städte.

In Schwellen- oder Entwicklungsländern läuft die Verstädterung in der Regel nicht parallel zum wirtschaftlichen Wachstum des Landes. Sie wird nicht durch gesellschaftliche oder technische Innovationen mit einem großen

Arbeitsplatzangebot in den Städten vorangetrieben (wie in den Industriestaaten meist geschehen), sondern vor allem durch **natürliches Bevölkerungswachstum** und **Migration der ländlichen Bevölkerung** in die Städte. Dieses überproportionale Wachstum der städtischen Bevölkerung im Verhältnis zum wirtschaftlichen Wachstum wird als Überverstädterung oder **Hyperverstädterung** bezeichnet.

Ausschlaggebend für den starken Zuzug sind starke **Disparitäten** zwischen Stadt und Land. Die hohe Anziehungskraft der Städte auf die ländliche Bevölkerung wird mit den Push- und Pullfaktoren erklärt.

Pushfaktoren: z. B.
- starke Bevölkerungszunahme,
- materielle Armut,
- fehlende oder zu kleine Anbauflächen,
- Ernterisiken,
- fehlende Arbeitsplätze in allen Wirtschaftssektoren,
- mangelnde Ausstattung mit öffentlichen Dienstleistungen (Schulen, Krankenhäuser, Ausbildungseinrichtungen).

Pullfaktoren: z. B.
- Hoffnung auf Arbeitsplatz,
- Hoffnung auf Verbesserung der sozialen Situation,
- Bildungsmöglichkeiten,
- bessere Wohnmöglichkeiten,
- geringere Kontrolle und Einbindung in traditionelle Sozialstrukturen.

Der Entschluss zur Abwanderung ist meist unumkehrbar, da er sehr häufig mit dem Verkauf der gesamten auf dem Land vorhandenen Habe verbunden ist.

Folgen der Verstädterung

Besonders auffällige Folgen der Verstädterung sind die **Metropolisierung**, die extreme Zunahme des **informellen Sektors** sowie die sich verstärkende **sozialräumliche Segregation**.

In den Metropolen und Megastädten ist der Trend zur Verdichtung der Wohnbevölkerung v. a. in den **innerstädtischen** und den **randstädtischen Marginalsiedlungen** ungebrochen. Als Marginalsiedlungen werden heruntergekommene Wohnviertel in Baulücken der Kernstädte (z. B. an rutschungsgefährdeten Hängen oder auf ehemaligen Müllhalden) sowie in der Peripherie der großen Städte bezeichnet. Die meisten Bewohner leben weit unterhalb der

Armutsgrenze. Die Wohndichte in den Marginalsiedlungen ist sehr hoch und die infrastrukturelle Ausstattung ist unzureichend (fehlende oder kaum vorhandene Elektrizitäts- und Wasserversorgung, keine Schulen und Krankenhäuser).

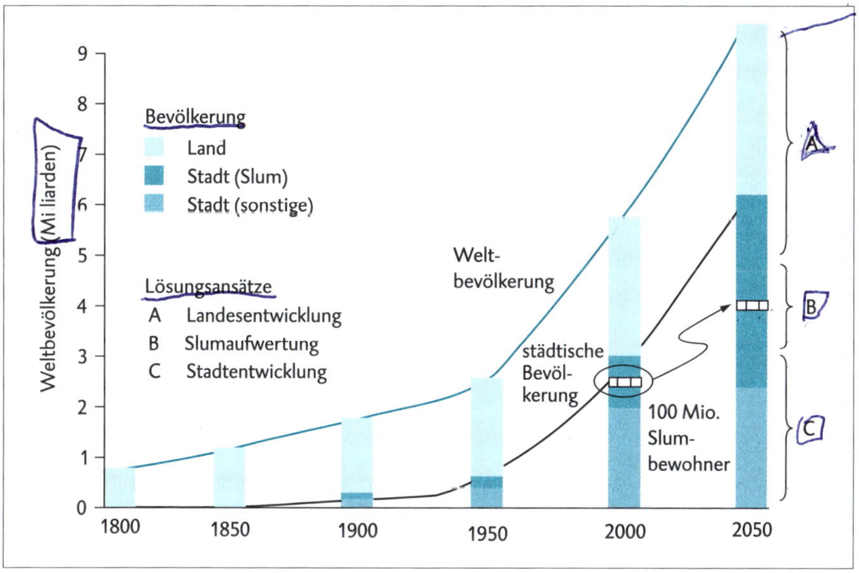

Dynamik städtischer Slums

Die **offiziellen (formellen) Wirtschaftsbetriebe** sind nicht in der Lage, ausreichend Arbeitsplätze für die explodierende Bevölkerungszahl zur Verfügung zu stellen. Um zu überleben, arbeiten sehr viele Bewohner im **informellen Sektor**.

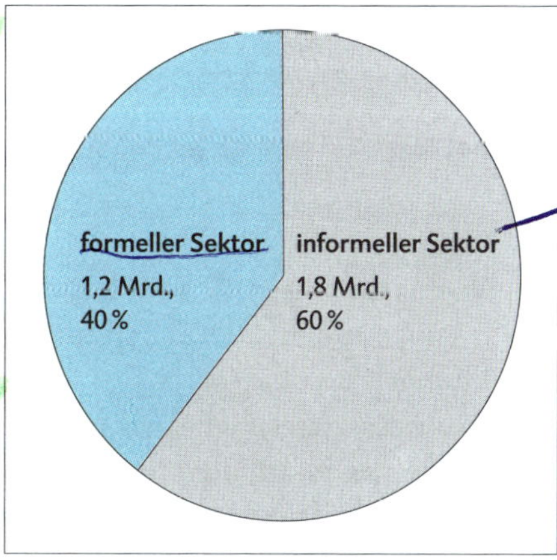

Anteil der Beschäftigten im informellen Sektor weltweit (Schätzung)

Informelle Tätigkeiten entziehen sich der staatlichen Erfassung und Besteuerung. Sie umfassen die Bereiche Produktion (z. B. Textilien, Baugewerbe, Nahrung), Handel (z. B. Nahrungsmittel, Zeitungen, Getränke) und Dienstleistungen (z. B. Autoreparatur, Schuhe putzen, Parkplatzbewachung, Prostitution). Für die ausgeübten Tätigkeiten bedarf es in der Regel keiner beruflichen Qualifikation. Der informelle Sektor arbeitet mit sehr geringem Kapitaleinsatz und einfachen Technologien. Er übernimmt auch Aufgaben, die durch die öffentliche Verwaltung nicht organisiert werden (können), wie die Müllentsorgung, die Belieferung mit Trinkwasser oder Transportdienste. Der informelle Sektor ist in fast allen Entwicklungs- und Schwellenländern ein wichtiger Bestandteil der Wirtschaft geworden.

Nirgendwo sind die sozialen Gegensätze so deutlich ausgeprägt wie in den Städten der Entwicklungs- und Schwellenländer. Hier findet man eine besonders ausgeprägte **sozialräumliche Segregation** (Trennung). In engster Nachbarschaft liegen Gated Communities neben den Marginalsiedlungen der Ärmsten.

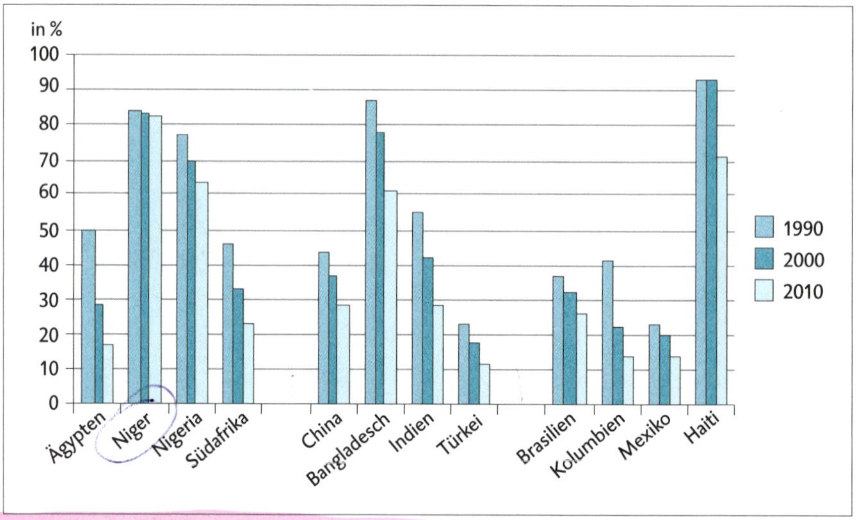

Anteil der Slumbewohner an der städtischen Bevölkerung

Das Beispiel Mumbai

Mumbai ist mit über 12,5 Millionen Einwohnern die größte Stadt des indischen Subkontinents. Das ursprüngliche Bombay (bis 1996 offizieller Name von Mumbai) bestand aus sieben Inseln im Indischen Ozean vor der Westküste des Bundesstaates Maharashtra. Durch Landgewinnung entstand die heutige Halbinsel Salsette, auf der Mumbai liegt.

Mit über 20 Millionen Einwohnern gehört die **„Mumbai Metropolitan Region" (MMR)**, die auch die nördlichen Gebiete mit sieben angegliederten Städten einschließt, zu den einwohnerreichsten Metropolregionen weltweit.

Zu Beginn der **britischen Kolonialherrschaft** um 1661 lebten in Mumbai rund 10 000 Menschen. Durch die günstige Lage am Indischen Ozean entwickelte sich die Stadt rasch zu einem Handelsmittelpunkt. In den nachfolgenden 100 Jahren verzehnfachte sich die Einwohnerzahl auf 100 000. 1911 wurde die erste Million erreicht. Nach dem Zweiten Weltkrieg wurden die Vororte eingemeindet, wodurch sich die Einwohnerzahl schlagartig erhöhte.

Der größte Teil des Bevölkerungswachstums in Mumbai wird durch **Zuwanderung** verursacht. Durch die internationale Bedeutung der Stadt kommen die Zuwanderer nicht nur aus dem angrenzenden ländlichen Raum, sondern aus ganz Indien sowie aus den benachbarten Staaten. Vor allem Pakistani, Afghanen, Chinesen und Nepalesen stellen einen großen Anteil der Ausländer in Mumbai. So entsteht eine Mischung von Menschen mit unterschiedlichsten kulturellen, religiösen und sprachlichen Hintergründen.

Die „Boomtown" Mumbai ist die Wirtschaftsmetropole des aufstrebenden Indiens. In der MMR werden über 30 % des indischen BIP erwirtschaftet. Auch das Zentrum der indischen Filmindustrie, **„Bollywood"** genannt, befindet sich in dieser Stadt. Vor allem wegen der hier produzierten, in ganz Indien bekannten Filme gilt Mumbai für zigtausend Landbewohner als Tor zu einem besseren Leben. Der Zustrom meist junger, armer und unqualifizierter Menschen mit dem Wunsch nach Arbeit, Wohlstand und Bildung ist ungebrochen. Die Wirtschaft Mumbais, und somit das Arbeitsplatz- und Bildungsangebot, kann mit dem Zustrom dieser Zuwanderer nicht mithalten.

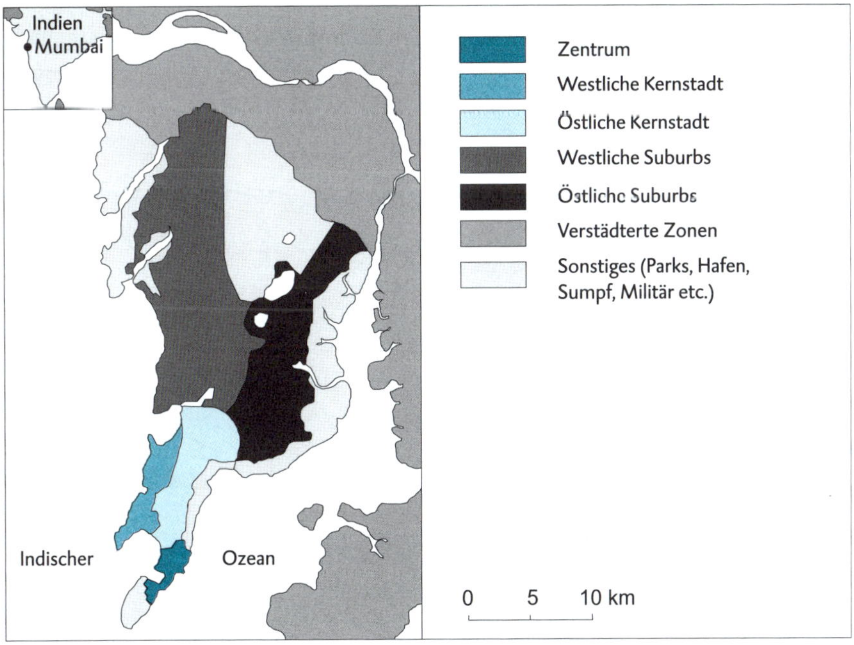

Karte des Großraums Mumbai

Ein Drittel der Bewohner Mumbais ist unter 20 Jahre alt. Rund 40 % der Haushalte leben unterhalb der Armutsgrenze von umgerechnet ca. 17 Euro im Monat. Ungefähr 80 % der Menschen arbeiten im Dienstleistungssektor, großteils informell. Somit gehen der Verwaltung viele Steuereinnahmen verloren.

Das **beengte Raumangebot** in Mumbai lässt die Preise für Wohnraum ins Uferlose steigen. Es herrscht ein dramatischer Mangel an Wohnungen für einkommensschwache Haushalte. 1947 wurde ein Gesetz zur Kontrolle der Mieten verabschiedet, das einerseits die Rechte der Mieter gegen Räumung stärkte, andererseits aber dazu führte, dass es kaum noch Investitionen in den Wohnungsmarkt für ärmere Schichten gab. Derzeit leben rund fünf Millionen Menschen, also fast 50 % der Bevölkerung Mumbais, in den **über 2 000 Slums**, was der Stadt den Spottnamen **„Slumbay“** einbrachte.

Aufgrund der Slumbildung sind die **Verwaltung** und die **Steuerung** der Stadt schwierig. Es gibt keine Melderegister und die Wirtschaft des informellen Sektors ist nicht kontrollierbar. Die Aufrechterhaltung eines einheitlichen Rechtssystems ist kaum möglich. Die einzelnen informellen Siedlungen haben häufig eine eigene Rechts- und Wirtschaftsstruktur aufgebaut. Für die staatliche Polizei stellen viele Viertel „No-go-Areas“ dar und nur allzu oft werden diese durch **kriminelle Organisationen** kontrolliert. Die Kriminalitätsrate ist demzufolge sehr hoch.

Eine **strukturierte Regierbarkeit** der Metropole ist daher weitestgehend unmöglich. Dies hat wiederum zur Folge, dass staatliche Mittel zur Aufwertung der informellen Siedlungen selten bei den Bedürftigen ankommen und somit auch keine Verbesserungen erzielt werden.

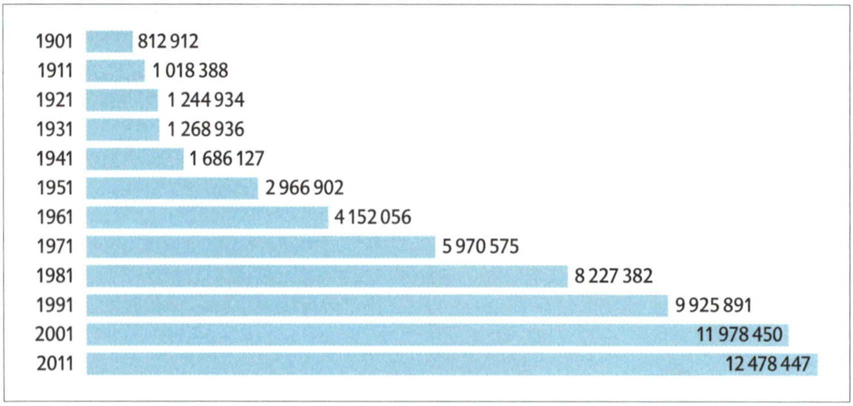

Entwicklung der Einwohnerzahl Mumbais

Die größten **Umweltprobleme** der Stadt entstehen durch die unzureichende Entsorgung und Reinigung von Abwässern, Abgasen und Abfällen. Die Luftverschmutzung ist bedenklich. Ursachen hierfür sind sowohl die ungefilterten Abgase der Fabrikanlagen und Kraftwerke als auch des städtischen Verkehrs. Atemwegs- und Hauterkrankungen sind in der Bevölkerung weit verbreitet. Verschmutztes Wasser ist die Hauptursache für die katastrophalen hygienischen Verhältnisse in den Armenvierteln.

Gleichzeitig leben in Mumbai **mehr Millionäre als in Manhattan**. Die Wirtschaft boomt und die immer größer werdende Oberschicht trägt ihren Reichtum zur Schau. Das Stadtbild wird geprägt von Slums neben modernen Wolkenkratzern, Bürohochhäusern, Einkaufszentren, Boutiquen und feinen Restaurants. In den teuren Geschäfts- und Wohnvierteln werden die höchsten Immobilienpreise Indiens verlangt.

Blick auf den Slum Dharavi in Mumbai

1.5 Auswirkungen der Verstädterung auf die Umwelt

Der rasant zunehmende Verstädterungsgrad belastet unsere Umwelt sowohl in Industrieländern als auch in Entwicklungs- und Schwellenländern außerordentlich. Der Mensch konstruiert ein **Ökosystem Stadt**, in dem die Geofaktoren Relief, Boden, Klima, Wasserhaushalt und Vegetation bis weit über die Stadtgrenzen hinaus durch Rohstoffentnahme, Emissionen, Abwärme, Flächenversiegelung, Wasserentnahme, Lärmbelastung und Müllentsorgung verändert werden. Das Ökosystem Stadt hat folgende Merkmale:

- Die Stabilität kann nur durch künstliche Energiezufuhr gesichert werden.
- Die Fähigkeit zur Selbstregulation fehlt, es bedarf einer ständigen Steuerung durch den Menschen.
- Anthropogene Nutzungen (Wohnen, Industrie, Erholung, Verkehr etc.) treten gehäuft auf.

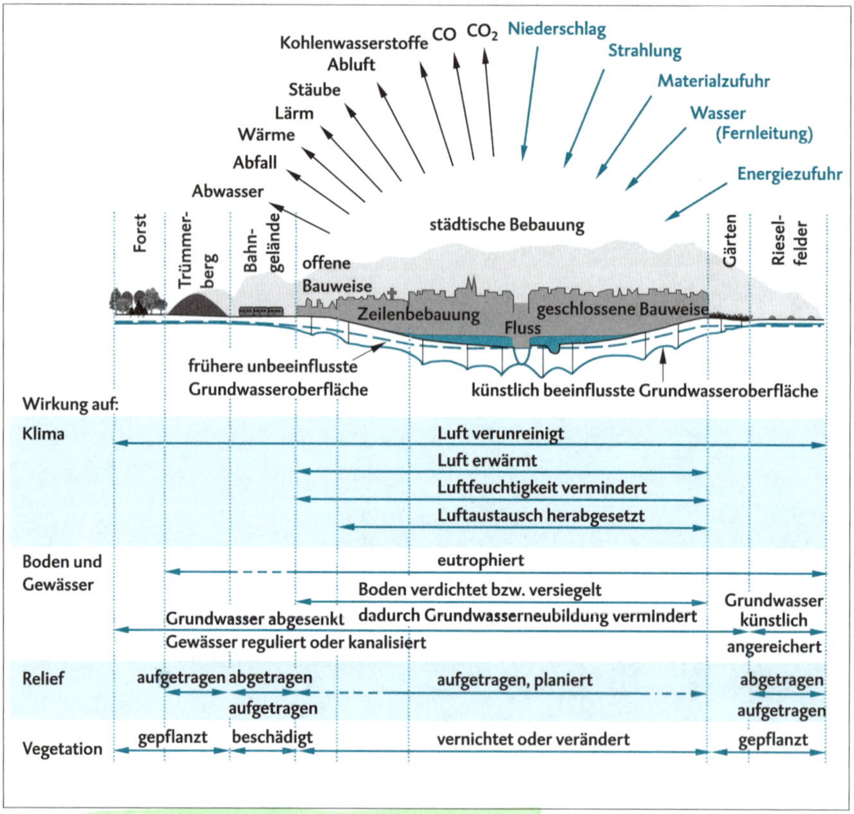

Ökosystem Stadt: Stoffströme und Auswirkungen auf das Umland

Versiegelung und Flächenverbrauch

Der Flächenverbrauch und die Versiegelung des Bodens infolge von Überbauung durch den Siedlungskörper und die Anlage von Verkehrswegen steigen kontinuierlich. Vielfältige Probleme und Nutzungskonflikte nehmen zu:

- Auf versiegelten Flächen kann kaum Wasser in den Boden eindringen. Der **Grundwasserspiegel** sinkt langfristig.

- Das Niederschlagswasser fließt auf den versiegelten Flächen wesentlich schneller ab und wird direkt oder über die Kanalisation den Vorflutern zugeführt, wodurch die **Hochwassergefahr** deutlich steigt.
- Versiegelte Flächen fehlen als **landwirtschaftliche Fläche** für die Versorgung der Bevölkerung.
- Versiegelte Flächen stehen nicht mehr für die **Naherholung** zur Verfügung.
- Die **Habitatsflächen** von **Fauna** und **Flora** nehmen ab.
- Versiegelte Flächen haben einen negativen Einfluss auf das **Stadtklima**.

Stadtklima und Luftverschmutzung

In Städten bildet sich ein Lokalklima aus, das sich deutlich vom Klima des Umlandes unterscheidet. Typische Phänomene des **Stadtklimas** sind – neben den gegenüber dem Umland erhöhten **Temperaturen** – **Luftverschmutzung** und **Smog** sowie veränderte Wind- und Niederschlagsverhältnisse. Dies wird, v. a. im Sommer, von vielen Stadtbewohnern als stark belastend empfunden.

Stadtplanerische Maßnahmen können die Temperaturen herabsetzen und die Luftqualität verbessern. So könnte durch eine geschickte Ausrichtung der Gebäude und Straßen unter Ausnutzung des Düseneffekts Frischluft in die Innenstädte geführt werden. Die Entsiegelung von Flächen, verbunden mit einer geringeren Bebauungsdichte und stärkerer Durchgrünung der Siedlungen, würde die Temperatur verringern. Durch die Reduzierung des Individualverkehrs ließe sich die Abgasbelastung verringern. Den gleichen Effekt würde die großflächige Nutzung von Solarenergie erzielen. Jedoch kosten all diese Maßnahmen viel Geld, das die wenigsten Kommunen auszugeben bereit sind.

Abwasser- und Müllentsorgung

Weltweit werden nur rund 10 % der Abwässer geklärt. Selbst in vielen Städten fuhrender Industrienationen sind große Teile der Bevölkerung nicht an ein funktionierendes Abwassersystem angeschlossen. In Entwicklungs- und Schwellenländern wird der größte Teil der Abwässer ungeordnet entsorgt. Wenn Abwässer in die offenen Gewässer gelangen, stellt dies eine große gesundheitliche Gefährdung für die Bevölkerung dar.

Die **Müllentsorgung** ist ein weiteres Problemfeld großer Städte. In den Industrieländern ist die Müllentsorgung eine Aufgabe der Kommunen und wird meist von diesen durchgeführt oder von diesen an private Unternehmer übergeben. Doch selbst hoch entwickelte Länder Europas haben ein Müllproblem. Viele Mülldeponien sind hoffnungslos überlastet, Verbrennungsanlagen produzieren giftige Abgase oder die Müllentsorgungsunternehmen arbeiten mit halb legalen Strukturen. Ein bis heute ungelöstes Problem stellen des Weiteren die großen Mengen an **Sondermüll** dar, die v. a. in Industriebetrieben anfallen.

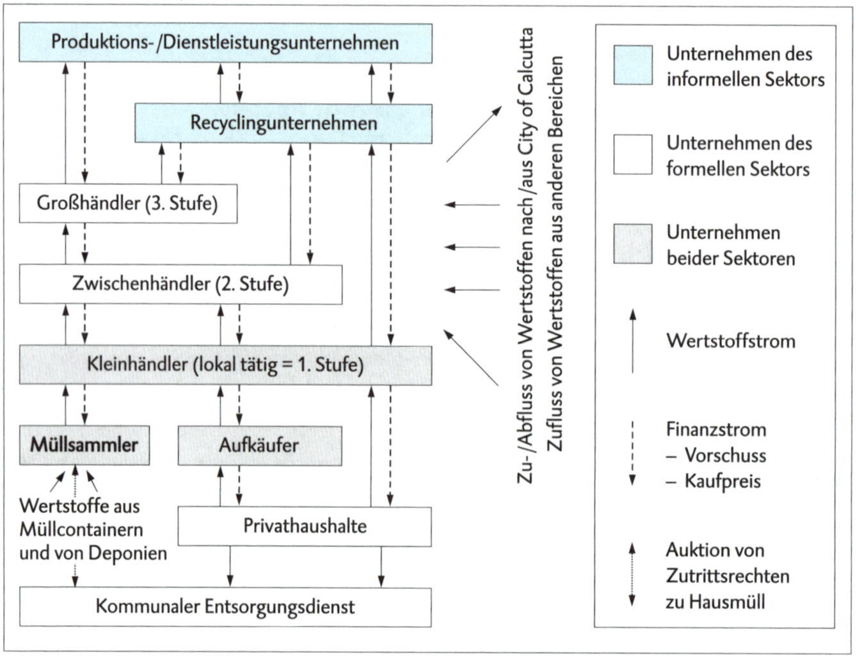

Integration von informellem und formellem Sektor am Beispiel der Abfallentsorgung Kalkuttas

Weltweit fehlt vielen Großstädten eine geeignete Infrastruktur, die es auf Dauer mit den wachsenden Müllmengen aufnehmen kann. Ohne den informellen Sektor, der das Sammeln und Verwerten des Mülls größtenteils übernimmt, würden sie im eigenen Müll ersticken. In **Kairo** landet der Müll z. B. in der Regel unsortiert auf der Straße. Am Rande der Stadt existiert schon seit Jahren die **„Müllstadt"** Manschiyyet Nasser. Dort, im Müll, leben die Müllsammler, die täglich Kairos Abfall zusammentragen und von Hand sortieren. Dies führt zu einem hohen Maß an Recycling. Das Durchwühlen der Müllberge, an dem auch Frauen und Kinder beteiligt sind, geschieht aber unter katastrophalen Bedingungen. Außerdem wird das profitable Müllgeschäft vielfach von kriminellen Gruppen kontrolliert.

Kairo ist kein Einzelfall. Auch in Mexiko-City, Delhi, Lagos und vielen anderen Metropolen der Erde beruht die Müllentsorgung auf ähnlichen Strukturen.

Wasser- und Energieversorgung

Bei der Wasserversorgung treten zwei zentrale Probleme auf: die **Wasserqualität** und die **Wasserquantität**.

In den Industrieländern stellt die Wasserqualität in der Regel durch den großflächigen Anschluss an die kommunale Wasserversorgung kein Problem dar. Die Wassermenge wird v. a. durch den teilweise sehr hohen Pro-Kopf-Verbrauch oder durch die Lage in ariden und semiariden Regionen zum Problemfall. In diesen Fällen muss das Wasser oftmals mittels Leitungen über Hunderte von Kilometern kostenintensiv herantransportiert werden.

In Schwellen- und Entwicklungsländern besteht v. a. das Problem der ausreichenden Versorgung mit sauberem Trinkwasser. In den Städten ist oft nur ein kleiner Teil der Haushalte an die Wasserversorgung angeschlossen. Insbesondere in den Marginalsiedlungen haben die meisten Bewohner nur einen völlig unzureichenden Zugang zu sauberem Wasser. Sie beziehen das kostbare Nass über (oftmals weit entfernte) zentrale Wasserstellen und Brunnen. Wasser aus Tankwagen hat oft eine zweifelhafte Qualität und ist häufig überteuert. Der Zustand der Oberflächengewässer, die für die tägliche Hygiene benutzt werden, ist durch die fehlende Kanalisation katastrophal und Ursache zahlreicher Erkrankungen und Epidemien.

Um an sauberes Wasser zu kommen, werden immer tiefere Grundwasseraquifere angebohrt. So ist im indischen Mumbai der Grundwasserspiegel schon um 100 m gesunken.

Städte sind für **über 75 % des weltweiten Energiebedarfs** verantwortlich, obwohl hier nur ca. **50 % der Weltbevölkerung** leben und sie nur rund **2 % der Erdoberfläche** einnehmen.

Diese riesigen Energiemengen stammen zum großen Teil aus fossilen Energieträgern wie Öl, Kohle und Gas, die bei der Verbrennung große Mengen an CO_2 und anderen Schadstoffen freisetzen. Die Nutzung von Atomenergie stellt die Menschheit vor das ungelöste Problem der Entsorgung der radioaktiven Abfälle und setzt sie der permanenten Gefahr eines Unfalls in einem Kernkraftwerk aus.

Gleichzeitig ermöglicht die Ballung von Menschen in Megastädten eine Senkung des Ressourcen- und Energieverbrauchs, da durch die Verkürzung der Wege mit der gleichen Menge an Verkehr, Energie und Raum mehr Menschen versorgt werden können als auf dem Land.

Aufgabe 44 Erläutern Sie das Problemfeld der Trinkwasserversorgung von Städten in weniger entwickelten Ländern.

Aufgabe 45 Charakterisieren Sie die Begriffe Verstädterung und Urbanisierung.

Aufgabe 46 Erläutern Sie folgende Aussage mit Beispielen: „Durch die Gentrifizierung kommt es zu strukturellen Veränderungen in der Kernstadt bezüglich Bevölkerungsdichte, Finanzkraft und öffentlichen Aufgaben."

Aufgabe 47 Erläutern Sie die Bedeutung des informellen Sektors.

Aufgabe 48 Charakterisieren Sie den Verstädterungsprozess anhand des folgenden Materials.

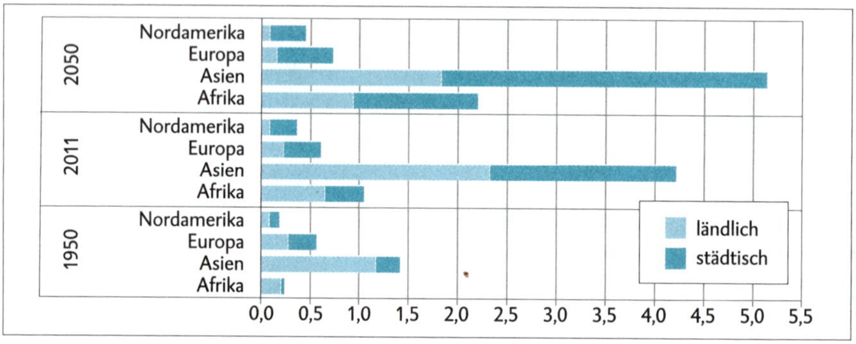

Ländliche und städtische Bevölkerung in ausgewählten Regionen (in Milliarden)

Aufgabe 49 Vergleichen Sie die Ursachen des Verstädterungsprozesses in den europäischen Industrieländern und in den Entwicklungsländern.

Aufgabe 50 Erstellen Sie ein Wirkungsgefüge über die Ursachen und Folgen der Verstädterung Mumbais.

Aufgaben im Stil des Abiturs

Übungsaufgabe 1: Bolivien

Die verstärkte Nachfrage nach Autos mit Hybrid- und Elektroantrieben führte zu einer steigenden Nachfrage nach Lithium für die Lithium-Ionen-Batterien. Von diesem Boom profitierte bislang vor allem Chile mit seiner Lagerstätte im Salar de Atacama. Seit einiger Zeit ist bekannt, dass in **Bolivien die größten Lithium-Vorräte der Welt** im Salar de Uyuni liegen. Für Bolivien, eines der ärmsten Länder der Welt, soll das Lithium zur Goldgrube werden. Allerdings flossen in der Vergangenheit die Gewinne aus dem bolivianischen Silberbergbau (Potosí) ins Ausland ab. Das soll sich jetzt ändern.

Aufgabe 1 Lithium kommt primär als pegmatitisches Erz vor, sekundär in Salzseen, z. B. in den Salaren des Altiplano, einer abflusslosen Hochebene (~ 3 600 m) in den Anden.

Erläutern Sie

a den Erzreichtum der Andenstaaten Peru, Bolivien und Chile,

b die Entstehung der Lithium-Lagerstätte im Salar de Uyuni/ Bolivien.

Aufgabe 2 Analysieren Sie die wirtschaftliche Lage Boliviens.

Aufgabe 3 Bewerten Sie, wie gut die Chancen Boliviens stehen, den Lithium-Abbau zu einer Goldgrube für das Land werden zu lassen.

M 1: Klimadiagramm Potosí/Bolivien

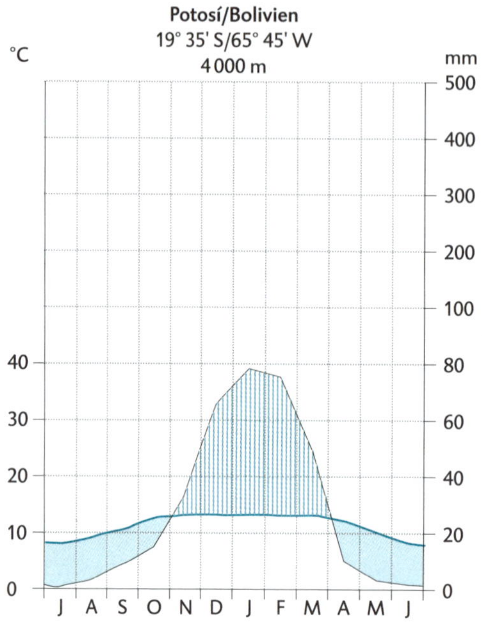

Monat	Temp. (°C)	Nied. (mm)
JUL	8,0	0,8
AUG	9,2	3,2
SEP	10,6	8,5
OKT	12,6	15,4
NOV	13,4	34,1
DEZ	13,3	65,3
JAN	13,3	78,2
FEB	13,1	74,8
MRZ	13,1	49,1
APR	12,1	10,2
MAI	9,9	2,8
JUN	8,2	1,6

Temp.-Jahresmittel
11,4 °C
Niederschlagssumme
344 mm

M 2: Boliviens zweitgrößter See ausgetrocknet

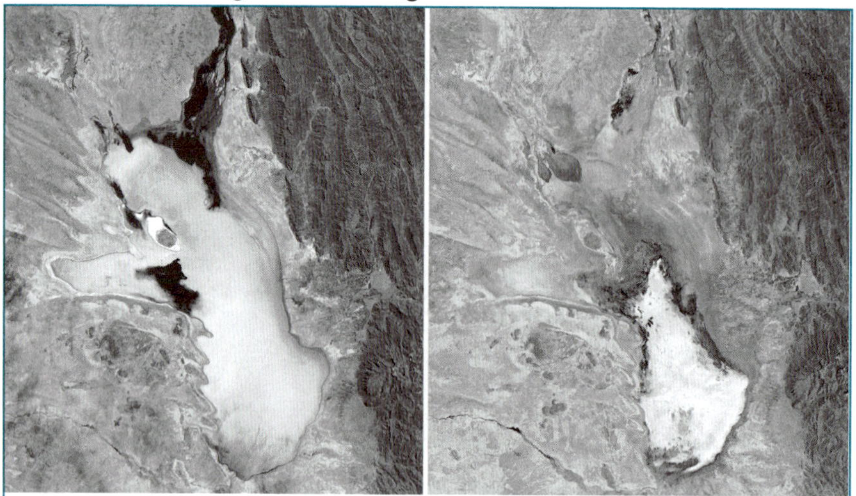

Zwischen der linken und der rechten Aufnahme des Lago Poopó liegen nur drei Jahre.

(…) Die NASA hat gerade Luftaufnahmen veröffentlicht, von 2013 und vom Januar 2016. Auf dem ersten Bild sind Unmengen türkisfarbenen Wassers zu sehen, auf dem zweiten nun noch ein ausgetrockneter Grund. Einst hatte der See eine Größe von knapp 3 000 km^2 und ernährte Dutzende indigene Gemeinden dank des Fischfangs. Diese Zeiten sind vorbei (…).

Auf der Suche nach den Ursachen geht es mit dem Jeep zunächst den Rio Desaguadero entlang, er fließt vom (…) Titicacasee (…) Richtung Poopó – und ist dessen wichtigste Wasserzufuhr. Bei der Ortschaft Eucaliptus ist er noch ein gewaltiger rotfarbener Strom. Doch was auffällt: Silber- und Erzminen entlang des Flusses zweigen viel Wasser ab. Und dann ist da Juan Iquina, der in einem kleinen Kanal mit seinem Fischernetz im ebenfalls rotfarbenen Wasser Fische zu fischen versucht. „Wir haben nur noch etwa ein Zehntel der Regenmengen im Vergleich zu anderen Jahren", berichtet er. Daher sei man gezwungen, vom Desaguadero abzweigende Kanäle zu bauen. Sonst kann man nicht mehr Quinoa und Kartoffeln anbauen, auch nicht Alfalfa zur Ernährung des Viehs. „Es gibt sehr viele solcher Kanäle, wir bauen die einfach, dafür brauchen wir keine Genehmigung." (…) „Die Alternative für uns ist, nichts mehr zu essen zu haben." (…)

„Es gibt eine eindeutige Verbindung zum Klimawandel", meint der Landeschef des Umweltnetzwerks „Red Latinoamericana Ambiental", Raúl Pérez Albrecht. Die Regenmengen hätten sich drastisch reduziert. Und die Temperatur hier im Südwesten Boliviens sei seit 1982 um 1,8 Grad gestiegen. „Allerdings wurde der Prozess auch dadurch beschleunigt, dass der See immer schon eine sehr geringe Wassertiefe hatte", sagt Albrecht. „Wenn wir Glück haben, können wir vielleicht noch ein Drittel des Lago Poopó retten." Dafür müsse es aber mehr regnen – und der Rio Desaguadero wieder mit mehr Wasser in den See einfließen. (…)

Bei der Ortschaft Huari lässt sich das Drama besonders eindrücklich erfahren. Der Jeep fährt erst entlang von Quinoa-Feldern, wo es viele lichte Flächen gibt, plötzlich ändert sich der Bodenbelag hin zu einem grauen Lehmbett, immer wieder gepaart mit Salzkrusten. Hier wächst gar nichts mehr. [Für die Bauern ein großes Problem, sie bauen Quinoa an. Das „Inka-Korn" enthält viel Protein und ist in Europas Bio-Märkten immer beliebter. Das Kilo kostet in Deutschland bereits rund 10 Euro.] (…)

Es ist bizarr. In der Abenddämmerung liegen Fischerboote auf dem Grund. Am Horizont spiegeln sich Berge in den letzten, zentimetertiefen Wasserflächen. Das hier war die Versorgungsgarantie von Severio Rios Choque. Im Poncho steht er vor seinem mit Ziegeln gebauten Haus, das früher am Ufer des Sees stand. Jeden Morgen fuhr er mit dem Boot raus, fischte Arroba Fische (11,5 Kilogramm), nahm 150 Bolivianos (knapp 20 Euro) am Tag ein. (…) 90 Familien lebten hier vom Fischfang, nun gibt es ein paar Grundnahrungsmittel wie Reis und Nudeln vom Staat, aber mehr nicht. Wenn er einen Wunsch an Morales [Präsident von Bolivien] frei hätte? „Ein Bewässerungssystem, damit wir hier auf Landwirtschaft umsteigen können, wir leiden Hunger", klagt er. (…)

M 3: Das neue bolivianische Wirtschaftsmodell: sozial, kommunal, produktiv

In der Vergangenheit hatte sich auch in Bolivien ein für Entwicklungsländer typisches exportorientiertes Wirtschaftssystem verfestigt, das auf dem Abbau und Export von Rohstoffen zum Wohle weniger beruhte. Die Gewinne der internationalen Bergbaukonzerne flossen überwiegend ins Ausland ab. Unter dem Präsidenten Evo Morales wurde eine neue Wirtschaftsordnung etabliert, die auf Produktion und Umverteilung des Volkseinkommens beruht. Es geht um den Wandel der produktiven Struktur zur Stärkung des Binnenmarktes und zur Verringerung der Abhängigkeit vom Kapital aus dem Ausland. Notwendig ist dafür ein solides wirtschaftliche Fundament und ein abgestimmtes Handeln der vier Wirtschaftsakteure: Staat, Privatwirtschaft, Gemeinschaften (z. B. indigene Kommunen) und Genossenschaften.

Dieses nachhaltige Wirtschaftsmodell ist sozial, weil es die Lösung gesellschaftlich-sozialer Probleme vor individuelle Interessen stellt; gemeinschaftlich, weil das Hauptziel das Gemeinwohl und Wohlstand für alle ist, aber auch weil Traditionen und Werte der bäuerlich-indigenen Völker aufgewertet werden, wie zum Beispiel die Solidarität. Der einzige Weg aus der Armut in Würde, Verantwortung und Nachhaltigkeit verläuft über die Produktion. Gesteuert wird dieser Weg der schrittweisen Veränderung über die staatliche Bank für Produktive Entwicklung (BDP).

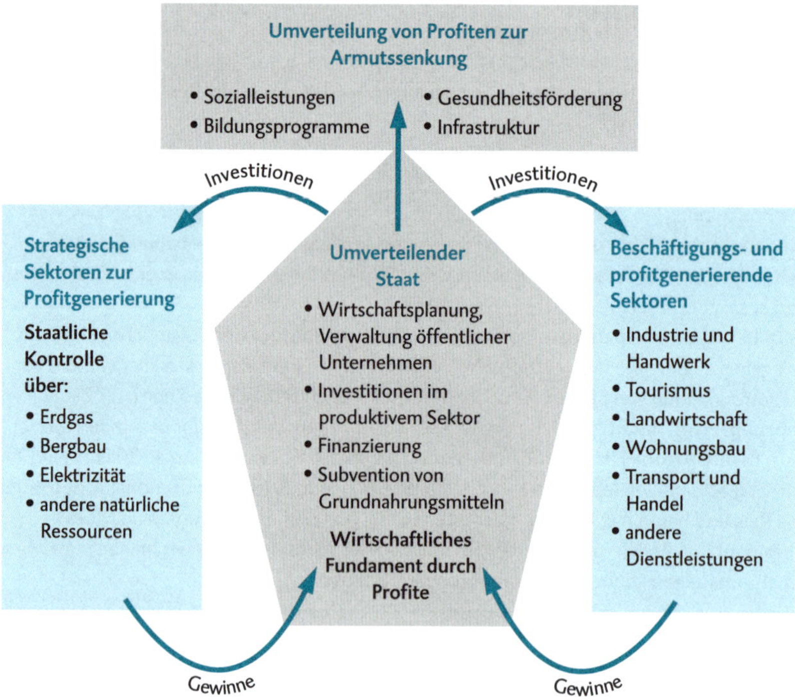

M 4: Lithiumabbau im Salar de Uyuni

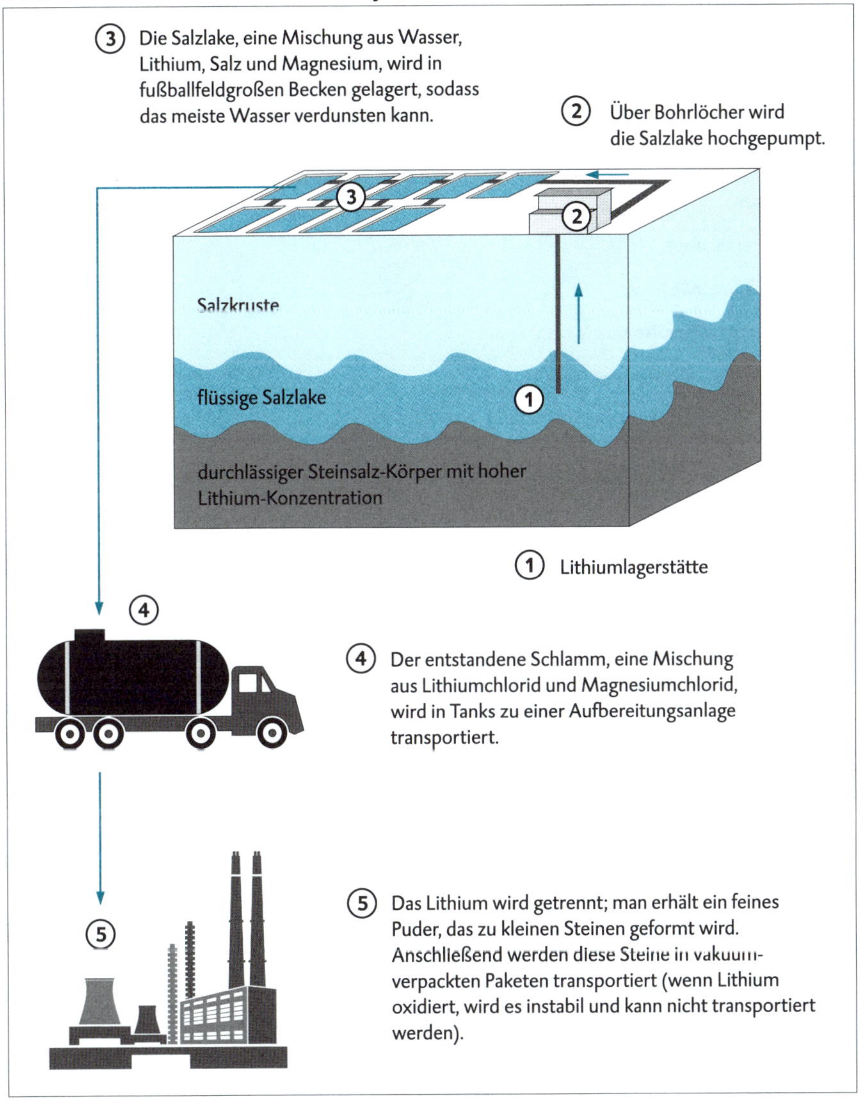

Aus Umweltschutzgründen dürfen keine festen, sondern nur rückbaubare Anlagen gebaut werden. Das Brauchwasser aus dem Rio Grande de Lipez muss recycelt werden.

M 5: Ausgewählte Strukturdaten von Bolivien

			2010	2014
Einwohner		(in 1 000)	9 929	11 292
Bevölkerungsdichte		(in Einwohner/km^2)	9,2	9,7
Bevölkerungswachstum		(in %)	k. A.	1,6
Fertilitätsrate			3,4	3,2
Säuglingssterblichkeit		(in %)	3,7	3,3
Bevölkerung unter 15 Jahren		(in %)	36,1	32,9
Anteil städtischer Bevölkerung		(in %)	66,4	68,1
Bevölkerung unter der Armutsgrenze		(in %)	51	k. A.
Human Development Index			0,658	0,667
Bruttoinlandsprodukt		(BIP zu jeweiligen Preisen in Mrd. US-$)	19,8	33,2
BIP/Kopf (KKP)		(BIP zu jeweiligen Preisen in US-$)	5 296	6 624
BIP anteilig	Landwirtschaft	(in %)	12,9	13,3
	Industrie	(in %)	37,2	38,1
	Dienstleistungen	(in %)	49,9	48,6
Erwerbstätige anteilig (2009)	Landwirtschaft	(in %)	32	
	Industrie	(in %)	20	
	Dienstleistungen	(in %)	48	
Stromverbrauch		(in kWh/Einwohner)	621	663
Kohlendioxidemission		(in t/Einwohner)	1,38	1,55
Importe		(in Mrd. US-$)	5,6	10,4
Exporte		(in Mrd. US-$)	6,4	12,3
Direktinvestitionen		(in Mrd. US-$)	6,9	11,2

Importe (2014)	Güter	Anteil in %	Länder	Anteil in %
	Maschinen	15,1	Brasilien	17,4
	Straßenfahrzeuge	12,6	Chile	13,4
	Erdöl	13,0	USA	11,5
	Chemische Erzeugnisse	10,1	China	11,2
	Nahrungsmittel	10,0	Argentinien	10,2
	Sonstiges	39,2		

Exporte (2014)	Güter	Anteil in %	Länder	Anteil in %
	Gas	48,7	Brasilien	31,2
	Erze	12,4	Argentinien	20,3
	Gold	10,7	USA	15,3
	Tierfutter	5,8	Peru	4,8
	Sonstiges	22,4	Kolumbien	4,7

M 6: Lithiumgewinnung

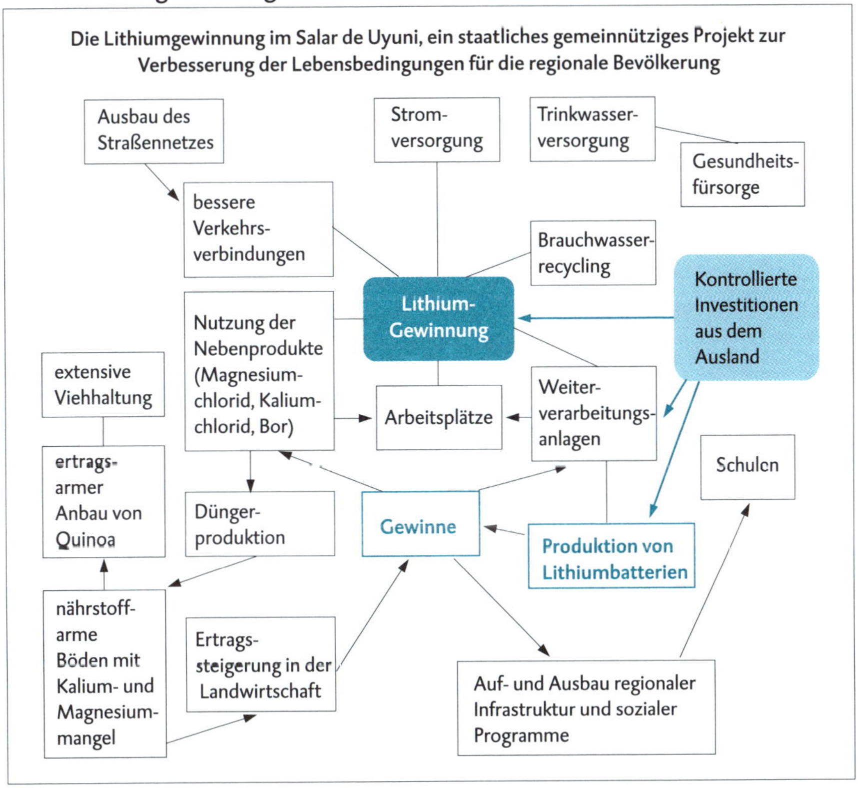

M 7: Auszug aus einem Interview mit Luis Alberto Echazu, dem Leiter des bolivianischen Lithiumprogramms der COMIBOL

Die indigenen Gemeinden verwalten den Salar de Uyuni, dessen Eigentümer der Staat ist. Sie verlangen, dass das Projekt in staatlichen Händen unter der Leitung der staatlichen Bergbaufirma COMIBOL bleibt, damit die Gewinne der Region zugutekommen und nicht von internationalen Konzernen abgeschöpft wird.

Echazu: „*Jahrhundertelang wurden Boliviens Bodenschätze ausgeplündert. Kein Mehrwert blieb im Land. Der Reichtum ging ins Ausland. Das muss anders werden. Boliviens Regierung unter Präsident Morales hat darum eine Strategie zur Lithium-Industrialisierung beschlossen. In der ersten Phase hat COMIBOL eine Pilotanlage errichtet, die 40 t Lithiumcarbonat und 1 000 t Kaliumchlorid für Dünger im Jahr produziert, ein Nebenprodukt ist Speisesalz. In einem zweiten Schritt wird mit einem 485 Mio. US-$-Kredit der Nationalbank industriell produziert: 30 000 t Lithiumcarbonat. Oberstes Ziel ist die Herstellung von Lithiumkathoden, Elektrolyten, wertvollen Lithiummetallen und am Ende Lithium-Batterien „Made in Bolivia“. Darum brauchen wir Know-how von Partnerfirmen. […]*
Das Projekt ist umweltfreundlich, keinerlei CO_2-Emissionen. Der Boden wird nicht verschmutzt, die Salzdecke deckt alles ab. Die Anlage mit ihren Verdunstungsbecken für die Salzlake nimmt 20 km^2 in Anspruch. Der Salar ist über 10 000 km^2 groß. […]
Chemikalien kommen kaum zum Einsatz, Lithiumcarbonat entsteht durch Verdunstung mit Sonnenlicht. Nur unbrauchbare Sulfate werden in einem chemischen Prozess abgeschieden. […]
Jedes Jahr gibt es in den Regenmonaten Überschwemmungen, der Salar wird wieder aufgefüllt. […]
Natürlich ist der Schutz der Umwelt wichtig, keine Frage. Doch darf das nicht auf Kosten der Armen gehen. […] Was sind die Alternativen? Sollen wir wieder Jäger und Sammler werden? Wir wollen uns industrialisieren. Dafür braucht man aber die ganze Wertschöpfungskette. Bolivien will eine unabhängige Entwicklung.“

M 8: Eine deutsche Firma erhält den Zuschlag für die Lithium-Förderung am Uyuni-Salzsee in Bolivien

Nach langer Skepsis von Seiten der Bolivianer hat das deutsche Unternehmen K-Utec, ein „Hidden Champion“ aus Thüringen, den Zuschlag bekommen. K-Utec soll in 13 bis 15 Monaten mit 40 bis 50 Ingenieuren eine große Förderanlage planen, die Lithium-Karbonat für Elektroauto-Batterien liefern soll. Im Beisein von Präsident Morales wurde der Vertrag in Uyuni unterzeichnet. Vorstandschef Heiner Marx sagte der Deutschen Presse Agentur, es gehe zunächst um ein Volumen von 4,5 Mio. Euro für die Planung der Anlage.

Übungsaufgabe 2: Südamerika

Die Staaten Südamerikas weisen sowohl in naturgeographischer als auch in humangeographischer Hinsicht erhebliche Unterschiede auf. Gleichzeitig gilt Südamerika als weltweit am stärksten verstädterter Kontinent.

Aufgabe 1 Material M 1 zeigt Temperaturwerte dreier Stationen in Südamerika. Ordnen Sie die Kurven den Stationen Antofagasta/Chile (23° 26' S/70° 28' W), Asunción/Paraguay (25° 16' S/57° 38' W) und Rio de Janeiro/Brasilien (22° 54' S/43° 10' W) zu, indem Sie die Temperaturverhältnisse begründen.

Aufgabe 2 In den brasilianischen Anden liegen die größten Kupferminen der Erde.

- **a** Erläutern Sie die tektonischen Prozesse, die zur Entstehung von Kupferlagerstätten führen.
- **b** Überprüfen Sie mit Ihrem Wissen über primäre Lagerstätten folgende Aussage:
  „Kupfer wird in den Anden meist im Tagebau gewonnen. Diese Abbauform ist deshalb möglich, da die während der Hauptkristallisation in großen Tiefen gewonnenen Kupfererze durch die Erosion der Anden wieder nahe an die Erdoberfläche kamen.“

Aufgabe 3 Vergleichen Sie Ursachen der Verstädterungsprozesse in Brasilien und in den europäischen Industrieländern anhand von M 2 und Ihrem eigenen Wissen.

Aufgabe 4 Die Tabelle M 3 zeigt unterschiedliche Indikatoren der menschlichen Entwicklung für Deutschland und drei ausgewählte Staaten Südamerikas. Neben Brasilien wurde mit Chile das Land mit dem höchsten und mit Paraguay das Land mit dem zweitniedrigsten HDI-Rang aller südamerikanischen Länder ausgewählt.

Erstellen Sie für die Staaten Chile, Brasilien, Paraguay und Deutschland mit den Daten aus M 3 ein Netzdiagramm (Analysespinne).
Analysieren Sie die Aussagekraft der dargestellten Indikatoren mithilfe der HDI-Werte aus M 4.

M 1 Temperaturwerte dreier Stationen in Südamerika

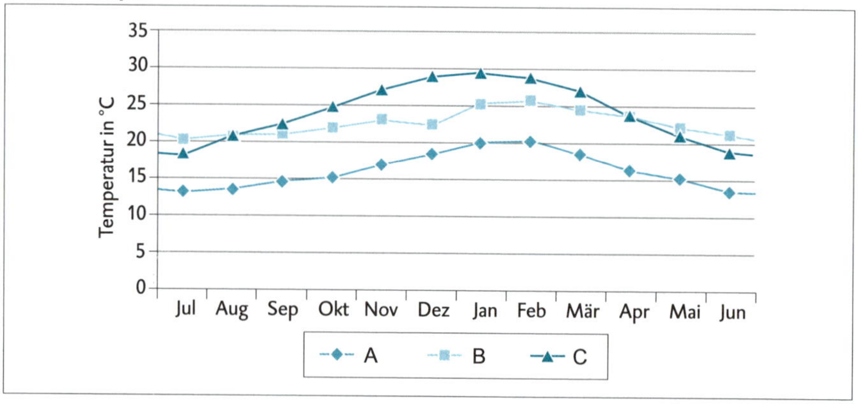

M 2: Push- und Pullfaktoren in Brasilien

Pushfaktoren, die zur Abwanderung aus dem ländlichen Raum führen

- schlechte Ertragssituation aufgrund der Trockenheit in NO-Brasilien
- ungerechte Besitzverteilung im Agrarsektor (Latifundien, Minifundien, landlose Arbeiter)
- Löhne, die unter dem staatlichen Mindestlohn liegen
- Korruptheit des Militärs und der Polizeikräfte, die gemeinsam mit den Großgrundbesitzern die Kleinbauern von ihrem Land vertreiben
- Mängel in der Nahrungsmittelversorgung im Nordosten infolge der Nutzung der landwirtschaftlichen Flächen zur Produktion von Biodiesel
- hohe Geburtenrate
- Scheitern der Agrarsiedlungspolitik der 1960er-/1970er-Jahre im Amazonasbecken
- Missernten infolge der Unerfahrenheit im Anbau von tropischen Nutzpflanzen
- Tropen-Krankheiten
- geringe Ernteerträge infolge des schlechten Nährstoffhaushaltes der Böden
- Infrastrukturmängel
- Konkurrenz für die Kleinbauern durch Viehzüchter

Pullfaktoren, die zur Zuwanderung in die Stadt führen

- Hoffnung auf einen Arbeitsplatz in der Industrie
- Hoffnung auf sozialen Aufstieg infolge eines höheren Haushaltseinkommens
- bessere Versorgung mit Konsumgütern
- Möglichkeit zum Schulbesuch der Kinder
- für die höheren Einkommensschichten eventuell auch kulturelle Angebote und Freizeiteinrichtungen

M 3: Ausgewählte Länderdaten

	Chile	Brasilien	Paraguay	Deutschland
Lebenserwartung in Jahren (2014)	79	75	72	80
Müttersterblichkeit je 100 000 Geburten (2014)	22	69	110	7
Kindersterblichkeit im Alter < 5 Jahre pro 1 000 Kinder (2013)	8,2	13,7	21,9	3,9
Schulbesuchsdauer in Jahren (2014)	9,8	7,7	7,7	13,1
Ärzte pro 1 000 Einwohner (2013)	1,15	2,43	1,25	3,73
Bevölkerungswachstum in % (2013)	0,94	1,04	2,45	–0,02
Bruttonationaleinkommen (BNE) KKP pro Kopf in $ (2014)	21 570	15 900	8 010	46 840

M 4: Human Development Indices (HDI) 2014

Staat	HDI-Wert	Rang
Deutschland	0,916	6
Chile	0,832	42
Brasilien	0,755	75
Paraguay	0,679	112

M 5: Vorlage Netzdiagramm (Analysespinne)

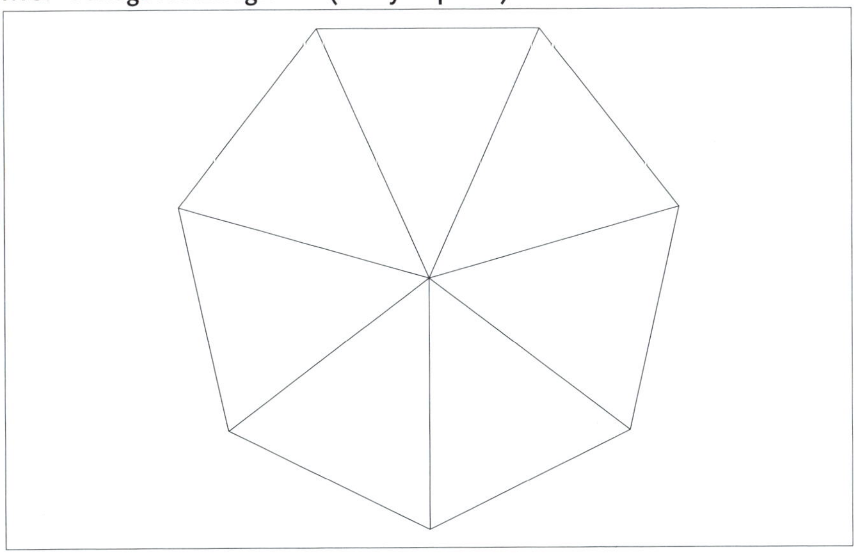

Lösungen

Reliefsphäre

ufgabe 1 Die Seismologie gewinnt ihre Erkenntnisse durch die Ausbreitung verschiedenartiger Erdbebenwellen. Scherwellen können keine Flüssigkeiten durchdringen. Da sie aber den unteren Mantel problemlos durchlaufen, lässt das nur den Schluss zu, dass dieser aus festem Gestein besteht.

ufgabe 2 Aufgrund des enormen Gewichts der Nordischen Inlandvereisung wurde hier die Lithosphäre tief in die Asthenosphäre gedrückt. Mit dem Abschmelzen der Gletscher hat der Auflagedruck nachgelassen, eine isostatische Ausgleichsbewegung setzte ein und führte zu einer Anhebung der ehemals mit Eis bedeckten Gebiete.

ufgabe 3

- Mittelatlantischer Rücken: Nordamerikanische Platte – Eurasische Platte und Afrikanische Platte, Südamerikanische Platte – Afrikanische Platte
- Ostpazifischer Rücken: Pazifische Platte – Nazca-Platte
- Atlantisch-Indischer Rücken: Afrikanische Platte – Antarktische Platte
- Zentralindischer Rücken: Afrikanische Platte – Indisch-Australische Platte
- Südostindischer Rücken: Antarktische Platte – Indisch-Australische Platte

ufgabe 4 Geologische Gräben entstehen an Dehnungszonen, wo infolge der Druckentlastung Magma aus der Asthenosphäre aufsteigen kann und die Lithosphäre aufwölbt. Dabei entstehen tiefe Risse, entlang derer es im Scheitelbereich der Aufwölbung zu einem grabenförmigen Einbruch, einem Rift Valley, kommt. Entlang der Bruchlinien kann Magma aus der Asthenosphäre aufsteigen (Grabenvulkanismus).

Bei den sogenannten „Gräben“ an Subduktionszonen handelt es sich nicht um Bruchstrukturen, sondern um lang gestreckte schmale Rinnen, die sich entlang der Plattengrenze bei der Subduktion der schwereren Platte bilden, wenn diese abtaucht. Zum Vulkanismus kommt es hinter den Tiefseerinnen, wo es unterhalb der aufliegenden Platte die abtauchende Platte partiell aufschmilzt.

Aufgabe 5 Die Bildung der Pazifischen Platte muss ursprünglich vom Südostpazifischen Rücken aus erfolgt sein. Nach Westen und Nordwesten hin hat sie eine riesige Ausdehnung und somit an ihren Randbereich ein sehr hohes Alter. Im Laufe der Zeit konnten sich Sedimente ansammeln und die Porenräume der ozeanischen Kruste konnten sich mit Wasser füllen. Daraus folgte ein ungeheures Eigengewicht, sodass sich ihre Dichte der darunterliegenden Asthenosphäre anglich. Als ein kritischer Punkt erreicht war, klappte sie nach unten und seitdem sinkt sie steil ab. Aufgrund des hohen Wassergehalts im Gestein sind die bei der Subduktion oberflächennah entstehenden Schmelzen sehr gasreich. So entsteht entlang der Subduktionszone explosiver Vulkanismus mit starker Aschenförderung, der einen Vulkangürtel ausbildet. Dieser bildet beim Durchbrechen des Meeresspiegels Vulkaninseln.

Aufgabe 6 Aufgrund der Gesetzmäßigkeiten der Isostasie drückt ein mächtiger Gebirgskörper aus festem Gestein tief in die Asthenosphäre hinein und ragt gleichzeitig höher hinaus als eine Region, in der die Lithosphäre nicht so mächtig ausgebildet ist. Wird nun das Gebirgsplateau durch Erosion angegriffen, erfolgt das nicht gleichmäßig flächig, sondern es bilden sich durch fließendes Wasser und Gletscher tiefe und teils breite Täler. Durch den Materialabtransport verliert die Gebirgsregion deutlich an Masse. Es kann ein isostatischer Ausgleich in Form einer Hebung des Gebirgskörpers erfolgen, sodass die Gipfelregionen stark herausgehoben werden. Und die Höhe eines Gebirges wird an ihren höchsten Erhebungen gemessen.

Aufgabe 7 Legt man den plattentektonischen Zyklus von Wilson zugrunde, wird sich das Mittelmeer, ein aus einem Ozean hervorgegangenes Restmeer, weiter verengen, weil die Afrikanische Platte gegen die Eurasische Platte drückt. Die dazwischen liegenden Kleinplatten wie die Ägäische Platte und die Adriatische Platte werden noch stärker gefaltet und an den Eurasischen Kontinent angeschweißt. Dabei ist besonders im Bereich der Subduktionszonen mit verstärkten Erdbeben und Vulkantätigkeiten zu rechnen. Wenn irgendwann das Mittelmeer restlos zusammengeschoben worden ist, prallen Afrika und Eurasien direkt aufeinander, was zu einer ähnlichen tektonischen Situation führen wird, wie sie heute am Himalaya vorliegt.

ufgabe 8 Am höchsten Punkt der Antiklinale setzt Erosion an. Durch den Abtransport verwitterten Gesteinsmaterials wird dort die Auflagelast reduziert, was die Hebung erleichtert. Die in der Synklinale abgelagerten Sedimente verstärken dort den Auflagedruck. Dadurch kann sich die Synklinale stärker absenken und das bedingt dann wieder eine steilere Aufwölbung des Sattels.

ufgabe 9

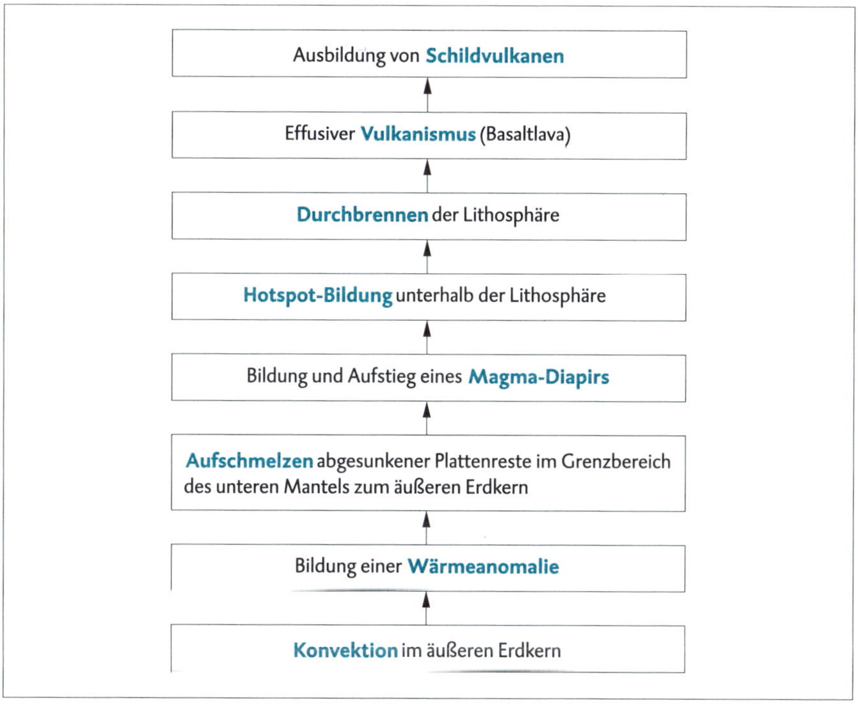

gabe 10 Salzlagerstätten bilden sich, wenn Meerwasser in flachen Becken verdunstet. Durch die Verdunstung erhöht sich die Konzentration der gelösten Stoffe im Restwasser. Bei Erreichen der spezifischen Sättigungsgrenze scheiden nacheinander Karbonate, Sulfate, Steinsalz, Kali- und Magnesiumsalz aus. So kommt es zur typischen Schichtenabfolge.

gabe 11 Als Inkohlung bezeichnet man den Umwandlungsprozess von Pflanzenresten zu Kohle unter Luftabschluss bei hohen Temperaturen und hohem Druck. Dabei kommt es unter Freisetzung von Wasser und Methan zu einer permanenten Anreicherung von Kohlenstoff.

Aufgabe 12 Die Schiefergas- und Schieferölvorkommen machen nach derzeitigen Kenntnissen etwa 10 % der Reserven beim Erdöl und 32 % beim Erdgas aus. Sie sind aber strategisch interessant, weil es diese Vorkommen nahezu in allen Industrieländern gibt. Dadurch könnte sich die Abhängigkeit von den klassischen Ölstaaten im Nahen Osten verringern.

Aufgabe 13 Bei der Methode des Frackings werden Gas oder Öl führende Schichten in großer Tiefe durch mehrere Bohrlöcher erschlossen. Durch diese werden mit hohem Druck Lösungsmittel (Frac-Flüssigkeiten), mit Sand vermischt, in das Gestein hineingepresst, sodass das Gestein „zerreißt" („Fracking"). Die Sandkörner halten die Risse offen, sodass das gelöste Gas oder Öl in die Rohre strömt und gefördert werden kann. Die Frac-Flüssigkeit wird abgepumpt und kann wieder aufbereitet werden.

Aufgabe 14 Das Fracking-Verfahren birgt sowohl ökologische als auch ökonomische Risiken: Um möglichst viel Erdöl aus dem Gestein herauszulösen, werden giftige Lösungsmittel eingesetzt. Diese können durch undichte Bohrlöcher freigesetzt werden und ins Grundwasser wie auch in tief gelegene Trinkwasservorkommen gelangen.

Zwar werden Mehrfachrohre mit Dichtzementschichten eingesetzt, aber das Fracking kann auch Erdbeben und Verwerfungen auslösen, durch die die Rohrleitungen beschädigt werden können. Die ausgelösten Erdbeben können eine beachtliche Stärke erreichen und dann zu erheblichen Schäden an der Erdoberfläche führen.

Hinzu kommt ein gigantischer Wasserverbrauch. Das eingesetzte Wasser wird mit giftigen Substanzen und mit Erdöl/Erdgas verschmutzt und muss mit hohem Kostenaufwand wieder gereinigt werden.

Der Fracking-Boom in den USA und in Kanada führte dazu, dass Banken aus aller Welt hohe Summen in die Bohrfirmen investierten, in der Hoffnung auf eine rasche und große Rendite. Nicht jede Bohrfirma war erfolgreich, viele Investitionen wurden „in den Sand" gesetzt.

Der starke Verfall des Ölpreises infolge einer „schwächelnden" Weltwirtschaft, seit 2015 mit nachlassender Nachfrage aus China, führte rasch dazu, dass der Fracking-Boom zusammenbrach, weil sich diese teure Förderung nicht mehr lohnte. Die wirtschaftlichen Folgen sind für Kanada und die USA gravierend. Leicht könnte durch die hohen Verluste, verbunden mit zahlreichen Bankenpleiten, eine Weltwirtschaftskrise ausgelöst werden.

fgabe 15 Die Verlautbarung „Ein Fracking-Verbot gefährdet den Industriestandort“ wurde 2011 während des Fracking-Booms von bestimmten Wirtschaftskreisen zur Diskussion gestellt. Man befürchtete, beim großen Profit zu kurz zu kommen und eine technische Entwicklung zu verschlafen. Die Fracking-Technologie, schon länger bei konventionellen Lagerstätten auch in Deutschland eingesetzt, wurde von den internationalen Energiekonzernen weiterentwickelt. Die deutsche Wirtschaft partizipiert nur in begrenztem Maße an dieser Erdölfördertechnologie.

Zum anderen zielte die Sorge aber vor allem auf die Versorgungssicherheit mit Energierohstoffen und auf deren Preisentwicklung (vgl. S. 59)

Deutschland ist auf Öl- und Erdgasimporte angewiesen, weil es kaum eigene Vorkommen hat. Daher kam die Idee, Deutschland könne sich von den Gasimporten, vor allem aus Russland, unabhängig machen. Die vermuteten größeren Vorkommen in Deutschland liegen tiefer als 3 000 m, was eine Förderung unverhältnismäßig teuer machen würde. So würde diese auch nicht die Energiekosten senken, was auch in den USA trotz Frackings nicht eingetreten ist.

Zudem hat Deutschland die Energiewende beschlossen und damit die Abkehr von fossilen Energieträgern. Ein Einstieg in die Fracking-Technologie wäre kontraproduktiv und birgt unkontrollierbare finanzielle Risiken, wie die Auswirkungen des Preisverfalls zeigen.

Im dicht besiedelten Europa nimmt man die geologischen und die ökologischen Risiken des Frackings sehr ernst. Die Bundesregierung hat ein Gesetz beschlossen, das Fracking durch strenge Auflagen nahezu unmöglich macht. Geschadet hat es der deutschen Wirtschaft bislang nicht.

gabe 16 Diese Erze und seltenen Erden gehören zu den „Kritischen Rohstoffen“. Zum einen sind sie selten und zum anderen wirtschaftsstrategisch von Bedeutung, weil sie für Hightech-Anwendungen unabdingbar sind.

Beryll wird in speziellen Legierungen für die Luft-und Raumfahrt gebraucht. Es gibt Beryll je nach chemischer Zusammensetzung auch als Smaragd oder Aquamarin. Germanium ist ein Halbleiter für die Hochfrequenztechnik und Bestandteil in Glasfasern. Indium findet als Halbleiter in Flachbildschirmen, Touchscreens, CDs und Laserdioden Verwendung. Gallium schmilzt bereits bei 30° C und leitet als Paste Hitze von Microchips ab; es wird für Leuchtdioden und Bauteile in der Hochfrequenztechnik gebraucht. Antimon härtet Blei und wird für Batterien, Munition, Bremsbeläge sowie für die Glasherstellung verwendet.

Aufgabe 17 Beide Lagerstätten liegen in den chilenischen Anden im Bereich der Subduktionszone. Beide gehören zu den liquid-magmatischen Lagerstätten. Sie sind jedoch auf unterschiedliche Weise aus der Subduktion hervorgegangen: Chuquicamata ist der weltgrößte Tagebau. Abgebaut werden Kupfererze einer überwiegend pneumatologischen Lagerstätte.
Aus einem tiefer gelegenen Granit-Pluton sind fingerförmig Granitstöcke mit einem Durchmesser von wenigen Kilometern in das angrenzende Gestein eingedrungen. Dabei wurde das Nebengestein zerstört, zahllose feine Klüfte sind entstanden. In diesen haben erzhaltige Dämpfe und Lösungen vor allem Kupfer abgelagert. Man spricht auch von einer Imprägnationslagerstätte (s. S. 33).
El Teniente ist der größte Untertagebau der Welt. Das Bergwerk befindet sich in einem erloschenen Vulkan. Auch hier hatten sich im Zuge der Subduktion Granitstöcke gebildet mit prophyrischen Vererzungen (Cu, Mo, Au), sogenannte Pegmatite (s. S. 32) an der Spitze der Granitstöcke. Beim Aufstieg der gasreichen Schmelzen bildeten sich auch metamorphe Lagerstätten, sogenannte Skarne (s. S. 37).
Zudem sind im Gesteinskörper des Vulkans zahlreiche Gänge entstanden, die von aufsteigenden hochkonzentrierten Erzschmelzen ausgefüllt wurden. Es bildeten sich Gangerze. So sind hier Polyerze (Cu, Pb, Zn, Ag, Au, Mo) – durch Einbezug von Black-Smoker-Ablagerungen bei der subduktionalen Aufschmelzung – abgelagert worden (s. S. 34 f.).

Atmosphäre

Aufgabe 18

a Bei einer trockenadiabatischen Abkühlung von 1 °C/100 m wird das Kondensationsniveau bei 700 m erreicht. Hier beträgt die Temperatur 15 °C, dabei entsprechen 12,8 g Wasserdampf pro m^3 einer relativen Luftfeuchtigkeit von 100 %, die Luft ist gesättigt.

b Der Föhn hat bei 800 m eine Temperatur von 24,8 °C.

Aufgabe 19 In das Tief über der südlichen Adria strömen Luftmassen gegen den Uhrzeigersinn ein, so auch aus nordöstlicher Richtung kontinentale Kaltluft vom Dinarischen Gebirge.
Die Kaltluft strömt über die Küstenkette. Da sie dabei um 200 m aufsteigen muss, kühlt sie feuchtadiabatisch um –1,2 °C ab. Es bilden sich Wolken, aus denen es an der Ostabdachung des Gebirges leicht schneit.

Die Kaltluft (–13,4 °C) strömt als Fallwind, Bora genannt, zum Tief über dem Mittelmeer. Dabei erwärmt sie sich zwar trockenadiabatisch auf –3,4 °C, sie ist aber dennoch erheblich kälter als die vorhandene Mittelmeerluft.
Die schwere Kaltluft schiebt sich unter die warme Mittelmeerluft. Diese kühlt in der Höhe und über der Kaltluft ab, wobei es infolge der Luftfeuchtigkeit (80 % bei 15 °C) rasch zur Kondensation mit Nebel und Wolkenbildung kommt. An der Küste sind auch heftige Gewitter möglich. Es fallen Niederschläge, bei entsprechend niedrigen Temperaturen an der Küste und auf den Inseln auch als Schnee.

gabe 20 Die Minimaltemperatur in Mumbai beträgt 24,4 °C im Januar, das Maximum wird im Mai mit 30,1 °C erreicht. In den Monaten Juni bis September sinkt die Temperatur bis auf 27,3 °C, im Oktober steigt sie noch einmal leicht auf 28,7 °C an, um dann jahreszeitgemäß abzusinken. Die Amplitude ist mit 5,7 °C für diese Breitenlage sehr gering.
Die Monate November bis Mai sind arid, von Januar bis April liegt der Niederschlag unter bzw. bei 2 mm. Die Regenzeit beginnt im Juni und endet im Oktober jeweils sehr abrupt. Die Niederschläge sind extrem hoch: im Juni bereits 579 mm, das Maximum liegt im Juli bei 703 mm.
Während der Wintermonate liegt Mumbai unter dem Einfluss des NO-Passats. Dieser weht vom Kältehoch über dem Hochland von Tibet Richtung ITC, die sich jahreszeitgemäß auf der Südhalbkugel befindet. Der an sich schon trockene NO-Passat heizt sich, als Fallwind vom Himalaya kommend, trockenadiabatisch stark auf. So lassen sich die ungewöhnlich hohen Wintertemperaturen um 25 °C und die extreme Trockenheit erklären.
Im Juni hat sich die ITC weit nach Norden verlagert und der SO-Passat wird, wenn er den Äquator überschreitet, durch die Corioliskraft zum SW-Monsun umgelenkt. Auf seinem Weg über dem Indischen Ozean konnte er viel Feuchtigkeit aufnehmen, die sich nun über dem indischen Subkontinent abregnet. Da Mumbai in Leelage am Fuße der Westghats liegt, addieren sich die Monsun- und Steigungsregen zu extremen Niederschlägen.
Die starke Bewölkung und die Verdunstung sorgen in den humiden Monaten für eine Abschwächung der Temperatur.

abe 21 a Die Klimastationen ähneln sich in ihrer Niederschlagsverteilung und Niederschlagsmenge. Die Regenzeit dauert jeweils von Oktober/November bis März. Dazwischen liegt eine ausgeprägte Trockenzeit.

Im Temperaturverlauf unterscheiden sie sich grundlegend. Station B hat ihr Temperaturmaximum von ca. 25 °C während der Trockenzeit im Juli/August, im Nordsommer. Diese Station liegt auf der Nordhalbkugel.
Bei Station A liegt das Temperaturminimum bei ca. 19 °C im Juni/Juli, während der Trockenzeit. Die Temperaturen steigen bis Oktober um 10 °C an, dann wird der weitere Anstieg durch die Regenzeit verhindert. Erst im April sinken die Temperaturen wieder. Daraus folgt, dass diese Station auf der Südhalbkugel (Sonnenzenitstand im Nordwinter) liegen muss.

b/c Station B liegt in den Subtropen im Mittelmeerklima (milde, regenreiche Winter infolge der Südverlagerung des Polarfrontjets, trockenheiße Sommer infolge der Nordverlagerung der randtropischen Hochdruckzellen). (Heraklion/Kreta, 39 m, 35° 20'N/25° 11'O)
Station A liegt aufgrund der Temperaturwerte in den Tropen. Die sieben ariden Monate und eine Niederschlagssumme von ca. 600 mm verweisen auf die Trockensavanne. Die jahreszeitliche Verteilung der hygrischen Jahreszeiten entspricht genau dem Verlauf der ITC auf der Südhalbkugel. (Wankie/Zimbabwe, 782 m, 18° 22'S/26° 29'O)

Aufgabe 22 In Großstädten ist der Boden weitgehend großflächig versiegelt von Verkehrsflächen und Gebäuden. Die Baukörper absorbieren nicht nur die eingestrahlte Sonnenenergie, sondern auch die Wärmeemissionen aus Gebäudeheizungen, Klimaanlagen, Kraftwerken, Verkehr und Industrie. Der starke Verkehr ist in besonderem Maße an der Anreicherung der Luft mit Spurengasen, Kohlenmonoxid und Wasserdampf beteiligt. Weil es infolge der dichten Bebauung nur wenig Luftaustausch durch die engen Gassen und Straßen gibt, verbleibt die Luftverschmutzung in der Stadt. Eine Dunstglocke entsteht und unter dieser ein stadteigener Treibhauseffekt. Die Wärmerückstrahlung aus den Baukörpern und die Prozesswärme werden an den Teilchen der Dunstglocke reflektiert. Die aufgestaute Wärme kann nicht entweichen. Dies führt zu einer deutlichen Temperaturerhöhung, die Stadt wird zur Wärmeinsel im kühleren Umland.

Wirtschaftliches Handeln und dessen Raumwirksamkeit ausgehend von der lokalen Ebene

Aufgabe 23 Das Modell zeigt, dass der Anteil der Beschäftigten im Vierten Sektor von 1882 bis 1933 nahezu konstant bei etwa 12 % blieb. Der 3. Kondratieffzyklus brachte, etwas zeitverzögert, neue Dienstleistungsberufe im Zusammenhang mit der Elektrifizierung in Industrie und Haushalten. Zudem entwickelte sich der Bereich Information und Unterhaltung stark. Der Beschäftigtenanteil stieg bis 1980 auf etwa 40 %. Dann folgten einige Jahre der Stagnation auf hohem Niveau. Der technische Fortschritt des 5. Kondratieffzyklus (Informationstechnik) mit PC, Internet und mobiler Kommunikation revolutionierten die Wirtschaft, den privaten Informations- und Kommunikationsbedarf und ermöglichten die Globalisierung. Seit 2010 arbeiten mehr als 55 % der Erwerbstätigen im Quartären Sektor.

gabe 24 Besondere Wichtigkeit haben die folgenden Standortfaktoren:

A: Verkehr, Absatzmarkt, z. B. Nähe von Ballungszentren und evtl. Bäder- oder Urlaubsregionen

B: Agglomeration, Forschung/Entwicklung, Infrastruktur, Boden, Arbeitskräfte, Wirtschaftsförderung, Verkehr und Energie

C: Forschung/Entwicklung, Infrastruktur, Arbeitskräfte, Agglomeration, Bildung

abe 25 Japanische Autos waren preiswerter, weil sie in der Hälfte der Zeit gebaut wurden (16,8 Arbeitsstunden – Westeuropa 36,2). Das war eine Folge besserer innerbetrieblicher Organisation (Arbeitsgruppenanteil rund 100-mal höher als in Europa) und sorgfältiger Einarbeitung (380 Stunden in Japan, 46 in den USA). Dies ist auch ein Grund für die bessere Qualität (ein Drittel weniger Montagefehler als in Europa). Die japanischen Mitarbeiter zeigten größeres Engagement (62 Verbesserungsvorschläge pro Mitarbeiter), in Europa und den USA dachte man nur wenig mit. Die positive Einstellung zur Arbeit dokumentierte sich auch in den nur halb so hohen Fehlzeiten in japanischen Werken.

abe 26 Im Zuge des Job Enlargements braucht die Industrie Mitarbeiter, die komplexe Aufgaben übernehmen, mitdenken und in sich selbst organisierenden Teams eigenverantwortlich arbeiten. Hierfür sind Team- und Kommunikationsfähigkeit die Voraussetzung.

abe 27 Zahlreiche Arbeitsfelder in Produktion und Verwaltung wurden ausgelagert, weil diese Bereiche in den Firmen entweder nicht genügend ausgelastet waren oder weil spezialisierte Firmen diese Tätigkeiten preiswerter und besser abwickeln können. So haben sich im Zuge der Tertiärisierung diversifizierte Dienstleister etabliert.

Aufgabe 28 Dell ist in der Lage, Computer durch eine kostengünstige Produktion und Vermarktung preisgünstig anzubieten. Eine wichtige Rolle spielt dabei E-Commerce. Die Kommunikation zwischen dem Kunden und der Firma Dell erfolgt online. Mit der elektronischen Bestellung werden Informationen direkt an die Zulieferer einzelner Baukomponenten und an die Endmontage bei Dell übermittelt. Durch diese administrative und personelle Verschlankung können Kosten und Personal eingespart werden. Zudem wird durch den direkten Kontakt zwischen Kunden und Hersteller der Zwischenhandel umgangen, diese erhebliche Kostenersparnis steigert Dells Gewinne und verbilligt das Produkt.
Dell verkauft Computer, stellt sie aber nicht selbst her, sondern montiert nur die einzelnen Bauelemente, die von verschiedenen spezialisierten Zulieferern an die Endmontage geliefert werden. Die Produktionstiefe bleibt sehr gering. Die Firma verlagert durch dieses Outsourcing Kosten und Risiken auf die Zulieferer. Diese liefern natürlich just in time, was bei einer Zulieferentfernung von maximal 15 Minuten keine Probleme verursacht. Dell verringert so seine Lagerkosten und verkürzt die Durchlaufzeiten der Computer.
Die Firma erreicht eine hohe Kundenzufriedenheit durch die Individualität des Produktes. Der Kunde kann sich seinen neuen Computer nach den eigenen Wünschen und Bedürfnissen am Bildschirm seines PCs zusammenstellen. Die Bestellabwicklung erfolgt online zu jeder beliebigen Zeit von zu Hause aus, geliefert wird innerhalb von fünf Tagen.

Aufgabe 29 a Der Personenverkehr in Deutschland ist von 1995 bis 2013 um ca. 26 % von 906 auf 1 141 Mrd. Personenkilometer (pkm) gestiegen. Während der Anteil des ÖPNV leicht rückläufig war, konnten alle anderen Verkehrsträger zulegen: der Individualverkehr um 24 % auf 918 pkm, die Bahn um 51 % auf 89 pkm und der Luftverkehr um 124 % auf 56 pkm.
Das Transportaufkommen im Güterverkehr hat sich von 1995 bis 2014 auf 468 pkm erhöht und damit fast verdoppelt. Innerhalb Deutschlands spielt der Luftfrachtverkehr keine nennenswerte Rolle. Die Pipelines sind mit rund 18 Mrd. Tonnenkilometer (tkm) ausgelastet, die Binnenschifffahrt ist leicht rückläufig. Die Bahn konnte ihr Transportaufkommen um ca. 57 % steigern, von 72 auf rund 113 Mrd. tkm. Auf der Straße rollten 2014 71 % des gesamten Güterverkehrs. Per Lkw wurden 2014 468 Mrd. tkm transportiert, dieser Anteil hat sich seit 1995 fast verdoppelt.
Vergleicht man die Zuwachszahlen im Personenverkehr mit denen des Güterverkehrs, wird deutlich, dass die Überlastung der Verkehrswege ihre Ursache im Gütertransport hat.

b Das rasant gewachsene Verkehrsaufkommen hat verschiedene Ursachen: Beim Personenverkehr sind die Suburbanisierung, die mit einem erhöhten Pendleraufkommen verbunden ist, und der gestiegene Lebensstandard, der ein mobiles Freizeitverhalten ermöglicht, die wichtigsten Aspekte. Der Güterverkehr ist bis an die Belastungsgrenze gestiegen durch den allgemein stark entwickelten Welthandel, das Just-in-time-Liefersystem und die Osterweiterung der EU. Deutschland mit seinem guten Straßennetz in der Mitte des Wirtschaftsraums wurde zum Transitland für den Verkehr aus allen Richtungen.
Zu den wichtigsten ökologischen Folgen zählen die starken Belastungen durch den CO_2-Ausstoß und durch Feinstaub. Erheblich sind auch die Lärmbelastung und der Flächenbedarf durch den notwendigen Ausbau der Verkehrswege. In den letzten Jahren hat sich herausgestellt, dass der Abnutzungsgrad der Fahrbahnen und Brücken sehr stark zugenommen hat. Die Umweltbelastungen durch den Verkehr sowie die Reparatur- und Ausbaukosten geht zulasten der Allgemeinheit.

gabe 30 In städtischen Ballungsräumen ist das Fahren mit dem Bus eindeutig von Vorteil. Im ländlichen Raum ist in vielen Regionen das Netz des öffentlichen Personenverkehrs sehr mangelhaft ausgebaut, sowohl was das Streckennetz als auch die Taktung betrifft. Fernbusse verbinden nur wenige große Städte direkt miteinander.
Bei einer individuell passgenauen Gestaltung von Alltagsfahrten und Reisen (Abfahrzeiten, Streckenführung, Unterbrechungen, Transportkapazitäten und Bequemlichkeit) ist der Pkw dem Bus weit überlegen. Das Parken ist auf dem Land in der Regel unproblematisch.

Wirtschaftsstrukturen und -prozesse auf regionaler und globaler Ebene

abe 31 Sowohl die Zahl der landwirtschaftlichen Betriebe als auch die Zahl der Erwerbstätigen in der Landwirtschaft haben in den letzten 65 Jahren jeweils um über 80 % abgenommen. Im Gegenzug sind die einzelnen Betriebe und deren Nutzfläche größer geworden; seit 1970 hat sich die Betriebsgröße mehr als verfünffacht. Außerdem konnte die Produktivität erheblich gesteigert werden: Ein Landwirt ernährte 2014 im Vergleich zu 1949 14,5-mal so viele Menschen.

Die Gründe hierfür liegen in der technischen Weiterentwicklung hin zu einer industriellen Landwirtschaft und einem zunehmenden nationalen, vor allem aber auch internationalen Konkurrenzdruck. In diesem Zusammenhang kam es zu weitreichenden Mechanisierungs-, Rationalisierungs- und Spezialisierungsmaßnahmen in den einzelnen Betrieben. Gerade viele kleine Betriebe, die mit dieser kapitalintensiven Entwicklung nicht mithalten konnten, wurden in der Folge aufgegeben bzw. werden nur noch im Nebenerwerb bewirtschaftet. Diese Entwicklung wird landläufig mit der Parole „Wachse oder Weiche!" auf den Punkt gebracht. Die Arbeitskräfte sind, teilweise auch freiwillig, in den sekundären und tertiären Sektor abgewandert, wo die Löhne und Arbeitsbedingungen meist attraktiver sind.
Eine weitere wichtige strukturelle Veränderung ist im anhaltenden Wachstum des ökologischen Landbaus zu sehen. Die Abbildung „Entwicklung des ökologischen Landbaus in Deutschland von 1996–2014" zeigt eine Zunahme der Ökobetriebe in diesem Zeitraum von über 200 %. In Zeiten veränderter Lebensstile (Bedeutungsgewinn einer gesünderen und nachhaltigeren Lebensführung) und vermehrt auftretender Lebensmittelskandale werden Bio-Produkte zunehmend stärker nachgefragt.
Obwohl der Personalaufwand im ökologischen Landbau größer ist und die Erträge deutlich geringer sind als in der konventionellen Landwirtschaft, lohnt sich die Öko-Landwirtschaft. Dies liegt vor allem an den Einsparungen im Bereich chemischer Dünge- und Pflanzenschutzmittel, den höheren Verkaufspreisen der Endprodukte und den EU-Subventionen.

Aufgabe 32 Das Emsland galt bis in die Mitte des 20. Jh. als rückständige und entwicklungsschwache ländliche Region. Erst mit der Umsetzung des Emsland-Planes ab dem Jahr 1950 erfolgte in drei aufeinanderfolgenden Erschließungsphasen eine kontinuierliche Raumentwicklung. Ein Ergebnis der jahrzehntelangen Gewerbe- und Industrieförderung ist allerdings auch eine wenig diversifizierte Wirtschaftsstruktur. Die wichtigsten Arbeitgeber der Region sind dem sekundären Sektor zuzuordnen. Um das Wirtschaftswachstum auf breitere Füße zu stellen, muss vor allem der Dienstleistungsbereich weiter ausgebaut werden. Er ist mit einem Anteil von 50 % an der Bruttowertschöpfung im gesamtdeutschen Vergleich eher unterrepräsentiert. Wichtige Impulse kann hierbei die Tourismusbranche liefern. Die Zahl der Gästeübernachtungen konnte von 2005 bis 2013 um 55 % gesteigert werden (vgl. Diagramm zu den Gästeübernachtungen im Text). Diese positive Entwicklung ist vor allem auch auf den 2006 gegründeten Internationalen Naturpark Bourtanger Moor-

Bargerveen zurückzuführen. Dieser bietet auch kurz- und mittelfristig weitere Entwicklungspotenziale für den Tourismussektor.
Eine wichtige Voraussetzung für ein weiteres, zukünftiges Wirtschaftswachstum stellt die mittlerweile gute infrastrukturelle Anbindung an internationale Verkehrsachsen dar. Hier sind die Europastraße E 233, die Autobahn A 31 und der 2008 in Betrieb genommene Eurohafen Emsland zu nennen.

gabe 33 Auffällig an den Strukturdaten sind die hohen Werte in den Bereichen Industrie (15 % der Betriebe, ca. 20% der Beschäftigten), den wissensintensiven Dienstleistungen (ca. 20 % der Betriebe, ca. 20 % der Beschäftigten) sowie den Dienstleistungen Handel, Verkehr und Gastgewerbe (25 % der Betriebe, 20 % der Beschäftigten). Dresden ist traditionell ein Standort der forschungsintensiven Industrie (v. a. Mikroelektronik). Diese Hightech-Branche lagert große Teile von Forschung und Entwicklung in externe Dienstleistungsunternehmen aus. Führend im Raum Dresden ist in diesem Kontext die Frauenhofer-Gesellschaft, der größte Forschungs- und Entwicklungsdienstleister in Europa.
Das Gastgewerbe kann ebenfalls eine überdurchschnittliche Zahl an Betrieben und Beschäftigten vorweisen. Hierzu tragen nicht nur die Geschäftsreisenden, sondern auch die vielen Touristen bei. Beliebte Sehenswürdigkeiten sind die Frauenkirche, die Semperoper oder der Zwinger. Hinzu kommt die Lage an der Elbe, die einen hohen Freizeitwert hat.
Der Handel spielt in städtischen Zentren und Agglomerationen wie Dresden oft eine übergeordnete Rolle. Der unternehmensorientierte Handel ist mit der hohen Dichte an Industrie- und Dienstleitungsunternehmen zu erklären. Der konsumentenorientierte Einzelhandel findet durch den verhältnismäßig großen Anteil an kaufkräftiger Bevölkerung und Touristen optimale Bedingungen vor.
Die große Bedeutung des Verkehrssektors lässt sich durch den städtischen Ballungsraum und den Wirtschaftsstandort von internationalem Rang erklären. Dies spiegelt sich in einer hochentwickelten Verkehrsinfrastruktur wider (A 4, A 13, A 17, Flughafen Dresden u.a.).

gabe 34 Beim vorliegenden Modell handelt es sich um ein Zentrum-Peripherie-Modell, das wirtschaftsräumliche Disparitäten in Europa visualisiert.
Der europäische Kernraum wird durch das Modell der Blauen Banane repräsentiert. Er reicht von den englischen Midlands im Norden bis nach Mittelitalien im Süden und zeichnet sich durch eine hohe Wirtschaftsdynamik aus. Er umfasst wichtige Wirtschaftszentren (z. B. London, München, Mailand) und damit Regionen mit überdurchschnittlichem Wirtschaftswachstum.

Westlich und östlich vom Kernraum schließen weitere wichtige europäische Wirtschaftszentren mit überdurchschnittlichem Wirtschaftswachstum (z. B. Paris, Hamburg, Berlin) an. Sie sind eng verflochten mit den Aktivräumen der Blauen Banane und quasi als Erweiterung derselben zu betrachten (in anderen Modellen wird der Korridor zwischen Paris und Hamburg auch in Form der Gelben Banane dargestellt).
Eine zweite Erweiterung dieses europäischen Zentralraumes stellt die sogenannte Goldene Banane dar. Sie spannt sich im nordwestlichen Mittelmeerraum auf (z. B. Barcelona, Nizza). Kennzeichnend sind wachstumsstarke Branchen aus dem Hightech-Bereich.
Ein Gürtel von Hightech-Regionen umgibt zudem ringförmig den Kernraum. Er beinhaltet ebenfalls Wirtschaftsregionen, deren aktuelles Wachstum größtenteils auf Unternehmensansiedlungen aus der Hightech-Branche gründet (z. B. Bordeaux, Edinburgh, Malmö). Viele dieser Regionen liegen in Meeresnähe. Hier spielen vor allem weiche Standortfaktoren eine große Rolle.
Die struktur- und wachstumsschwachen Regionen befinden sich in der Peripherie (hier: Gürtel der Unterentwicklung), fern der zentral gelegenen Wachstumsachsen. Mit der ungünstigen Lage geht oft eine negative Bevölkerungsentwicklung sowie eine schlecht ausgebaute Infrastruktur einher.
Das Modell deutet durch die Achse der Problemregionen an, dass wachstumsschwache Wirtschaftsregionen nicht nur in der europäischen Peripherie liegen, sondern auch innerhalb der Kernräume. Dies entspricht der Vorstellung eines fragmentierten Wirtschaftsraumes, in dem strukturstarke neben strukturschwachen bzw. wirtschaftlich prosperierende neben sich in der Krise befindlichen Räumen liegen können. Beispiele hierfür sind Metropolen und ihr entfernteres ländliches Umland oder sich im Strukturwandel befindliche Altindustriegebiete innerhalb des Kernraumes.
Neben diesen raumanalytischen Bestandteilen besitzt das Modell auch einen prognostischen Charakter. So weisen verschiedene Entwicklungsachsen mögliche Wachstumskorridore aus. In diesen liegen z. B. Regionen der Transformationsstaaten Osteuropas, die nach dem Fall des Eisernen Vorhangs durch den wirtschaftlichen Anschluss an den Kernraum Europas Wachstumsimpulse erhalten haben und günstige Entwicklungspotenziale besitzen.

Aufgabe 35 Die Struktur- und Regionalpolitik der EU wird auch als Kohäsionspolitik bezeichnet, weil sie den wirtschaftlichen und sozialen Zusammenhalt zwischen den EU-Mitgliedsstaaten fördert. Ziel der regionalen Strukturmaßnahmen ist es, die wirtschaftlichen und sozialen Disparitäten zwischen den einzelnen Staaten zu minimieren.

Hierfür fließt knapp die Hälfte aller Haushaltsmittel der EU in Struktur- und Investitionsfonds. Die einzelnen Regionen bekommen dabei verschiedene Anteile der Mittel zugesprochen. Es wird zwischen weniger entwickelten Regionen, Übergangsregionen und stärker entwickelten Regionen unterschieden; wobei die weniger entwickelten Regionen die meisten Fördergelder erhalten. Richtwert für die Einteilung ist das BIP/Kopf gemessen am EU-Durchschnitt. Um die einzelnen Regionen Europas objektiver miteinander vergleichen zu können, werden räumliche Bezugseinheiten gebildet, die sich in ihrer Größe ungefähr entsprechen. Das sind die sogenannten NUTS-Regionen (= Nomenclature des Unités Territoriales Statistiques).

gabe 36 Die Lombardei bildet innerhalb der NUTS-1-Region Nord-Ovest (Nordwestitalien) eine Unterregion (NUTS-2-Ebene). Die wirtschaftliche Bedeutung der Lombardei sowohl für die Region Nord-Ovest als auch für Italien insgesamt zeigt sich an den Werten des Gesamt-BIP. Die Lombardei steuert zwei Drittel (66 %) zum BIP der Region Nord-Ovest bei und fast ein Viertel (22 %) zum nationalen BIP Italiens. Im regionalen Vergleich entspricht das BIP der Lombardei annähernd dem der Gesamtregion Centro (Mittelitalien) und übertrifft das der beiden süditalienischen Regionen um 40 % (Sud) bzw. um 190 % (Isole). Diese Zahlenwerte spiegeln das wirtschaftsräumliche Nord-Süd-Gefälle Italiens wider. Beim BIP pro Kopf nimmt die Lombardei ebenfalls die Spitzenstellung ein und übertrifft den nationalen Wert um 32 %.
Die Zukunftsfähigkeit der Wirtschaftsstruktur lässt sich von den innerbetrieblichen Ausgaben für Forschung und Entwicklung ableiten. Auf die Lombardei entfallen knapp 20 % der nationalen Ausgaben in diesem Bereich und knapp 60 % der regionalen Ausgaben Nordwestitaliens. Die Aufwendungen für Forschung und Entwicklung der lombardischen Unternehmen erreichen fast die der Gesamtregion Nordost- (Nord-Est) bzw. Mittelitaliens (Centro) und übertreffen die Gesamtaufwendungen Süditaliens (Sud und Isole) um 1,1 Mio.
Die Lombardei stellt knapp zwei Drittel der gesamten nordwestitalienischen Bevölkerung und ein Sechstel der gesamtitalienischen Bevölkerung. Sie besitzt eine Bevölkerungsdichte von 419 Einwohner/km^2. Für Gesamtitalien liegt der Wert bei ungefähr der Hälfte (201 Einwohner/km^2). Herausragendes Ballungszentrum der Lombardei ist die Metropolregion Mailand.

gabe 37 a Das Modell der Langen Wellen nach Kondratieff geht davon aus, dass sich die wirtschaftliche Entwicklung in mehreren, ähnlich verlaufenden Konjunkturzyklen vollzieht. Diese werden jeweils durch tragfähige Basisinnovationen ausgelöst.

Einige Steinkohlebergwerke und Stahlhütten des einst bedeutenden europäischen Montanreviers sind am Standort noch vorhanden. Sie lassen sich der 1. und 2. Langen Welle zuordnen. Die Stahlbetriebe haben mittlerweile vor allem Zulieferbeziehungen zum Maschinenbau und der Automobilindustrie. Letztere ist aktuell die dominierende Branche in der SWZ. Sie entspricht der 4. Langen Welle.
Zur weiteren Diversifizierung der Wirtschaftsstruktur wird die Ansiedlung von Unternehmen aus dem Dienstleistungssektor unterstützt. Vor allem Betriebe aus dem IT-Bereich haben sich in jüngerer Vergangenheit am Standort niedergelassen. Diese sind der 5. Langen Welle zuzuordnen.

b Der Standort SWZ Kattowitz ist für die Produktionsauslagerung eines Automobilkonzerns attraktiv, weil vor Ort die Integration in einen schon vorhandenen Automobilcluster möglich ist. Fühlungsvorteile wie das Nutzen bestehender Zulieferstrukturen sind gegeben. Außerdem lockt die Sonderwirtschaftszone mit günstigen Steuerkonditionen. Finanzielle Einsparungen sind durch die im Vergleich zu Deutschland geringeren Lohnkosten möglich. Die hohe Dichte an Universitäten garantiert zudem die Verfügbarkeit von qualifizierten Facharbeitern.
Ein weiterer Vorteil ist in der sehr guten Verkehrsinfrastruktur und der Nähe zu wichtigen europäischen Zentren wie Warschau, Wien oder Prag zu sehen. Von dort aus können große, neue Märkte erschlossen werden.
Neben diesen günstigen Voraussetzungen bestehen in der SWZ Kattowitz für ausländische Unternehmer aber auch Investitionshemmnisse: Der große Automobilcluster bringt neben Agglomerationsvorteilen auch den Umstand mit sich, dass am Standort mit einer großen Konkurrenzsituation zu rechnen ist. Außerdem müssen sich die ausländischen Investoren zu festgesetzten Auflagen verpflichten (Investitionsgarantie und Zusicherung des Standortverbleibs über mehrere Jahre). Zu bedenken ist ferner, dass der Status der Sonderwirtschaftszone zeitlich begrenzt ist. Aktuell wurde dieser bis zum Jahr 2026 verlängert.

Aufgabe 38 Die Anteile der einzelnen Wirtschaftssektoren an der Bruttowertschöpfung in Ghana sind für weniger entwickelte Staaten typisch. Bei einer vergleichsweise großen Bedeutung des primären Sektors (20,7 % an der Bruttowertschöpfung) ist der Tertiärisierungsgrad (vgl. Deutschland: ca. 70 %) noch weniger deutlich ausgeprägt. Die Anteile des sekundären Sektors (27,7 % an der Bruttowertschöpfung) sind in etwa auch in den Industrie- und Dienstleistungsstaaten vorzufinden (vgl. Deutschland: ca. 30 %). Die vergleichsweise große Bedeu-

tung des primären Sektors gründet auf den zentralen Exportgütern Edelholz und Kakao. Ghana zählt zu den wichtigsten Kakaoproduzenten weltweit.
Die BIP-Wachstumsraten sind beachtlich, obwohl sie in den Jahren von 2013 bis 2015 rückläufig waren. Ein entscheidender Konjunkturimpuls ging seit der Entdeckung des „Jubilee-Ölfeldes" im Jahr 2007 von der Erdölindustrie aus. Insgesamt ist die Wirtschaftsstruktur Ghanas jedoch wenig diversifiziert. Der Schwerpunkt liegt auf der Produktion von Exportgütern, sodass viele Konsumgüter importiert werden müssen.
Außerdem unterliegen die Exportgüter den Schwankungen des Weltmarktpreises. Die ungünstigen Export-/Import-Strukturen äußern sich in einer negativen Handelsbilanz, die zu einer Erhöhung der Staatsverschuldung führt.

fgabe 39

Strengths (Stärken)	Weaknesses (Schwächen)
• politische Stabilität • Rohstoffreichtum (u. a. Öl, Erdgas, Gold) • Anschluss an die Weltwirtschaft über den Containerhafen in Tema	• wenig diversifizierte Wirtschaftsstruktur, v. a. im sekundären Sektor • großer informeller Sektor • starke Export- bzw. Importabhängigkeit • Schwächen in der Infrastruktur
Opportunities (Chancen)	**Threats (Risiken)**
• Problem der Stromversorgung könnte sich durch Privatisierungen im Energiesektor verbessern • der Öl- und vor allem der Gassektor sind noch ausbaufähig • der Ausbau des Containerterminals erfolgt durch ausländische Investoren	• zunehmend negative Handelsbilanz • Wertverlust der regionalen Währung • steigende Staatsverschuldung

SWOT-Analyse-Schema „Wirtschaftsstandort Ghana"

gabe 40 Der Oman besitzt von allen Golfstaaten die geringsten Erdölvorkommen. Das Versiegen der Quellen wird in den nächsten 15 bis 20 Jahren erwartet. Hieraus ergibt sich ein erhöhter zeitlicher Druck für eine wirtschaftliche Entwicklung, die mittel- und langfristig vom Erdöl unabhängig machen soll. Hinzu kommt, dass die Ölquellen erst in den 1960er-Jahren entdeckt wurden. Der Ölboom setzte somit im Vergleich zu den anderen Golfstaaten verzögert ein. Dies eröffnet aber die Möglichkeit, aus den Erfahrungen anderer zu lernen.
Der Oman setzt auf eine nachhaltige Diversifizierung der Wirtschaftsstruktur durch gezielte Investitionen, z. B. in wachsende Wirtschaftszweige wie den Tourismus, den Ausbau der Infrastruktur und des Bildungs- und Gesundheitswesens. Die konzeptionelle Entwicklung der Wirtschaft erfolgt über Fünfjahrespläne.

Aufgabe 41 Das Diagramm setzt die weltweite Warenproduktion mit dem weltweiten, grenzüberschreitenden Warenhandel in Beziehung. Es ist klar zu erkennen, dass der weltweite Warenhandel seit 1950 deutlich stärker zugenommen hat als die Warenproduktion. Dies ist Ausdruck des fortschreitenden Globalisierungsprozesses. Ursachen und Antriebskräfte für diesen sind wiederum im ökonomischen (z. B. Gründung der WTO), technologischen (z. B. Senkung der Transportkosten durch zunehmende Containerisierung), politischen (z. B. zunehmende Einbeziehung ehemals sozialistischer Staaten in die Handelsbeziehungen durch den Fall des Eisernen Vorhangs) und soziokulturellen Bereich (z. B. globaler Austausch von kulturellen Werten und Konsumgewohnheiten) zu sehen.

Aufgabe 42

a Wie aus der Abbildung zu den Welthandelsströmen deutlich hervorgeht, konzentriert sich der weltweite Warenhandel, aus qualitativer Sicht auf den Warenwert bezogen, auf die drei großen Wirtschaftsregionen Nordamerika, Europa und Ostasien. Sie weisen sowohl hohe intra-, als auch interregionale Handelsvolumina auf. Anfang der 1990er-Jahre wurde für dieses Muster der regionalen Konzentration der weltweiten Handelsströme der Begriff der Triade (Dreierordnung der Weltwirtschaft) eingeführt.

b Berückichtigt man rein quantitative Gesichtspunkte (z. B. Anteil am Welt-BIP oder Größe der Handelsvolumina), kann die Theorie der Triadisierung, also der Dreierordnung der Weltwirtschaft bestehend aus Nordamerika, Europa und Ostasien, bestätigt werden.

Die Theorie suggeriert allerdings auch, dass andere, weniger entwickelte Regionen gar nicht oder kaum am Welthandel teilnehmen würden.
Die weniger entwickelten Staaten, z. B. Lateinamerikas oder Afrikas, partizipieren aber sehr wohl am Welthandel, quantitativ aber in einer anderen Größenordnung. Dies liegt zum einen an den geringeren Warenwerten ihrer Exporte und zum anderen am fehlenden Kapital, um intensiver am globalen Handel teilnehmen zu können. Trotzdem stellen sie teilweise wichtige Handelspartner für die drei großen Wirtschaftsregionen dar.

Aufgabe 43 Betrachtet man die Materialien zur deutschen Außenwirtschaft, so lässt sich diese Aussage bestätigen. Die Außenhandelsvolumina wurden in den letzten 15 Jahren deutlich gesteigert. Die Exporte um 100 % von ca. 600 Mrd. Euro auf ca. 1 200 Mrd. Euro und die Importe um ca. 80 % von ca. 500 Mrd. Euro auf ca. 900 Mrd. Euro. Noch entscheidender ist die in den letzten 15 Jahren zuneh-

mend positive Außenhandelsbilanz. Somit konnte Deutschland seine Gewinne über den Außenhandel erhöhen.
Bei der Analyse der wichtigsten Export- und Importpartner fällt auf, dass sich, neben den klassischen Handelspartnern wie Nordamerika, Großbritannien oder Frankreich, auch Länder finden, die erst in jüngerer Vergangenheit mit der Veränderung der politischen Rahmenbedingungen zu neuen Partnern werden konnten; z. B. Polen nach Fall des Eisernen Vorhangs oder China nach dem politischen Kurswechsel der Kommunistischen Partei in den frühen 1980er-Jahren. Herausragend ist hier die Stellung Chinas, das Platz 5 der Exportländer und sogar Platz 1 der wichtigsten Importländer belegt. Diese Statistik macht deutlich, dass Deutschland an den aktuellen Entwicklungen und Schwerpunktverlagerungen des Globalisierungsprozesses stark partizipiert.
Nach wie vor ist Deutschland als Industriestandort für viele ausländische Investoren attraktiv. Stärken des Wirtschaftsstandorts sind u. a. die Qualität der bestehenden Zuliefererstrukturen, das Potenzial im Bereich Forschung und Entwicklung sowie die Verfügbarkeit von qualifizierten Arbeitskräften (vgl. Abbildung).
Neben diesen positiven Effekten, von denen der Standort Deutschland profitiert, gibt es aber auch Rückwirkungen der Globalisierung, die sich negativ auswirken können. Als Hemmnisse für ausländische Investoren wirken die starken staatlichen Regulierungen und Auflagen oder die hohe Steuerbelastung (vgl. Abbildung).
Die Investitionen deutscher Unternehmen ins Ausland führen zwar durch die Produktionskostenvorteile zu höheren Gewinnspannen, gleichzeitig gehen dadurch aber auch Arbeitsplätze in Deutschland verloren. Ferner findet ein Transfer von technologischem Know-how statt. Dadurch besteht die Gefahr, dass man zum Wachstum der ausländischen Konkurrenz beiträgt.
Durch die starke Einbindung Deutschlands in die Weltwirtschaft entsteht nicht zuletzt eine starke Abhängigkeit von den Konjunkturentwicklungen ausländischer Ökonomien. Dadurch ist eine stärkere Krisenanfälligkeit in einem weltweit schwer überschaubaren Wirtschaftsnetz gegeben.
Der Wirtschaftsstandort Deutschland kann, wenn man die positive Entwicklung der Außenhandelsbilanz betrachtet und die Vorteile für deutsche Investoren im Ausland (z. B. Produktionskosten) berücksichtigt, durchaus als ein Gewinner der Globalisierung bezeichnet werden. Trotzdem führt die Globalisierung auch zu einer starken wirtschaftlichen Abhängigkeit und einem zunehmenden Konkurrenzdruck. Diese Effekte können sich mittel- und langfristig negativ auf den Wirtschaftsstandort Deutschland auswirken.

Globales Problemfeld Verstädterung

Aufgabe 44 Die Trinkwasserversorgung einer Stadt in weniger entwickelten Ländern ist meist unzureichend. Folgende Probleme treten häufig auf:

- Mangel an Trinkwasser;
- v. a. in ärmeren Wohnvierteln: unzureichend ausgebautes Trinkwassernetz, eine Versorgung ist nur über zentrale Wasserstellen, Brunnen oder über Tankwagen möglich;
- mangelhafte Qualität des Trinkwassers.

Aufgabe 45 Unter Verstädterung versteht man das Wachsen der Städte nach Anzahl, Einwohnerzahl und Fläche. Urbanisierung hingegen bedeutet die Ausbreitung städtischer Lebensweisen und Tätigkeiten in nichtstädtischen Räumen.

Aufgabe 46 Private und öffentliche Investoren modernisieren Altbauten und alte Gewerbebetriebe zu schicken Wohnungen und Lofts und werten somit die Infrastruktur mit gezielten Angeboten auf. Von diesen neu entstandenen Wohnungen werden v. a. junge, einkommensstarke Arbeitnehmer angesprochen, wodurch die Finanzkraft der Stadt steigt. Durch die junge Bevölkerungsstruktur nehmen öffentliche Ausgaben für Familien mit Kindern zu (Kindergärten, Schulen, Spielplätze etc.) und die Bevölkerungsdichte nimmt durch den hohen Platzbedarf ab.

Aufgabe 47 Die offiziellen (formellen) Wirtschaftsbetriebe sind in Entwicklungs- und Schwellenländern nicht in der Lage, ausreichend Arbeitsplätze für die anschwellende Bevölkerungszahl zur Verfügung zu stellen. Um zu überleben, arbeiten sehr viele Bewohner im informellen Sektor. Der informelle Sektor übernimmt auch Aufgaben, die durch die öffentliche Verwaltung nicht organisiert werden (können), z. B. die Müllentsorgung, die Belieferung mit Trinkwasser und Transportdienste.

Der informelle Sektor ist in fast allen Entwicklungs- und Schwellenländern ein wichtiger Bestandteil der Wirtschaft geworden, der den armen Bevölkerungsgruppen das Überleben sichert.

Aufgabe 48 Europa und Nordamerika hatten bereits 1950 einen hohen Verstädterungsgrad von rund 50 % bzw. 60 %. In Afrika und Asien lag er zu diesem Zeitpunkt bei maximal 20 %.

Bis 2011 nahm der Verstädterungsgrad in Europa und Nordamerika moderat auf ca. 75 % bzw. 80 % zu. Eine stärkere Zunahme im Bereich der Verstädte-

rung erfuhren Asien und Afrika, wo der Verstädterungsgrad bis 2011 auf ca. 45 % bzw. 35 % anstieg.
Die Prognose für 2050 zeigt eine weitere schwache Zunahme der Verstädterung in Europa und Nordamerika auf ca. 80 % bzw. 90 % und eine starke Zunahme in Afrika und Asien auf jeweils ungefähr 60 %.

fgabe 49 In den europäischen Industrieländern war im 19. Jh. der Grund für das Städtewachstum in erster Linie die Zuwanderung der ländlichen Bevölkerung in die Städte und kaum die natürliche Bevölkerungszunahme. Ausgelöst wurden die Wanderungen durch den Strukturwandel in der Landwirtschaft und die Ansiedlung der Industrie in den Städten mit einem hohen Bedarf an Arbeitern.
In den Entwicklungsländern liegen die Gründe vor allem in der Zuwanderung überwiegend jüngerer Menschen als Folge der Landflucht. Ausgelöst wird diese durch vielfältige Push- und Pullfaktoren.

fgabe 50 Wirkungsgefüge: Ursachen und Folgen der Verstädterung Mumbais:

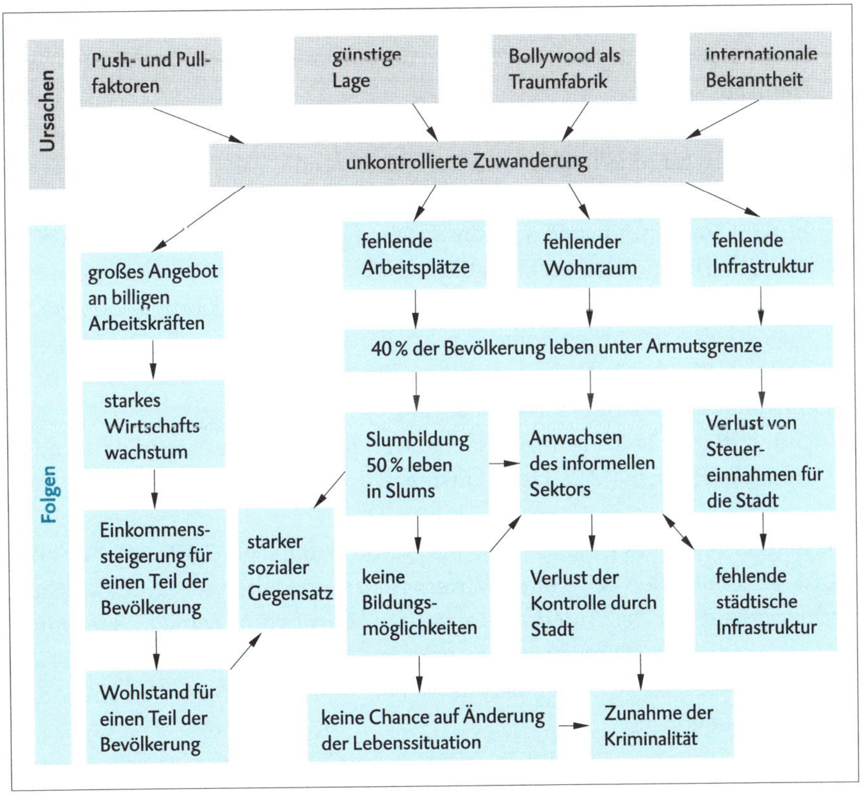

Aufgaben im Stil des Abiturs

Übungsaufgabe 1: Bolivien

Aufgabe 1

a Durch die Tätigkeit von Black Smokern haben sich ausgedehnte submarine hydrothermale Lagerstätten gebildet. Infolge des Seafloor-Spreadings sind diese Polyerz-Lagerstätten mit der ozeanischen Platte in den Subduktionsprozess gelangt.
Dadurch haben sich die Schmelzen stark mit Metallen angereichert. Aus diesem neuen Magma bildeten sich beim Aufstieg Plutone und Vulkane im Faltengebirge der Anden. Unter regional unterschiedlichen Bedingungen entstanden dann die zahlreichen hochkonzentrierten Polyerz-Lagerstätten.

b Primär hat sich Lithium, verbunden mit anderen Mineralien, in der Pegmatit-Zone von Granit-Plutonen gebildet. Das ist auch vielfach in den Anden geschehen.
Bei der Verwitterung der Pegmatite lösen vor allem während der feuchten Monate Regenfälle und Sickerwasser Lithiumverbindungen und andere Salze aus dem Gestein und schwemmen diese als Salzlake in intramontane Becken. Dort bildet sich ein Salzsee oder Salar mit einem hohen Lithiumanteil aus.
Das Klimadiagramm von Potosí zeigt eine Feuchtzeit von November bis Mai auch für die Region des Salar de Uyuni. Während dieser Monate gelangt stets neue Lösungsfracht in den See.
In den Trockenmonaten verdunstet ein Großteil des Wassers, sodass an der Oberfläche Salze auskristallisieren und sich in der Lake darunter der Lithiumanteil konzentriert und anreichert. Über die Jahrtausende ist im Salar so eine der bedeutendsten sekundären Lagerstätten für Lithium entstanden, die aber auch andere Salze wie Borate, Magnesiumchlorid, Natriumsulfat und Natriumkarbonat enthält.
Durch den globalen Klimawandel neigen die flachen Salare in den Anden zum Austrocknen (M 2). Dann entstehen dort lebensfeindliche Salzwüsten.

Aufgabe 2 Bolivien ist ein armes Land. 51 % seiner Bevölkerung lebte 2010 unter der Armutsgrenze. Bolivien zeigt eine Wirtschaftsstruktur, die typisch für ein Entwicklungsland ist: Der Anteil an Rohstoffen beim Export beträgt 72 %. Somit sind Boliviens Exporteinnahmen in extremer Weise von den Preisschwankungen des Weltmarkts abhängig; besonders bei den Energierohstoffen sind diese sehr stark ausgeprägt.

Bolivien importiert vor allem Maschinen und Fahrzeuge (Anteil von 28 %) sowie Erdöl und chemische Erzeugnisse (Anteil von 23 %). Das weist darauf hin, dass die Industrie in Bolivien, abgesehen vom Bergbau, nur schwach ausgeprägt ist. Es ist zudem auf den Import von Lebensmitteln (10 %) angewiesen, um seine Bevölkerung zu ernähren. Boliviens Landwirtschaft ist wenig leistungsfähig: Trotz eines Anteils von 32 % an den Erwerbstätigen liegt der Anteil am BIP nur bei 13 % (2010).
Bergbau und Industrie haben einen Beschäftigtenanteil von 20 %, erwirtschaften aber etwa 38 % des BIP. Der Anteil der Dienstleistungen ist relativ gering und liegt bei rund49 %.
Erstaunlich ist die positive Entwicklung, die Bolivien im kurzen Zeitraum von 2010 bis 2014 genommen hat. Das BIP/Kopf ist von 5296 auf 6624 US $ gestiegen, das entspricht einer Steigerung von 25 %!
Der Exportzuwachs hat sich von 6,4 Mrd. US $ nahezu verdoppelt auf 12,3 Mrd. US $. Das ist einerseits eine Folge der hohen Weltmarktpreise für Rohstoffe, andererseits auch eine Wirkung der gestiegenen Direktinvestitionen (von 6,9 auf 11,2 Mrd. US $), bei der z. B. ausländische Konzerne direkt in ihre Bergwerke investieren.
Außerdem greift die neue bolivianische Wirtschaftspolitik. Der Staat will einerseits die Abhängigkeit vom ausländischen Kapital verringern, andererseits die produktive Struktur des Binnenmarktes stärken. Dazu wird eine schrittweise Kontrolle über die strategischen Sektoren Bergbau und Energiegewinnung angestrebt, um die Gewinne daraus gezielt in beschäftigungs- und profitgenerierende Unternehmen des Binnenmarkts zu reinvestieren. Zugleich werden Profite umverteilt, um die Armut zu verringern und Bildungs- bzw. Gesundheitsprogramme, Infrastrukturverbesserungen sowie Sozialleistungen zu finanzieren. Dabei sollen soziale Lösungen gefunden werden, indem gemeinschaftliche vor individuelle Interessen gestellt werden (Wohlstand für alle). Zudem sollen die Traditionen und Werte der großen bäuerlich-indigenen Bevölkerungsteile aufgewertet werden, um somit dieser unterprivilegierten Gruppen eine Teilhabe am gesellschaftlichen und wirtschaftlichen Fortschritt zu ermöglichen.
Erste Erfolge dieser nachhaltigen Politik lassen sich aus den Strukturdaten ablesen, die medizinische Versorgung hat sich verbessert, die Fertilitätsrate und die Säuglingssterblichkeit sind spürbar gesunken. Der HDI ist gestiegen.

Aufgabe 3 Bolivien will den Lithium-Abbau im Salar de Uyuni von Anfang an unter staatlicher Kontrolle schrittweise ausbauen und die gesamte Wertschöpfungskette im Land behalten, um den Profit für seine Wirtschafts- und Sozialpolitik zu nutzen.

Die staatliche Bergbaufirma COMIBOL hat mit der Erschließung des Salars und mit der Produktion von Lithiumcarbonat und den Nebenprodukten Kalidünger und Speisesalz begonnen. Der Staat achtet dabei in enger Zusammenarbeit mit den regionalen indigenen Kommunen darauf, dass umweltfreundlich und ohne CO_2-Emissionen gearbeitet wird: Brauchwasser muss recycled werden, alle Anlagen müssen rückbaubar sein.

Es ist klar, dass Bolivien für die Herstellung von Lithium(-metallen und -batterien) Know-how von Partnerfirmen braucht. Aufgrund bisheriger Erfahrungen will sich die Regierung aber nicht an die marktbeherrschenden internationalen Bergbauunternehmen binden. Gesucht wurde ein fairer Partner. Den hat man 2015 im deutschen Kali-Unternehmen K-Utec aus Thüringen gefunden. Diese Firma hat den Zuschlag für die Planung einer großen Produktionsanlage erhalten.

Zur Lithiumgewinnung sind umfangreiche Investitionen nötig, wie der Ausbau des Straßennetzes, der diese weitgehend unerschlossene Region an das Verkehrsnetz des übrigen Landes anschließt. Das ermöglicht auch wichtige Impulse, z. B. für die Landwirtschaft. Ausbau und Sicherung der Trink- und Abwasserversorgung sind in diesem Trockenraum notwendig für den Abbau des Lithiums sowie eine Voraussetzung für eine ertragreichere Landwirtschaft.

Die Nebenprodukte des Abbaus, Magnesium und Kalium, sind wichtige Düngemittel für die erschöpften Böden. Die Landwirtschaft könnte ihre Produktion von Quinoa erheblich steigern, dieses „Inka-Korn“ enthält viel Protein und ist ein wertvolles Grundnahrungsmittel in den Anden. Quinoa verzeichnet auch eine global wachsende Nachfrage und erzielt sehr gute Preise auf dem Weltmarkt.

Der Abbau, der Transport und die Weiterverarbeitung des Lithiums sowie die Wartung der nötigen Infrastruktur schaffen neue Arbeitsplätze in der Region, auch im tertiären Bereich.

Wenn es Bolivien gelingt, seine nachhaltige neue Wirtschaftspolitik langfristig aufrechtzuerhalten, was stabile politische Verhältnisse voraussetzt, und für den Rohstoff Lithium die gesamte Wertschöpfungskette zu kontrollieren, dann kann es gelingen, die zu erwartenden hohen Gewinne zum Wohle der bolivianischen Bevölkerung einzusetzen. Dann wird der Schlüsselrohstoff Lithium eine „Goldgrube“ für Bolivien.

Übungsaufgabe 2: Südamerika

Aufgabe 1 Die **Kurve A** spiegelt die Temperaturverhältnisse der Station Antofagasta wider. Aufgrund der Küstenlage am Pazifik ist die Temperaturamplitude mit etwa 6–7 °C gering ausgeprägt. Wegen der Abkühlung der Luftmassen durch den kalten Humboldtstrom herrschen hier die niedrigsten Temperaturen aller drei Stationen.

Die **Kurve B** gibt die Temperaturverhältnisse der Station Rio de Janeiro wider. Wegen der ausgleichenden Wirkung des Atlantiks findet man hier mit etwa 5 °C die geringste Temperaturamplitude. Bedeutender und damit der entscheidende Unterschied zu Antofagasta ist der Einfluss des warmen Brasilstroms, der im Vergleich zu Antofagasta insgesamt höhere Temperaturen, im Vergleich zu Asunción höhere Wintertemperaturen bewirkt.

Bei der **Kurve C** handelt es sich um die Station Asunción. Durch deren kontinentale Lage weist diese die höchsten Sommertemperaturen auf, was auf die starke Erwärmung der Landmasse im Sommer zurückzuführen ist. Durch die Abkühlung des Kontinents im Winter liegen die Wintertemperaturen unter denen von Rio de Janeiro. Dementsprechend hat diese Station mit ca. 12 °C die größte Temperaturamplitude aller drei Stationen.

Aufgabe 2 a Ozeanische Platten werden durch ihre spezifische geringere Dichte an mehreren Stellen der Erde unter die kontinentalen Platten mit ihrer höheren Dichte bis in große Tiefen subduziert. Antriebskräfte hierfür sind Slab Pull bzw. Ridge Push und Konvektionsströme im Erdinneren.
Je nach mitgeführter Wassermenge werden die subduzierten Platten ab einer bestimmten Tiefe aufgeschmolzen. Diese Schmelze dringt in die darüberliegenden kontinentalen Platten ein und sammelt sich in Plutonen an. Durch langsame Abkühlung kommt es zur Auskristallisation verschiedener Bestandteile der Schmelze. Während der Hauptkristallisation bei Temperaturen zwischen 1 100 °C und 700 °C entstehen viele gesteinsbildende Minerale mit hohem Schmelzpunkt, die aufgrund ihrer hohen Dichte auf den Boden des Plutons sinken. Am Ende dieser Abkühlungsphase sind in der Restschmelze viele Metalle angereichert. Diese gasreiche und unter hohem Druck stehende Schmelze dringt in Hohlräume und Spalten des Nebengesteins ein und kühlt dabei langsam ab. Während dieser Restkristallisation entstehen Metallerze, u. a. auch Kupfererze.

b Richtig ist, dass die Anden durch ihre exponierte, den Umweltbedingungen ausgesetzte Höhenlage in besonderer Weise ständigen Erosionsprozessen ausgesetzt sind. Unterstützt wird diese erosive Tätigkeit der Umwelteinflüsse durch die Tatsache, dass sich die Anden auch heute noch durch tektonische Prozesse ständig heben. Somit treten die in primären Lagerstätten in tieferer Lage entstandenen Kupfererze allmählich an die Oberfläche und können somit häufig im Tagebau gewonnen werden.

Falsch ist hingegen der Teil der Aussage, dass die Kupfererze während der **Hauptkristallisation** in großen Tiefen **gewonnen wurden**. Denn zum einen sind die Kupfererze nicht während der Hauptkristallisation, sondern während der Restkristallisation entstanden, zum anderen wurden sie nicht gewonnen, sondern sie haben sich gebildet bzw. sind auskristallisiert. Der Begriff „gewonnen" bezieht sich auf eine aktive, zielgerichtete Tätigkeit von Lebewesen, die hier nicht vorliegt.

Beim Idealtyp einer Erzlagerstätte entsteht, wegen der langsamen Abnahme der Temperatur und des Druckes entlang der Gänge, eine zonale Anordnung der verschiedenen Erztypen um den Pluton.

Aufgabe 3 In den europäischen Ländern gelten v. a. die ausgezeichnete Infrastruktur (u. a. ÖPNV, Kommunikationsangebote, soziale Einrichtungen), das Arbeitsplatzangebot und die hohe Zentralität (u. a. Dienstleistungseinrichtungen, Gesundheitswesen, Versorgungsangebote, kulturelle Angebote) als Pullfaktoren für den Zuzug in die Städte. Als Pushfaktoren werden häufig das geringere Arbeitsplatzangebot, fehlende kulturelle Angebote, schlechtere Aus- und Weiterbildungsangebote, längere Wege sowie eine allgemein schlechtere Versorgungslage im ländlichen Raum angeführt.

Die Ursachen der Verstädterung in Brasilien sind vielschichtiger und komplexer als in den europäischen Industrieländern.
So veranlassen eine ungerechte Besitzverteilung im Agrarsektor (u. a. viele landlose Arbeiter) oder die geringen Ernteerträge v. a. im Nordosten Brasiliens (klimatisch und durch die schlechten Böden bedingt) viele Menschen aus ländlichen Bereichen zum Abwandern in die Städte.
Des Weiteren liegen im ländlichen Bereich die Löhne sehr häufig unter dem staatlichen Mindestlohn. Korrupte Militär- und Polizeikräfte vertreiben gemeinsam mit den Großgrundbesitzern Kleinbauern von ihrem Land.
Die Konkurrenz von Viehzüchtern um Land, der Anbau von Biodiesel durch Großkonzerne auf landwirtschaftlichen Flächen sowie die durch hohe Gebur-

tenraten hervorgerufene Nahrungsmittelknappheit zwingen Teile der ländlichen Bevölkerung zum Abwandern in die Städte. Hierzu trägt auch die Unerfahrenheit vieler Bauern im Anbau von tropischen Nutzpflanzen und das Scheitern der Agrarsiedlungspolitik der 1960er- und 1970er-Jahre im Amazonasbecken bei (Pushfaktoren).

Als Pullfaktoren der Städte zählen v. a. die dort bessere Versorgung mit Konsumgütern, das höhere Bruttonationaleinkommen, die Möglichkeit zum Schulbesuch und die Hoffnung auf einen Arbeitsplatz. Für einkommensstärkere Schichten zählt auch das kulturelle Angebot der Städte als Pullfaktor.

Aufgabe 4

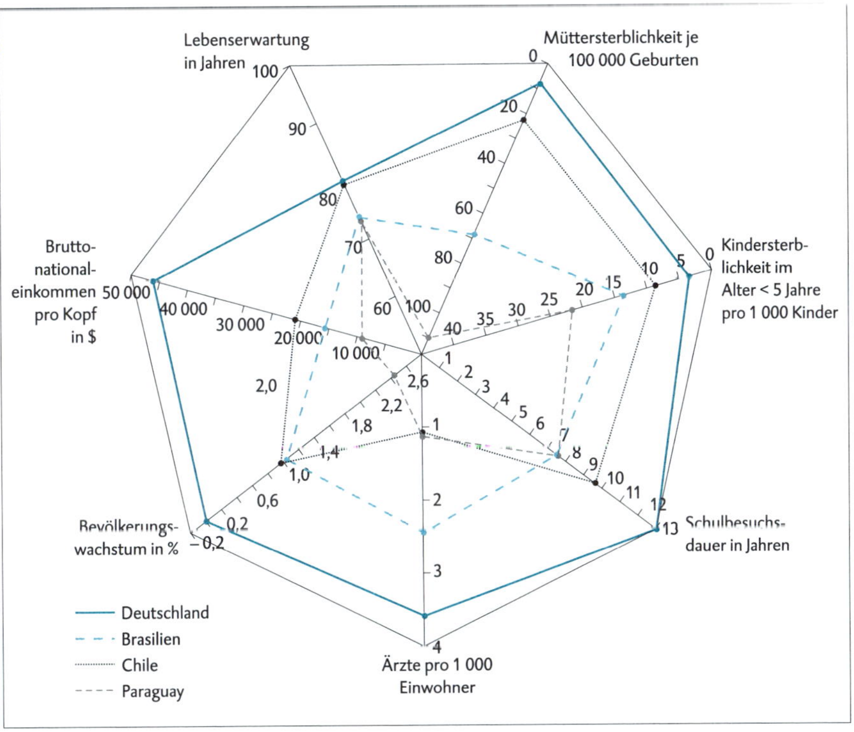

Bei der Erstellung des Netzdiagramms muss einerseits eine sinnvolle Skalierung gewählt sowie andererseits entschieden werden, ob die Werte nach innen zu- oder abnehmen. Durch die Verbindung der Indikatorwerte ergeben sich unterschiedliche Flächen (Polygone) für die abgebildeten Staaten.

Die Analyse verlangt die Erfassung der Einzelindikatoren sowie deren Aussagekraft im Zusammenhang.

Die Lebenserwartung in Jahren zeigt einen direkten Zusammenhang mit der Rangfolge im HDI. Ebenso steigen die Mütter- und Kindersterblichkeit analog zu einem geringeren HDI-Wert. Da die Lebenserwartung als zentrale Größe in die Berechnung des HDI mit einfließt, ist diese Korrelation nicht überraschend. Als eine Ursache könnte die bessere medizinische Versorgung der höher entwickelten Länder angenommen werden, wobei die Anzahl der Ärzte pro 1 000 Einwohner dies nur für Deutschland eindeutig belegt. Chile weist mit 1,1 Ärzten pro 1 000 Einwohner die gleiche Ärztedichte auf wie das deutlich weniger entwickelte Paraguay, und in Brasilien sind die Werte der Lebenserwartung bzw. der Mütter- und Kindersterblichkeit trotz höherer Ärztedichte deutlich ungünstiger als in Chile. Die unterschiedliche Qualität der medizinischen Versorgung kann aus den Daten also nicht abgeleitet werden.
Die Schulbesuchsdauer in Jahren hängt bei den Werten für Deutschland, Chile und Brasilien mit einem höheren HDI-Rang zusammen.
Ebenso lässt sich ein Zusammenhang zwischen höherem Entwicklungsstand, längerem Schulbesuch und geringerem Bevölkerungswachstum zumindest bei einem direkten Vergleich der Daten Deutschlands, Chiles und Paraguays feststellen. Eine Ursache könnte die bessere Sexualaufklärung bei längerer Schulbildung sein, die sich evtl. in einem vermehrten Einsatz von Verhütungsmitteln auswirkt.
Das Bruttonationaleinkommen bildet neben den Werten zur Gesundheit und Bildung eine weitere Datenbasis bei der Ermittlung des HDI und zeigt eindeutige Korrelationen zwischen höherer Entwicklung und höherem BNE/Kopf.

Insgesamt wird deutlich, wie die Auswahl der Indikatoren und die Definition von Entwicklung zu entsprechenden Bewertungen einzelner Staaten führt. Da die Werte, die für eine hohe Entwicklung stehen, im Netzdiagramm außen stehen, entsprechen die Flächen der Vielecke dem Entwicklungsstand der einzelnen Staaten gemäß HDI-Ranking. Dass diese Bewertung kritisch hinterfragt werden sollte, zeigt die „positive“ Einschätzung eines geringen Bevölkerungswachstums, das z. B. Deutschland vor neue demographische Herausforderungen stellt.

Stichwortverzeichnis

Quellennachweis

Umschlagbild: © JTB Photo/getty images

2: TERRA GWG 5/6 Geographie Wirtschaft, Gymnasien BW, Schülerbuch, Ernst Klett Verlag, Stuttgart, 2009, S. 71;
7: GFZ, Deutsches GeoForschungsZentrum;
8: TERRA GWG 5/6 Geographie Wirtschaft, Gymnasien BW, Schülerbuch, Ernst Klett Verlag, Stuttgart, 2009, S. 74;
9: TERRA GWG 5/6 Geographie Wirtschaft, Gymnasien BW, Schülerbuch, Ernst Klett Verlag, Stuttgart, 2009, S. 76;
11, 12, 13, 14, 15, 16, 19: Meschede, Martin/Frisch, Wolfgang: Plattentektonik. Kontinentverschiebung und Gebirgsbildung. Darmstadt: Wissenschaftliche Buchgesellschaft 2007, S. 37, 39, 83, 100, 154, 157 f., 160;
18: TERRA GWG 5/6 Geographie Wirtschaft, Gymnasien BW, Schülerbuch, Ernst Klett Verlag, Stuttgart, 2009, S. 72;
20: Richter, Dieter: Allgemeine Geologie. Berlin: Walter de Gruyter 1976;
21, 22, 34, 46: Press, Frank/Siever, Raymond: Allgemeine Geologie: Eine Einführung. 1995. Übersetzt von Volker Schweizer. © Spektrum Akademischer Verlag, Heidelberg, S. 211, 219, 514, 545. Spektrum Akademischer Verlag ist ein Imprint von Springer SBM;
24: Darstellung nach: Arthur Newell Strahler, 1975. Fundort: Wagner, Julius: Harms Handbuch der Geographie, Teil 1: Physische Geographie und Nachbarwissenschaften. München: List;
28: TERRA GWG 5/6 Geographie Wirtschaft, Gymnasien BW, Schülerbuch, Ernst Klett Verlag, Stuttgart, 2009, S. 81;
30: verändert nach: Barsch, Heiner/Bürger, Klaus: Naturressourcen der Erde und ihre Nutzung. Gotha: Haack Geographisch-Kartographische Anstalt 1988, S. 47;
33: Entwurf nach: Kettner, R.: Allgemeine Geologie 2. Zusammensetzung der Erdkruste, Entstehung der Gesteine und Lagerstätten. Übersetzt von Anton Wagner. Berlin: Deutscher Verlag der Wissenschaft 1959;
33, 34, 39: Pohl, Walter: Mineralische und Energie-Rohstoffe: Eine Einführung zur Entstehung und nachhaltigen Nutzung von Lagerstätten. W. und W. E. Petrascheck's Lagerstättenlehre. Stuttgart: Schweizerbart 2005, S. 16, 50, 66, 74;
35: H.-G. Stosch: Einführung in die Gesteins- und Lagerstättenkunde; Univ: Freiburg, 2011 S. 246;
36: Zusammengestellt nach Pattison, 1979; Naldrett et al., 1984; Naldrett, 1989; Shanks and Schwerdtner, 1991; In: Eckstrand, O.R. & Hulbert, L.J. 2007: Magmatic nickel-copper-platinum group element deposits. In: Goodfellow, W.D. (ed.): Mineral deposits of Canada: a synthesis of major deposit types, district metallogeny, the evolution of geological provinces, and exploration methods. Geological Association of Canada Special Publication 5, 205–222;
41: Richter, D., Allgemeine Geologie, de Gruyter, Berlin 1992;
42: Leser, Hartmut: Diercke Wörterbuch der Geographie. Braunschweig: Westermann 1997;
50: Darstellung nach: EIA, APA (Stand: Juni 2013);
51: © Jens Greinert;
52: Darstellung nach: APA/OMV;
53: Umweltinstitut München e. V.: Fracking. Die Lügen der Erdgaslobby; Flyer Juli 2013;
59: © TECSON, www.tecson.de/ historische-oelpreise.hmtl (Zugriff 25.10.2016); zusammengestellt: nach BP Statistical Review 2016; Stand Juni 2016;
62: Arbeitsgemeinschaft Energiebilanzen, Auswertungstabellen zur Energiebilanz für die Bundesrepublik Deutschland, 1990 bis 2015, Stand 08/2015; nach Daten: Arbeitsgemeinschaft Energiebilanzen 2016;

64: © DBREV 2016;
65: H. Kiegel;
68, 85: Bernhard Mühr, www.klimadiagramme.de;
76: eigene Darstellung nach: Ernst Heyer, Witterung und Klima, Teubner Verlag, Leipzig, 1988;
80: Haversath, J.B.; Geographie Heute: Wetter und Klima, Friedrich Verlag, 2000;
93: © picture alliance/dpa-infografik;
96, 97, 98, 99, 100: Wolfgang Hanisch, Christoph Schulz, Geoklima 2.1; Gruner + Jahr;
101: erstellt mit GeoKLIMA 2.1; www.w-hanisch.de;
102: nach: www.stadedtbauliche-klimafibel.de; Zugriff März 2011;
108: Thomas, Hans und Nefiodow, Leo. A. (Hrsg.): Kondratieffs Zyklen der Wirtschaft. Herford, Verlag Busse Seewald GmbH 1998, S. 156;
109: Statistisches Bundesamt Wiesbaden, 2015;
111: Dostal, Werner: Die Informatisierung der Arbeitswelt * Multimedia, offene Arbeitsformen und Telearbeit. In: Mitteilungen aus der Arbeitsmarkt- und Berufsforschung, W. Kohlhammer GmbH, Stuttgart 1995; Jg. 28, H. 4, S. 528 – 543;
115: Ludwig Schätzl, Wirtschaftsgeographie der europäischen Gemeinschaft; Schöningh (UTB), Paderborn 1993;
117: Fraedrich, W./Barth, K./Kistler, H./ Lamberty, M.: Der asiatisch-pazifische Raum. München: Bayerischer Schulbuch-Verlag 2001;
122: nach http://eb.virtuelle-fabrik.com (Grafik);
123: Kulke, Elmar: Wirtschaftsgeographie Deutschlands. Klett-Perthes Verlag,Gotha, 1998, S. 163;
125: Stadt Leipzig, Cluster Automobil- und Zulieferbetriebe, Leipzig 2008, Grafik;
126: zitiert nach Schmidt-Bleek, F.: Nutzen wir die Erde richtig? Fischer Taschenbuch Verlag 2007, S. 230, © Wuppertal Institut/VisLab2001;
127: Umweltbundesamt Jan. 2016, cc-by-sa 4.0 international;
128: Lehner, C./Vossen, J.: Das Güterverkehrszentrum Regensburg. In: Praxis Geographie 33 (2003), Heft 5, S. 28 – 32;
129: zusammengestellt nach: Hintergrundpapier Treibhausgasemissionen der Verkehrsmittel im Vergleich Öko-Institut e.V. Stand: 8. 1. 2014;
131: Baratta, Mario von/Borcherding, Marit/Brandner, Sybille: Der Fischer Weltalmanach 1998;
132: eigene Darstellung nach Daten von DIW Berlin, Statistisches Bundesamt;
134: Arbeitskreis Volkswirtschaftliche Gesamtrechnung der Länder;
135: Bundesagentur für Arbeit, Statistik; 136: Bundesagentur für Arbeit; Statistische Ämter des Bundes und der Länder;
137: © cartomedia, Karlsruhe;
138: Landwirtschaft verstehen, BMEL Juni 2016, S. 4,
139: Landwirtschaft verstehen, BMEL Juni 2016, S. 6;
142: Statistisches Bundesamt Wiesbaden, Fachserie 4, Reihe 4.1.2, 2015;
144: © Forum Event Management GmbH;
145: nach Herbert Rolfes, www.uni-kl.de/rur/fileadmin/Medien/Forschung/Forschungsprojekte/BBR/rolfes.pdf;
148: © Meyer Werft, Papenburg;
149: Landkreis Emsland (Hrsg.): Emsland – Kurzinformation über den Landkreis. Erste Auflage 2012, S. 30, Daten 2012/2013;
152: Volkswirtschaftliche Gesamtrechnung der Länder, 2011; Berechnung auf Grundlage Statistisches Bundesamt, Hochschulinformationssystem GmbH (HIS) und Statistisches Bundesamt, Wiesbaden;
153: Landeshauptstadt Dresden, Amt für Wirtschaftsförderung;
154: Deutscher Bauernverband, Situationsbericht 2015/2016;
155: zusammengestellt nach Daten des BMEL, Stand August 2015; Statistisches Landesamt des Freistaates Sachsen (Betriebe, Stand 2013), Statistische Ämter des Bundes und der Länder (Beschäftigte Stand 2012);
159: Kaneider Daniel aus dem deutschsprachigen Wikipedia, cc-by-sa 3.0 nicht portiert;

164: eigene Darstellung nach Glaser, Rüdiger;
165: nach Prof. Kunzmann, K., in: Kleine Atlas van de Metropool Ruhr, RVR Essen 2011, S. 16;
166: Kohäsionspolitik der EU 2014 – 2020. Vorschläge der Europäischen Kommission;
170: Polish Information and Foreign Investment Agency, http://www.paiz.gov.pl/investment_ support/ sez/katowice (Zugriff: 26. 2. 16);
171: zusammengestellt nach Daten: Statistisches Jahrbuch der Regionen in Polen 2015, Central Statistical Office of Poland; Statistisches Landesamt Baden-Württemberg;
174, 177: Istituto nazionale di statistica Italia 2015;
179: nach Le Monde diplomatique (2012): Atlas der Globalisierung – Die Welt von morgen, S. 29;
180: erstellt nach Daten von Weltbank und IWF;
182: International Cocoa Organisation ICCO;
184: Ghana Ports & Harbours Authority 2014;
185: zusammengestellt nach: U.S. EIA, Oil and Gas Journal 2016;
189: CIA World-Factbook 2016;
191: nach Daten: UNCTAD 2016;
192: wikipedia, public domain,
193: Hafen Hamburg Marketing e.V.; By Jeff Ogden (W163) CC BY-SA 3.0 unported, via wikimedia;
194: erstellt nach Daten von Weltbank und IWF;
196: picture alliance/dpa infografik;
197: Karl Engelhard (Hrsg.): Welt im Wandel. Omnia-Verlag Stuttgart, 2010, S. 5;
198: Text nach Umweltinstitut München e. V., www.umweltinstitut.org/images/ bedarf/ hemd.gif; Foto: © Neckermann GmbH;
200: Kulke, E. (2005): Globaler Warenhandel – Gründe, Merkmale und räumliche Wirkungen, In: Praxis Geographie, 35. Jg., Nr. 7/8, S. 5;
202: nach: GaWC, Loughborough University 2014; Weltbank/IWF;
203: Statistisches Bundesamt, Wiesbaden 2016;
204: World Economic Forum: The Global Competitiveness Report 2015-20162015/2016, VCI;
209: © BBSR 2012;
212 (o.): Ehlers, Eckart: Die Stadt des islamischen Orients. In GR, Heft 1, 1993, S. 32–39;
212 (u.)/213: Taubmann, Wolfgang: Die chinesische Stadt, In: GR, Heft 07/08, 1993, S. 423–427;
216: J. Bähr, G. Mertins in Geographische Zeitschrift Nr. 69, Steiner Verlag, Stuttgart 1981;
218: Rita Schneider-Sliwa, Geographisches Institut Basel 1999;
223, 225, 226: nach: UN Population Division;
227: Darstellung verändert nach: Wamser, Johannes u. a.: Bombay – Indiens Wirtschaftsmetropole unter internationalem Einfluss. In: Geographie heute;
228: Census of India 2011;
229: picture alliance/dpa;
230: Darstellun g verändert nach: GeoDZ; http://www.geodz.com/deu/d/Stadt%C3%B6kologie;
234: nach: UN Population Division;
236: erstellt mit GeoKLIMA 2.1, www.w-hanisch.de;
NASA Earth Observatory images by Jesse Allen, using Landsat data from the U.S. Geological Survey;
237: Georg Ismar, dpa, www.n-tv.de 9. 2. 16;
240: zusammengestellt nach: Weltbank, IWF, UNCTAD 2016;
242: Benjamin Beutler 7.5.13; zusammengestellt nach dpa iw/ul vom 17. 8. 15;
244: © Bernhard Heim; http://www. zum.de/Faecher/ Ek/ BAY/ gym/Ek13-1/stadt.htm;
245: zusammengestellt nach: HDI Report 2015, DSW 2012, gapminder; HDI Report 2015;
Darstellung nach: LMZ BW

Wir danken allen Rechteinhabern für die Abdruckerlaubnis. Der Verlag hat sich bemüht, die Urheber der abgedruckten Bilder und Texte ausfindig zu machen. Wo dies nicht gelungen ist, bitten wir diese, sich ggf. an den Verlag zu wenden.